Andreas Zeuch

Feel it!

Andreas Zeuch

Feel it!

*So viel Intuition verträgt
Ihr Unternehmen*

WILEY-VCH Verlag GmbH & Co. KGaA

1. Auflage 2010

Alle Bücher von Wiley-VCH werden sorgfältig erarbeitet. Dennoch übernehmen Autoren, Herausgeber und Verlag in keinem Fall, einschließlich des vorliegenden Werkes, für die Richtigkeit von Angaben, Hinweisen und Ratschlägen sowie für eventuelle Druckfehler irgendeine Haftung

Bibliografische Information der Deutschen Nationalbibliothek
Die Deutsche Nationalbibliothek verzeichnet diese Publikation in der Deutschen Nationalbibliografie; detaillierte bibliografische Daten sind im Internet über http://dnb.d-nb.de abrufbar.

© 2010 Wiley-VCH Verlag & Co. KGaA, Boschstr. 12, 69469 Weinheim, Germany

Alle Rechte, insbesondere die der Übersetzung in andere Sprachen, vorbehalten. Kein Teil dieses Buches darf ohne schriftliche Genehmigung des Verlages in irgendeiner Form – durch Photokopie, Mikroverfilmung oder irgendein anderes Verfahren – reproduziert oder in eine von Maschinen, insbesondere von Datenverarbeitungsmaschinen, verwendbare Sprache übertragen oder übersetzt werden. Die Wiedergabe von Warenbezeichnungen, Handelsnamen oder sonstigen Kennzeichen in diesem Buch berechtigt nicht zu der Annahme, dass diese von jedermann frei benutzt werden dürfen. Vielmehr kann es sich auch dann um eingetragene Warenzeichen oder sonstige gesetzlich geschützte Kennzeichen handeln, wenn sie nicht eigens als solche markiert sind.

Printed in the Federal Republic of Germany

Gedruckt auf säurefreiem Papier.

Satz TypoDesign Hecker GmbH, Leimen
Druck und Bindung CPI – Ebner & Spiegel, Ulm
Umschlag Torge Stoffers Graphik-Design, Leipzig

ISBN: 978-3-527-50467-1

Wenn Ihr's nicht fühlt, ihr werdet's nicht erjagen.

Goethe, *Faust I*

Inhaltsverzeichnis

Geleitwort 11

Teil 1   Bauchfrei ist out 13

**1   Unternehmerische Lügengeschichten –
warum der Kopf allein kein Unternehmen führt** 15

Management als Wissenschaft 17
Kopf schlägt Bauch 22
Mehr ist besser 28
Pure Vernunft 34
Aufwachen zur Höchstleistung 41
Lesetipps 43

**2   Das Fünfeck des Nichtwissens –
was wir alles nicht erkennen können** 45

Vakuum – Zuwenig 46
Nadel im Heuhaufen – Zuviel 51
Hü oder Hott – Widersprüchliches 58
Böhmische Dörfer – Unverständliches 65
Zwielichtige Gestalten – Misstrauen 70
Die scheinbare Quadratur des Kreises 75
Lesetipps 78

**3   Mit Bauchgefühl im Blindflug –
warum Intuition allein auch nicht zum Ziel führt** 79

Das grüne Auto, das ein blaues war 80
Schiffskapitäne, Ärzte und Eisfabrikanten 82

Feel it! Andreas Zeuch
Copyright © 2010 WILEY-VCH Verlag GmbH & Co. KGaA, Weinheim
ISBN 978-3-527-50467-1

Versicherungsnummern und Preisgebote   86
Ein Stargeiger ganz umsonst zum Anfassen nah   88
Die Nase des Lateinlehrers   90
Mit sauberen Schuhen schießt man besser   91
Der Glaube versetzt Berge   94
Lesetipps   98

Teil 2   Bäuchlings mit Köpfchen   99

4   Wie viel Intuition verträgt Ihr Unternehmen?   101

Was zieldienlich ist, hängt vom Umfeld ab   102
Verbraucherschutz für intuitions-interessierte Unternehmer   107
Wie Sie sich den eigenen Strick drehen   111

5   Wann ist Intuition effektiv?   119

Als Anfänger   121
Als Experte   127
Wenn es komplex ist   132
Wenn es einfach ist   141
Lesetipps   148

6   Wie Sie Ihre Intuition und die Ihrer Mitarbeiter professionalisieren   149

Das Konzept der professionellen Intuition   150
Einen guten Grund finden –
Einstellung erkunden und korrigieren   151
Das Fundament – Achtsamkeit verfeinern   161
Das Erdgeschoss – intuitive Fehler minimieren   175
Das erste Obergeschoss –
erfolgreiche Entscheidungen maximieren   184
Fenster und Türen – Intuition zieldienlich kommunizieren   193
Lesetipps   195

7 Wie Sie eine effektivere Entscheidungskultur im Unternehmen entwickeln *197*

Anfängergeist – oder: die Paradoxie der offenen Expertise *198*
Selbstorganisation – oder: der Zentrale die Arroganz austreiben *206*
Fehlerfreundlichkeit – oder: das Tabu zur Chance machen *213*
Möglichkeitsräume – oder: Leidenschaft, Zufälle und Fehler in Mehrwert verwandeln *221*
Vertrauen – oder: die natürliche Kraft der Kooperation nutzen *226*
Das Ergebnis: effektive Entscheidungen *233*
Lesetipps *235*

Anmerkungen *237*

Glossar *247*

Danksagung *251*

Literatur *255*

Stichwortverzeichnis *259*

Geleitwort

Das erste Mal habe ich 2006 von Andreas Zeuch gehört. Damals interviewte mich eine Kollegin von ihm über Nichtwissen in Unternehmen für sein letztes Buch. Ein paar Jahre später lernte ich Ihn dann persönlich kennen, als er mich selbst über Intuition in Unternehmen befragte. Die Intuition führte uns zu vielen anderen wichtigen unternehmerischen Themen. Dieses Gespräch brachte mich wieder ein bisschen näher an das heran, was unseren Erfolg hier im Schindlerhof ausmacht. Ein paar dieser Aspekte gehören hierhin, weil sie sofort klarmachen, warum Intuition in Unternehmen so wichtig ist.

Der Erfolg beginnt mit einer klaren Vision, die niemand am grünen Tisch im Kopf ausbrütet. Damit kann jemand höchstens sich selbst begeistern, wird aber keine anderen Menschen mitreißen. Eine Vision, die bei anderen Menschen eine Sehnsucht weckt, kommt aus dem Bauch.

Diese Vision ist so etwas wie eine DNA des Schindlerhofs. Sie klärt, wer bei uns sinnvollerweise arbeitet und wer nicht, denn wir leben von begeisterten Mitarbeitern. Daraus leiten wir fast automatisch unseren Einstellungsprozess ab, der sich von herkömmlichen Vorgehensweisen unterscheidet. Bei der Frage, ob eine Bewerberin zu uns passt, ziehen wir auch unser Gefühl, unsere Intuition zu Rate. Selbstverständlich gilt das auch für den Bewerber, der ebenfalls darauf achten sollte, ob sich die Arbeit bei uns für ihn gut anfühlt. Unsere Trefferquote für die richtigen Mitarbeiter ist dabei sehr gut.

Wer bei uns im Team ist, soll möglichst viel selbst entscheiden. Das setzt eine gute Entscheidungsfähigkeit voraus. Wer glaubt, alles dreimal absichern zu müssen, und kein Risiko eingeht, wer nicht in der Lage ist, auch dann zu entscheiden, wenn vieles unklar ist, kommt nie zu Potte. Wir können nicht immer warten, bis alle Fakten auf dem

Tisch liegen. Denn dann braucht man vieles nicht mehr zu entscheiden, weil es längst zu spät ist.

Wer entscheidet, macht auch Fehler. Deshalb gibt es bei uns den »Fehler des Monats«. Wir leben damit eine – wie Zeuch es nennen würde – »intelligente Fehlerkultur«. Bei uns wird niemand dafür geköpft, sondern wir sind uns klar, dass wir aus Fehlern lernen können. Wer unter Unsicherheit entscheidet, kann nicht fehlerlos bleiben.

Damit ist auch unser Verhältnis zu Hierarchie und Kontrolle klar. Wer entscheidungsfreudige und -fähige Mitarbeiter will, die mitdenken und sich für das Unternehmen engagieren, der kann nicht per Order di Mufti Befehle erteilen. Deshalb ist Empowerment bei uns kein Lippenbekenntnis, sondern gelebtes Unternehmertum.

Letztlich bedeutet das ein großes Vertrauen in Selbstorganisation. Im Interview sagte ich, Selbstorganisation ist alles. Bei uns darf auch ein Lehrling einen Gast einladen, wenn der mit seinem Zimmer unzufrieden war. Und wir orientieren uns auch an den Wunschgehältern unserer Bewerber. Wenn sie dann Mitarbeiter sind, stellen wir ihnen in großer Transparenz alle Zahlen des Unternehmens zur Verfügung. Nur dann kann selbstorganisierte Eigendynamik entstehen.

Zeuch setzt sich ein großes und verwegenes Ziel. Er will weg von der ideenlosen Kopflastigkeit und Zahlenhuberei in den meisten Unternehmensführungen; weg von der Arroganz des Topmanagements, auch ohne die Mitarbeiter zu wissen, wo es langgeht; weg von der Null-Fehler-Kultur, die die Fehler erst so richtig provoziert. Kurz und bündig: Er will eine, wie er es nennt, »effektive Entscheidungskultur«. Und das bedeutet eine Umkehrung der gängigen Prinzipien der Unternehmensführung. Hin zum Anfängergeist, der Selbstorganisation, der Fehlerfreundlichkeit, seinen Möglichkeitsräumen und dem Vertrauen. Wer Erfolg haben will, braucht dabei beides: Kopf und Bauch, Verstand und Gefühl. So ganz anders, als es unseren angehenden Unternehmern und Managern im Studium eingetrichtert wird. Es ist ein freches und wertvolles Ziel. Deshalb drücke ich ihm und diesem Buch die Daumen.

Januar 2010 *Klaus Kobjoll*

Teil 1
Bauchfrei ist out

1
Unternehmerische Lügengeschichten – warum der Kopf allein kein Unternehmen führt

Harald P. hat sich entschieden mitzumachen. Er betritt am Montagmorgen, einem sonnigen Frühjahrstag im Mai 2009 pünktlich um 9.00 Uhr einen Raum im Psychologischen Institut der Universität Heidelberg. Dort sitzen bereits 25 andere Personen. Harald ist als Versuchsperson bei einem Experiment dabei: Die Teilnehmer werden in zwei Gruppen eingeteilt. Sie sollen sich bei einem selbst gewählten Aktienportfolio für den Kauf oder Verkauf der Aktien entscheiden und über mehrere Handelsperioden den größtmöglichen Profit erzielen. Für ihre Entscheidungen stehen den beiden Gruppen unterschiedlich genaue Daten über den Aktienmarkt zur Verfügung. Als Preis erhält jedes Mitglied der Gruppe mit der besseren Gesamt-Abschlussrendite ein Abendessen für zwei Personen in einem hervorragenden Restaurant Heidelbergs. Harald darf selbst entscheiden, in welche Gruppe er geht.

Die erste Gruppe hat nur Einblick in die schwankenden Aktienkurse. Es gibt keine weiteren Informationen. Die Versuchspersonen müssen auf der Basis dieser spärlichen Datenlage ohne weitere Hintergrundinformationen entscheiden, ob sie kaufen oder verkaufen. Der zweiten Gruppe stehen jede Menge Daten zur Verfügung, beispielsweise Informationen aus Nachrichtensendungen von N24, der *Financial Times Deutschland*, dem *Handelsblatt* – und sie dürfen sogar Börsenexperten nach den aktuellen Markttrends befragen. Selbstverständlich entscheidet sich Harald für die zweite Gruppe. Nun die entscheidende Frage: In welche der beiden Gruppen wären Sie gegangen?

Die Ergebnisse sind merkwürdig. Denn tatsächlich hatte die nur gering informierte Gruppe am Ende eine doppelt so hohe Rendite erwirtschaftet wie die gut informierte. Die gute Nachricht: Dieses Experiment hat so nie stattgefunden. Die schlechte: Und zwar deshalb, weil ich die Stadt, die Zeit und die Informationsmedien geändert habe. Es wurde tatsächlich bereits Ende der 1980er am Massachusetts Institute of Technology unter der Leitung des Psychologen Paul Andreassen durchgeführt. Die Ergebnisse sind genau wie geschildert eingetreten. An der dabei entlarvten Lüge, dass mehr Informationen zu besserer Performance führen würden, ändert das bis heute nichts.

Wir sind der Baron von Münchhausen. Wir berichten von Ausflügen auf Kanonenkugeln, davon, wie wir uns am eigenen Schopf samt Pferd aus dem Sumpf ziehen, wie wir achtbeinige Hasen jagen und einem Wolf in den Schlund greifen, um sein Inneres nach außen zu wenden. In der Wirtschaft erzählen wir uns ähnliche Lügengeschichten über die Grundsätze der Unternehmensführung, die nur oberflächlich gesehen wahrhaftiger klingen:

- Management ist wissenschaftlich fundiert.
- Erfolgreiche Entscheidungen basieren auf vollständigen Informationen.
- Je mehr Informationen wir haben, desto besser die Entscheidungsqualität.
- Die Risiken der Zukunft sind kontrollierbar dank umfasender Computersimulationen.
- Zentral getroffene Entscheidungen sind schneller als dezentral getroffene.
- Kleine homogene Expertengruppen treffen kluge strategische Entscheidungen.
- Controlling erfolgt mittels wissenschaftsbasierter Steuerungsinstrumente.

Einer der Grundpfeiler der Rationalität und des wissenschaftlichen Denkens besteht darin, alles kritisch zu hinterfragen. Nicht nur das, was wir ohnehin anzweifeln, sondern vor allem das, wonach wir uns selbst täglich ausrichten. Also auch die Grundannahmen heutiger wissenschaftlicher Betriebsführung. Die kritische Reflexion hört nie auf. Folgen wir diesem grundlegenden Prinzip, müssen wir uns eine unangenehme Frage stellen: Wenn die momentan immer noch unterstellten Gesetze der wissenschaftlichen Betriebsführung gültig sind, warum gibt es dann so viele Misserfolge? Sind so viele Geschäftsführer, Vorstände und hohe Führungskräfte einfach unfähig, die Regeln richtig anzuwenden? Oder sind sie gar bösartig und treiben bewusst die von ihnen geführten Unternehmen aus reiner Zerstörungslaune in den Tod? Weder das eine noch das andere. Einige der oben aufgelisteten Grundannahmen stehen in direktem Zusammenhang mit professioneller Intuition. Wenn wir weiterhin an sie glauben, stehen wir unseren Unternehmenserfolgen selbst im Weg.

Management als Wissenschaft

1911 veröffentlichte Frederick Winslow Taylor (1856–1915) seine *Grundsätze wissenschaftlicher Betriebsführung*. Er zeichnet dort ein nachhaltiges Bild, das seine Wirkung bis heute nicht verfehlt hat:

> Einen intelligenten Gorilla könnte man so abrichten, dass er ein mindestens ebenso tüchtiger und praktischer Verlader würde als irgendein Mensch. Und doch liegt im richtigen Aufheben und Wegschaffen von Roheisen eine solche Summe von weiser Gesetzmäßigkeit, eine derartige Wissenschaft, dass es auch für den fähigsten Arbeiter unmöglich ist, ohne die Hilfe eines Gebildeteren die Grundbegriffe dieser Wissenschaft zu verstehen oder auch nur nach ihnen zu arbeiten.[1]

Die Arbeiter sind also die Affen, die von den weisen und gebildeten »Leitern« geführt werden müssen. Um sein Gewissen etwas zu schonen, forderte Taylor noch ein »herzliches Einvernehmen« zwischen Letzteren und deren Mitarbeitern. Seinen wahren Geist konnte er damit jedoch nicht verschleiern. Die Arbeiter brauchen aufgrund ihrer Dummheit die intelligenten Manager, womit die Trennung zwischen Ausführung und Management begründet wird, die im Grundsatz bis heute aufrecht erhalten wird. Mit diesem Ansatz, den er Scientific Management nannte, revolutionierte Taylor die Betriebsführung.

Wir haben in der industriegesellschaftlichen Massenproduktion vor allem nach 1945 unsere Fabriken hauptsächlich auf Effizienz getrimmt. Wir haben große Mengen von Standardprodukten zu möglichst niedrigen Kosten produziert, um einen möglichst großen Anteil am Mengenwachstum in den aufstrebenden Volkswirtschaften zu erlangen. So stieg die Stundenproduktivität der Arbeit von 1900 bis

2000 auf das Zwölffache an. Wir produzieren also mit immer weniger Erwerbsarbeit zunehmend mehr. Um diese Stundenproduktivität zu erreichen, wurde fast überall kontinuierlich rationalisiert: von der funktionalen Arbeitsteilung über Lean Management, Total Quality Management, Business Reengineering, Six Sigma bis hin zu weltweiten Veränderungskonzepten.[2]

Die gedankliche Grundlage für diesen Abschnitt der Wirtschaftsgeschichte war ein mechanistisches Weltbild: Wir betrachteten Unternehmen als »Maschinen«, die aus den Produktionsfaktoren Boden, Arbeit und Kapital nach einer festgelegten rationalen Logik ein Endprodukt herstellen. Dieses Maschinenmodell impliziert, dass wir das Ergebnis aus den investierten Ressourcen genau vorhersagen können. Darüber hinaus haben wir es in diesem gedanklichen Rahmen in den Unternehmen und auf dem Markt mit dem Homo oeconomicus zu tun: Dieser fällt bekanntermaßen seine Entscheidungen unter Ausschluss jeglicher Emotionen und Unvernunft. Somit sind in der Theorie dieses mentalen Modells auch menschliche Entscheidungen voraussagbar.

Das Wirtschaften fand bis in die 90er-Jahre des letzten Jahrhunderts trotz einiger Schocks in einem weitgehend stabilen Umfeld statt.[3] Die wesentlichen Unternehmensentscheidungen wurden in der Zentrale gefällt, wo die Expertise für die Unternehmenssteuerung scheinbar gebündelt war. Die Mehrzahl, insbesondere der großen Unternehmen, war von einer häufig vielstufigen Hierarchie geprägt, die sich auch auf den Umgang der Mitarbeiter untereinander auswirkte. Eigeninitiative war nur selten gefragt, vielmehr das Befolgen von Richtlinien, in denen das gesamte Geschäft geregelt war. Die Grundzüge dieses Organisationsmodells sind neben Taylor schon 1922 als Bürokratiemodell in Max Webers *Wirtschaft und Gesellschaft* beschrieben worden. Außerdem herrschte ein Qualitätsverständnis, das vor allem die Reproduktion von festgelegten Arbeitsabläufen mit geringen Fehlern forderte. Es gab kaum eine Notwendigkeit und folglich auch wenig Spielraum für Experimente, um neue Dinge auszuprobieren.[4]

Vor diesem historischen Hintergrund wird die Frage nach dem Ursprung des Begriffs »Management« beantwortet: »manus agere« – an der Hand führen. Das ist zumindest das, was täglich in Unternehmen passiert. Die Erlaubnis zur Selbststeuerung und Entscheidungsfindung ist bei den Mitarbeitern im Vergleich zu deren Führungskräften, geschweige denn zum Topmanagement, erheblich eingeschränkt. Und genau deshalb ist fraglich, ob wir überhaupt das Wort Management weiter benutzen sollten. Es ist an der Zeit, kreativ zu werden und die bisherigen Aufgaben des Managements, die zukünftig ohnehin andere sein werden, neu zu benennen.

Bis ein neuer Begriff erfunden und in der Breite akzeptiert ist, gilt es in der Zwischenzeit ein großes Missverständnis zu klären: Management als Wissenschaft bedeutet neben einer quantitativen Erfassung und Steuerung der Arbeit den Ausschluss von Gefühlen und Intuition. Insbesondere dann, wenn es um weitreichende und langfristige Entscheidungen wie Strategieentwicklung geht. Nur in wenigen Bereichen hat man sich mit wohlwollender Herablassung auf die Bedeutung der »Soft Skills« besonnen und machtlosen Personal- und Organisationsentwicklern Kommunikationstrainings und Selbstmanagement-Seminare budgetiert. Dies ist nicht nur einfach Unfug, es ist zerstörerischer Unfug!

Management als Wissenschaft kann nur bedeuten, Forschungsergebnisse in die Praxis der Betriebsführung einzubeziehen. Das heißt: Management als Wissenschaft muss sich mit den Ergebnissen der Wissenschaft ändern! Ansonsten sind der Mythenbildung Tür und Tor geöffnet. Im dritten Jahrtausend kann die wissenschaftliche Betriebsführung nicht mehr so aussehen, wie bei Taylor im 19. sowie Ford und Sloan im 20. Jahrhundert. Das Management muss die seit Taylors Zeiten gewonnenen Erkenntnisse endlich in Rechnung stellen, sonst bleibt es eine Farce. *Manus agere* ist nicht nur menschenverachtend, sondern irrwitzigerweise auch wissenschaftsverachtend. Denn bis heute werden wichtige Forschungsergebnisse ignoriert:

- Unsere Rationalität ist begrenzt.
- Emotion und Intuition sind zentral für unsere Entscheidungen.
- Neues Wissen erzeugt immer auch neues Nichtwissen.
- Eigenmotivation schlägt Fremdmotivation.
- Unternehmen und Märkte sind nicht über lineare Kausalitätsmodelle zu beschreiben.
- Zentralismus scheitert an der steigenden Komplexität in der Globalisierung.
- Selbstorganisation ist ein effizienter und effektiver Steuerungsmechanismus.

Wird all dies geleugnet oder einfach geflissentlich ignoriert, kann man nur noch *paradoxen Pseudorationalismus* diagnostizieren: Manager geben vor, wissenschaftlich fundiert ihre Unternehmen zu führen, obgleich sie lang bekannte, immer noch gültige und aktuelle Forschungsergebnisse nicht in ihr angeblich »rationales« Kalkül einbeziehen. Sie verhalten sich nachweislich irrational, behaupten aber dreist das Gegenteil.

Eins plus eins gleich drei

Wunderbare Beispiele dieses paradoxen Pseudorationalismus bieten die immer wieder beliebten Firmenaufkäufe, Fusionen und Großfusionen. Bekanntermaßen scheitert rund die Hälfte bis zwei Drittel aller Fusionen. Also spricht die Wahrscheinlichkeit eindeutig gegen den Aufkauf von Unternehmen und Großfusionen, wie die zwischen der Continental AG, Siemens VDO und Schaeffler. Insbesondere dieses Fallbeispiel entlarvt die Irrationalität der verantwortlichen Manager. 2007 kaufte die Continental AG unter dem bis dahin erfolgreichen Manfred Wennemer die ungefähr gleich große Siemens VDO. Mit diesem Schritt verdoppelte sich in etwa die Anzahl der Mitarbeiter auf rund 140 000. Bereits diese Fusion ist in ihrem Erfolg fragwürdig gewesen und erfordert einen langjährigen und risikoreichen Post-Merger-Prozess. Nichtsdestotrotz schlich sich Maria-Elisabeth Schaeffler besonders gewitzt und trickreich bereits 2008 an diesen Koloss heran, um ihn zu übernehmen. Und das, obwohl die kulturelle und strukturelle Fusion von Continental und Siemens VDO noch längst nicht in Sicht war. Das Ergebnis bis heute lautet verkürzt: rund 22 Milliarden Euro Schulden, eine vermutlich gescheiterte Fusion, viel verbranntes Unternehmensland und tausende frustrierte, verärgerte und demotivierte Mitarbeiter. Was Letztere angeht, werden auch raffinierte Umschuldungen keine Hilfe sein. Und das, obwohl es Continental und Schaeffler zuvor ausgesprochen gut ging. Die beiden verantwortlichen Topmanager Wennemer und Schaeffler und deren Mitspieler haben sich, ihren Unternehmen und ihren Mitarbeitern also einen schmerzhaften Bärendienst geleistet. Wo ist da die wahre Rationalität geblieben? Warum sollten ausgerechnet diese Fusionen funktionieren, wo doch so viele vergleichbare glorreich gescheitert sind?

Aber auch im kleineren Rahmen von Firmenaufkäufen entstehen schnell Probleme durch eine extreme Diversifizierung der Unternehmenskultur. Aus meiner eigenen Beratungspraxis stammt die Erfahrung mit einer Teamentwicklung, deren Anlass mal wieder ein nicht gelungener Post-Merger-Prozess war. Eine Firma hatte in den letzten Jahren ihr Wachstum stark vorangetrieben, indem sie zahlreiche kleinere Firmen aus der Branche aufkaufte. Das Ergebnis im Jahr 2009 bestand darin, dass es zwar ein erfolgreiches Marken-Rebranding gab, aber die Stimmung in der Firma alles andere als produktiv war. Die mit den Aufkäufen verbundenen Veränderungen führten dazu, dass sich der Vorstand (CEO, CFO und CIO) und das darunter befindliche Führungsteam nur sehr eingeschränkt arbeitsfähig zeigte. In dieser Situation entstand der dringende Bedarf nach einer Post-Merger-Teamentwicklung.

Mit kritisch rationalem Abstand betrachtet, ist auch dieses Beispiel nicht vernunftgesteuert. In der Tat ist das Management in den meisten Fällen von Aufkäufen und Fusionen alles andere als wissenschaftlich fundiert. Es ist eher getrieben von der Eitelkeit, besonders beeindruckende Wachstumsprozesse hinzulegen. Dann lässt sich sagen: »Wir sind die Nr. 1«, wobei sich diese Aussage nur einseitig auf die schiere Größe bezieht. Schrempps »Welt-AG«, die einstige »Hochzeit im Himmel« (!) ist das bekannteste aller gescheiterten Beispiele dieser Art.

Wenn heute Management wissenschaftlich fundiert betrieben würde, dann gäbe es das bisher bekannte Management nicht mehr. Es müsste sich selbst demontieren. In der Unternehmenssteuerung des 21. Jahrhunderts spielen Emotionalität und Intuition, Nichtwissen und viele andere bislang ignorierte und gemiedene Faktoren eine wichtige Rolle. Wir müssen uns von einigen weiteren Lügengeschichten endlich verabschieden:

- Rationale Entscheidungen sind erfolgreicher als intuitive.
- Die Qualität einer Entscheidung entwickelt sich proportional zur Informationsmenge.
- Unsere Emotionalität und Intuition lassen sich als lästige Störfaktoren einfach ausknipsen wie eine Deckenleuchte.

Kopf schlägt Bauch

Professionelle Entscheidungen sind eine Frage der Vernunft, ein mathematisches Procedere. Den Eindruck gewinnt man, wenn man aktuelle Lehrbücher der Betriebswirtschaft studiert, wie den in jedem BWL-Studiengang präsenten Klassiker *Einführung in die Allgemeine Betriebswirtschaftslehre* von Günter Wöhe. Im Kapitel »Planung und Entscheidung«[5] finden sich auf 30 Seiten diverse mathematische Formeln wie das Bayes- und Bernoulli-Prinzip oder die Standardabweichung σ als gängiges Maß zur Risikomessung. Indes sucht der Leser vergeblich nach Hinweisen zur Rolle der Intuition bei Entscheidungsprozessen. Und das, obwohl klar formuliert ist, dass beispielsweise die Bezifferungen nicht beeinflussbarer Umweltzustände nur subjektive Einschätzungen sind – mit anderen Worten: gefühlte Werte, nicht begründbar. Logisch gedacht müsste also derjenige der bessere Entscheider sein, der ein treffenderes Gespür für Umweltzustände hat und die jeweils nützlichste Entscheidungsformel mathematisch korrekt vollzieht. Warum klafft dann diese auffällige Lücke? Ist das ein kollektiver blinder Fleck der Betriebswissenschaftler?

Offensichtlich, wie ein anderes Beispiel zeigt: »Aus diesem Grund ist zu empfehlen, innerhalb von Organisationen, wenn sie funktionieren sollen, Emotion durch Korrektheit zu ersetzen. ... In einer Organisation kommt man mit Emotionen – auch den positiven – in ›Teufels Küche‹.«[6] Diese klare Positionierung von Kopf versus Bauch stammt von Betriebswirtschaftsprofessor und Managementberater Fredmund Malik. Und sollten Sie jetzt denken: »Da steht doch Emotion und nicht Intuition«, dann haben Sie bereits eine der Unschärfen jenes Textes erkannt, denn mal ist das Eine gemeint, mal das Andere: »Bemerkenswert ist, dass es keine wissenschaftliche Untersuchung gibt, welche die Überlegenheit des Bauches gegenüber dem Kopf in jenen Punkten nachgewiesen hätte, die im Kontext von Management am entschiedensten behauptet werden.«[7] Dabei wird diese Aussage nur durch den Klassiker *Die Logik des Misslingens* des Bamberger Psychologen Dietrich Dörner gestützt. Aber der enthüllt nicht die Intuition als unbrauchbar, sondern zeigt, wohin nicht reflektierte Selbstüberzeugung führt. Ein Betriebswirt mehr galoppiert so rasant durchs Management, dass ihm der Wind die Tränen in die Augen treibt und ihn blind macht für relevante Forschungsergebnisse wie beispielsweise eine Studie von Ute Reichert und Dietrich Dörner aus dem Jahr 1988 über die Steuerung eines zeitverzögerten Regelkreises. Die beiden Forscher zeigten, dass das Wissen über ein System nicht zu einer besseren Steuerung dieses Systems führt. Es gab Versuchspersonen, die das »Kühlhaus« hervorragend steuern konnten, ohne die Gesetzmäßigkeiten des Systems beschreiben zu können. Andere Studien kamen zu fast identischen Ergebnissen.[8] Dies zeigt deutlich, dass wir auch ohne bewusstes Wissen intelligent und erfolgreich handeln können. Im Gegenteil: Zu viel Rationalität und Wissen kann sogar schädlich werden, wie aus dem Experiment über Börsenentscheidungen vom Anfang dieses Kapitels hervorgeht.

Mindestens ebenso relevant sind die Forschungsergebnisse des amerikanischen Neurologen Antonio Damasio. Er verfügt über die weltweit größte Datenbank zu Patienten mit Schäden am so genannten präfrontalen und orbitofrontalen Cortex. Menschen, bei denen diese Areale gestört oder zerstört sind, können sich kaum noch entscheiden – weil sie unter einem emotional-intuitiven Defizit leiden! Den Fall eines ehemaligen Managers werde ich weiter unten im Abschnitt »Pure Vernunft« näher ausführen. Maliks Forderung, Emotion (und wohl auch Intuition) durch »Korrektheit« zu ersetzen, sind damit hinfällig.

Wie logisch und konsequent seine Behauptungen sind, lässt sich im Übrigen leicht an seinen eigenen Worten messen: »Ich rate meinen Klienten, nach Abschluss aller Analysen sich selbst die Gelegenheit zu geben, auf einen speziellen und ganz billigen Berater zu hören – *auf ihre innere Stimme*. ... Wenn aber meine innere Stimme deutlich sagt: ›Hier stimmt etwas nicht‹, würde ich jede Möglichkeit wahrnehmen, noch einmal von vorne zu beginnen.«[9] An anderer Stelle wird also plötzlich die »innere Stimme« als Synonym für Intuition und Bauchentscheidungen zum billigen Berater.

Da bietet es sich an, etwas Fundamentales festzuhalten: Ich würde niemandem raten, aufgrund seiner inneren Stimme »jede Möglichkeit wahrzunehmen, noch einmal von vorne zu beginnen«. Genau dieses Verhalten entbehrt eines selbstkritischen Blicks auf die eigene Gewissheit – und führt ironischerweise zu dem von Dietrich Dörner beschriebenen Versagen beim Umgang mit komplexen Systemen. Intuition wird dann zum nicht hinterfragten Reflex. Auf die Intuition zu achten unterschreibe ich. Die unternehmerische Praxis zeigt, warum.

Intuition und Investition

Andreas Hartleif ist Vorstandsvorsitzender der Veka AG, Weltmarktführer im Bereich Kunststoffprofile für Fenster, Türen und Rolläden. Das Unternehmen mit Sitz in der Kleinstadt Sendenhorst bei Münster ist mit 24 Konzerngesellschaften in Europa, Asien und Amerika global aufgestellt. Hartleif berichtet über den Wert der Intuition:[10]

> Am Anfang war gerade ich es, der bei Investitionsentscheidungen sehr rationale Prozesse gefordert hat, der viel mehr Dinge abgeklopft haben wollte, als das in dem Unternehmen bis dahin üblich war. Inzwischen weiß ich aber, dass die Menschen, die diese Entscheidungen treffen, im Rahmen dessen, was da gemacht wird, sehr vernünftig entscheiden. Vieles muss dann nicht auf jede Kleinigkeit noch mal mit dem üblichen Investitionscontrolling überprüft werden. Stattdessen werden viele Entscheidungen intuitiv richtig getroffen. Zum Beispiel bei Ersatz- oder auch bei Erweiterungsinvestitionen. Weil Menschen ein Gespür dafür haben, in bestimmten Marktsituationen durch Vorhalten von gewissen Kapazitäten entscheidende Marktvorteile gegenüber Wettbewerbern zu gewinnen. Oder weil man etwas schneller und flexibler lieferfähig ist. Oder einfach die Tatsache, dass man aufgrund der Erfahrung in vielen ausländischen Märkten ein Gefühl dafür hat, wann Märkte richtig anspringen und wie man im Rahmen der eigenen Organisation Kapazitäten dafür einrichtet. Dafür Planungsszenarien zu erstellen ist das eine. Wenn man aber Erfahrung hat und intuitiv weiß, dass in dem Land gerade etwas abgeht und ich mich jetzt drauf einstellen muss, dann spart das viel Zeit. Wenn schließlich alle dieser Intuition folgen, bringt das enorme Kraft auf die Straße. Dann ist man im Markt unter Umständen deutlich schneller als der Wettbewerb.

Hartleif illustriert das, was auch in der Forschung immer wieder gezeigt wurde: Ein Vorteil der Intuition ist die wesentlich höhere Geschwindigkeit bei der Entscheidungsfindung im Vergleich zur Analyse und zum bewussten Denken. Dies gilt für Experten-Intuition genauso wie für Anfänger-Intuition. Der Grund ist einfach: In beiden

Fällen erhalten wir den intuitiven Impuls aus unserem Unbewussten, in dem die Informationsverarbeitung wesentlich schneller stattfindet, als wenn wir bewusst über etwas nachdenken. So speichern Schachgroßmeister bis zu 50 000 Spiel-Situationen in ihrem Expertengehirn. Diese Muster werden dann im Spiel in Sekundenbruchteilen mit der aktuellen Spielkonstellation abgeglichen. In diesem sogenannten Mustervergleich (Pattern Matching) werden in wenigen Augenblicken derart viele Entscheidungsoptionen verglichen, dass der Großmeister in ein paar kurzen Momenten eine Spielqualität erreicht, die ein Anfänger selbst nach stundenlangem Nachdenken nicht erzielen würde. Bemerkenswerterweise kann der Großmeister jedoch häufig seinen eigenen Zug nicht erklären – er spürt ihn!

Das Entscheidende dabei: Schach ist ein Spiel mit vollständigen Informationen. Es gelten für beide Spieler dieselben Regeln, die sich nicht einfach während des Spieles ändern. Das Brett wird immer 64 Felder haben und Figuren dürfen nur in der immer gleichen Art und Weise gezogen werden. Trotzdem ist Intuition auch hier ein hervorragender Ratgeber. Ganz anders als bei dem nur komplizierten Schachspiel verhält sich die komplexe Wirklichkeit bei unserer Arbeit. Wir werden niemals vollständige Information erlangen. Plötzlich ändern sich die Spielregeln: neue nationale oder internationale Gesetze, neue Steuerregelungen, neue Zollbestimmungen; oder es geschieht Unvorhergesehenes auf dem Spielfeld des Marktes: neue Mitbewerber; VW-Aktien springen wie wahnsinnig durch den DAX, die Telekom ist einen Datensicherheits-Skandal verwickelt, die Deutsche Bank meldet das schlechteste Quartalsergebnis seit 140 Jahren. Allein schon aus diesem Grund werden wir alle immer wieder an die Grenzen der Rationalität gelangen.

Im Jahr 2008 kam ein weiteres exemplarisches Buch auf den deutschen Markt: *Kopflos. Wie unser Bauchgefühl uns in die Irre führt – und was wir dagegen tun können*. An diesem *New York Times*-Bestseller von Ori und Rom Brafman lässt sich zeigen, welch unsinnige Grundannahmen immer noch erfolgreich kursieren. Und vor allem, dass es vielen Autoren und auch Lesern immer noch darum geht, die Rationalität heilig zu sprechen und angeblich irrationale Prozesse für Misserfolg und gar Elend, Leid und Tragik verantwortlich zu machen. Der Kern dieser Theorie: Wir würden in einer besseren Welt leben, wenn wir nur endlich unsere irrational emotionalen und intuitiven Prozesse ausgemerzt hätten. In der fiktiven Welt der Schriftstellerei und des Films ist längst klar: Das ist eine Utopie. Aldous Huxleys Roman *Schöne neue Welt* oder der Film *Equilibrium* demonstrieren die Absurdität dieses Unterfangens. Aber nehmen wir die Herausforderung gelassen an und betrachten die typische Argumentationskette *rational*:

Erstens übersehen die beiden Autorenbrüder in ihrer »Forschung«, dass sie dem Bestätigungsfehler unterliegen. Sie wollen belegen, dass unsere unbewusste Wahrnehmung und Informationsverarbeitung und unser unbewusstes Erfahrungswissen zu irrationalem Verhalten führt. Dieses Vorgehen ist in sich bereits irrational und unwissenschaftlich: vor allem ist diese Beweisführung wissenschaftstheoretisch gar nicht möglich. Hypothesen können nie belegt, sondern immer nur widerlegt werden. Da hilft auch nicht das endlose Aneinanderreihen von wissenschaftlichen Studien. Das hat der Trader und Wissenschaftstheoretiker Nassim Nicholas Taleb der breiten Öffentlichkeit mit seinem Buch *Der schwarze Schwan* vor Augen geführt. Niemand kann beweisen, dass alle Schwäne weiß sind. Dass diese These *falsch* ist, wurde jedoch bewiesen, als in Australien schwarze Schwäne gefunden wurden.

Zweitens ignorieren die Brafman-Brüder ein paar solcher weithin sichtbaren schwarzen Schwäne: nämlich alle Forschungsergebnisse der letzten Jahre, die ihrerseits bislang nicht widerlegt werden konnten und zeigen, dass wir offensichtlich ohne emotionale, intuitive Prozesse keine vernünftigen Entscheidungen treffen und nicht klar denken können. Zu nennen wären vor allem die neurologischen Forschungen des bereits oben erwähnten Antonio Damasio. In vielen Artikeln und Büchern beschreibt Damasio seine empirischen Forschungsergebnisse, die zeigen, dass wir nur dann rational sein können, wenn wir auch über unbewusste emotionale und intuitive Anteile verfügen. Ein Kopf ohne Bauch, sprich ein Großhirn ohne diejenigen Systembestandteile des Gehirns, die für emotionale und intuitive Prozesse verantwortlich sind, wäre nicht allzu lange überlebensfähig. Besonders deutlich erkennen wir den vitalen Wert unbewusster Informationsverarbeitung bei lebenswichtigen Grundfunktionen wie Atmung, Herzschlag, Blutdruck, Blutzuckerspiegel und so weiter. Sie werden allesamt durch unbewusste, nicht rational gesteuerte Subprozesse aufrechterhalten. Natürlich sind diese Aufgaben des vegetativen Nervensystems keine Intuition. Aber sie belegen die Bedeutung von Prozessen, die nicht bewusst und rational kontrolliert werden. Und sie zeigen damit, dass ohne derartige unbewusste Informationsverarbeitung rationales Denken und Handeln gar nicht möglich ist. Ohne Atmung geht dem kühlen Kopf schnell die Luft aus.

Diese Einsicht zieht zwingend Bescheidenheit nach sich. Wir können nicht alles, was wichtig ist, bewusst kontrollieren und steuern. Dies dürfte auch der zentrale Grund sein, warum selbst nach über 30 Jahren empirischer Intuitionsforschung immer noch so getan wird, als ob Unternehmenssteuerung eine vorwiegend rationale Angelegenheit sei. Wir müssten zugeben, dass Erfolg nicht berechenbar und planbar ist, sondern dass auch Glück und Zufälle einen entscheidenden Beitrag leisten, ebenso wie unsere unbewusste Wahrnehmung und Informationsverarbeitung, die wir nicht unter Kontrolle haben. Das ist für manche so bedrohlich, dass sie in paradoxen Pseudorationalismus flüchten müssen.

Kopf oder Bauch ist also eine unsinnige Frage. Das eine existiert nicht ohne das andere (was ich im Abschnitt »Pure Vernunft« noch weiter ausführen werde). Es gibt keine Rationalität ohne Intuition und Emotionalität. Dabei hat natürlich alles seine Vor- und Nachteile. Das wird deutlich, wenn man die deutschen Titel der beiden Bücher, an denen Ori Brafman mitgewirkt hat, gegenüberstellt: *Kopflos. Wie unser Bauchgefühl uns in die Irre führt – und was wir dagegen tun können* sowie *Der Seestern und die Spinne. Die beständige Stärke einer kopflosen Organisation*. Das »kopflos« des zweiten Buchtitels bezieht sich auf unternehmerische Selbstorganisation versus zentrale Steuerung durch einen Vorstand oder eine Geschäftsführung. Und genau deshalb passt dieser Titel als Metapher und Illustration zu meiner Aussage, warum kein *Kopf* ein Unternehmen führt: Intuition basiert auf selbstorganisierter Informationsverarbeitung. Es gibt in unserem Kopf keinen CEO, der für uns die Entscheidungen trifft. Das geschieht dezentral. Und nur deshalb sind wir als Menschen beständig und überleben in einer hyperkomplexen Umwelt.

In Unternehmen kommt nun noch etwas dazu: Wir sollten in Zukunft nicht nur die selbstorganisierte Informationsverarbeitung in einzelnen Personen, sprich deren Intuition, nutzen, sondern auch die selbstorganisierte Informationsverarbeitung im Sinne von Massenintelligenz. Kleine homogene Expertengruppen, wie Geschäftsführungen und Vorstände, treffen bislang die strategischen Entscheidungen und führen damit das Unternehmen. Die Ergebnisse lassen allerdings meist zu wünschen übrig. Nachweislich viel erfolgreicher ist es, gerade komplexe langfristige Entscheidungen mit einem großen Unsicherheitsfaktor an eine möglichst große, *heterogene* Gruppe von Menschen zu delegieren. Dafür gibt es mittlerweile softwaregestützte Entscheidungsmärkte, mit denen die Entscheidungen operativ umsetzbar sind. Dies hat der amerikanische Journalist James Surowiecki, der unter anderem für die *New York Times* und den *New Yorker* arbeitet, in seinem hervorragenden Buch *Die Weisheit der Vielen* anhand zahlreicher Experimente und Studien zeigen können. Es gibt mittlerweile genügend empirische Forschungsergebnisse, die die angebliche Überlegenheit kleiner Expertengruppen gegenüber intelligent genutzten Massenentscheidungen widerlegen. Dadurch wird klar, warum kein Kopf *alleine* ein Unternehmen führt. Schluss mit der irrationalen Verkürzung auf unsere Rationalität! Schluss mit der Expertokratie!

Mehr ist besser

1994 veröffentlichte Professor Alexander Renkl von der Universität Freiburg gemeinsam mit Professor Hans Gruber von der Universität Regensburg die damals überraschenden Ergebnisse einer Studie. Renkl, Gruber und Kollegen setzten die Versuchspersonen vor das Computerplanspiel »Jeansfabrik« und forderten sie auf, den Unternehmensgewinn zu maximieren. Die Teilnehmer hatten zwei Einflussmöglichkeiten: Sie konnten die Verkaufspreise und Produktionsmengen ändern. Studenten der Betriebswirtschaftslehre schnitten dabei mit niedrigeren Gewinnen ab als Pädagogik- oder Psychologiestudenten. Die Forscher stellten fest, dass die angehenden Betriebswirte über ein höheres ökonomisches Wissen verfügten als die Pädagogen und Psychologen, aber trotzdem die Aufgabe nicht besser lösen konnten. Nur in einem Punkt waren sie den Wirtschaftslaien überlegen: Sie konnten besser über das Problem theoretisieren. Ist mehr besser? Woher kommt eigentlich dieser Glaube?

In der Wissenschaft kursierte der »Laplacesche Dämon«, der auf Pierre Simon Marquis de Laplace (1749–1827) zurückgeht: Demzufolge könnte ein fiktives Wesen, das alle Informationen aus unserem

Universum zur Verfügung hätte, den weiteren Verlauf dieses Universums vorhersagen. Denn gemäß Laplace lässt sich der gesamte »Weltmechanismus« auf mathematische Funktionen reduzieren, womit die Zukunftsvorhersage nur eine Frage vollständiger Information ist. Allerdings lässt sich dem Laplaceschen Genie zum Trotz nicht einmal der nächste Tagesablauf mit Sicherheit vorhersagen. Wie steht es da mit mehrjährigen Prognosen für Unternehmen, deren Märkte und die globale Wirtschaftslage?

Niemand wird alle Informationen zur Verfügung haben. Wir dürfen uns auch nicht darauf beschränken, nur alle relevanten Informationen ins Kalkül zu ziehen. Denn woher wissen wir, ob nicht ausgerechnet die Informationen, die uns noch fehlen, zu neuen Ergebnissen führen würden? Abgesehen von dieser aus heutiger Sicht albernen Überlegung wissen wir: Die Welt lässt sich nicht auf Infinitesimalrechnung, Analysis und dergleichen mehr reduzieren. Menschliches Verhalten ist nur begrenzt vorhersagbar. Das Zusammenspiel von Mensch, Technik und Umwelteinflüssen ist noch weniger prognostizierbar. Und Unternehmen sowie Märkte sind eine deutlich komplexere Ansammlung von vielen Menschen, Technologien und Umwelteinflüssen. Damit schwindet jegliche Hoffnung auf eine sichere Vorhersage.

Wenn also vollständige Information nicht erreichbar ist, sollte dann nicht wenigstens versucht werden, so nah wie möglich an dieses Ideal heranzukommen? Damit sind wir bei der Annahme, dass sich die Entscheidungsqualität mit steigender Informationsmenge verbessert. Leider ist auch dies ein gewaltiger Irrtum, wie bereits das Experiment in der Einleitung dieses Kapitels zeigt. Die Folge dieses Irrtums treibt die meisten Manager und Führungskräfte in den Zwang, eine Entscheidung vor sich her zu schieben, bis die subjektive Sicherheit erreicht ist, genügend Informationen verarbeitet zu haben. Zuvor besteht die permanente Angst vor dem Nichtwissen. Was angestrebt wird, ist eine scheinbare Sicherheit, die es so nie geben kann. Manager erstarren in Lähmung vor der informationellen Unsicherheit.

Analyse führt zur Paralyse

Ein Beispiel zu dem dysfunktionalen Informationsbedürfnis stammt aus meiner »beratergruppe sinnvoll · wirtschaften«. Gemeinsam mit meinem Kollegen Gebhard Borck war ich für die oben schon kurz erwähnte aufkauffreudige Firma beauftragt, eine Post-Merger-Teamentwicklung durchzuführen. Wir arbeiteten zwei Tage lang mit dem Vorstand und der ersten Führungsebene zusammen. Das Ergebnis des ersten Tages bestand in einer Themensammlung, die wichtige Baustellen in der Firma beschreibt. Das rund 20-köpfige Team, das mehrere Tausend Mitarbeiter führt, war sich dahingehend einig, dass die gesammelten Punkte eine vitale Bedeutung für das Unternehmen haben. Am zweiten Tag sollte am Ende eine – wie wir es nennen – Aktionslandkarte entstehen, die das Team dann in den folgenden Wochen und Monaten abarbeiten kann. Bezeichnenderweise wollte am Ende des Workshops keiner der Teilnehmer die Gesamtverantwortung für die Koordination der Teilprojekte übernehmen. Im Gegenteil, der Vorstandsvorsitzende bezeichnete sogar die Methode als anmaßend, da zur Zeit niemand sagen könne, mit welchen bereits laufenden Projekten die neuen Aufgaben koordiniert werden müssten und welche Auswirkungen sie haben würden. Methodisch verhält es sich so, dass erstens im Erstellen der Aktionslandkarten ein guter Teil der noch offenen Fragen beantwortet wird. Zweitens ist die Koordination eine Frage der Detailtiefe der Planung. Es gab niemals die Aufgabe, Meilensteine mit Datum und Uhrzeit zu versehen. Drittens wird es einen Rest Nichtwissen auch weiterhin geben. Unseren bisherigen Kunden war all das klar und so führten deren Aktionslandkarten auch zum Ziel. Die besondere Ironie bei diesem Kunden lag darin, dass schon am ersten Arbeitstag zwei Hindernisse zu einer erfolgreichen Zusammenarbeit genannt wurden: »Wir zerreden alles« und »Wir schieben Entscheidungen immer wieder auf.«

Thomas Ventzke[II] ist Direktor bei der de Sede-Gruppe in der Schweiz. Der Premiummöbelhersteller befindet sich in Klingnau im Schweizer Kanton Aargau. Die kleine Gemeinde, jeweils 40 Kilometer von Zürich und Schaffhausen entfernt, bildet auf der Landkarte mit diesen beiden Orten ein fast gleichschenkliges Dreieck. De Sede ist der führende Hersteller von Premiummöbeln in der Schweiz. Ventzke illustriert das Problem der Informationssucht:

Für den letzten Rest an Wissen ist der Aufwand so groß, dass sich das auch ökonomisch nicht rechtfertigt. Der bewusste Umgang mit dieser Hyperbel, wo ist das Optimum, wo muss ich eine Entscheidung treffen, wo gewinne ich nicht mehr viel – das muss doch reizen, dass man sagt: Go! Nehmen wir mal in einem Unternehmen das Peter-Prinzip. Rigor cartis.[12] Eine Form der Inkompetenz, die so ausgedrückt ist, dass Manager in einem Unternehmen dastehen und gebannt auf den Verlauf von Umsatz oder Auftragseingangszahlen starren. Bei diesem Starren ist es wie bei dem Blick in die Augen einer Schlange. Sie sind nicht mehr in der Lage, nächste Maßnahmen zu ergreifen. Sie erwarten fieberhaft den nächsten Datensatz, der ihnen sagt, ob der Trend anhaltend ist oder nicht. Da ist die Fähigkeit wichtig, »Schluss« zu sagen. Hier müssen wir aktiv werden, es bringt nichts mehr, wir müssen gegensteuern.

Ventzke beschreibt das Problem exakt. Das Verhältnis von Informationsmenge zu Entscheidungsqualität ist nicht linear oder proportional. Es ist vielmehr eine Glockenkurve, die erst deutlich ansteigt, um dann nach dem Erreichen des Optimums wieder abzufallen (vgl. Abbildung 1).

Das ist, wenn wir darüber nachdenken, auch ziemlich logisch. Wir sind nur in der Lage, ein bestimmtes Quantum an Daten aufzunehmen, dann ist Schluss. Irgendwann kommt der Punkt, an dem uns die Datenmenge überfordert. Das ist eine der wenigen Gemeinsam-

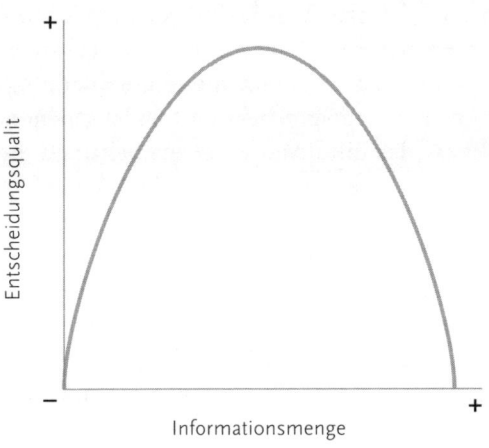

Abb. 1 Das nichtlineare Verhältnis von Informationsmenge und Entscheidungsqualität

keiten mit Computern. Die erreichen auch irgendwann ihr Limit, werden langsamer und hängen sich auf oder stürzen ab. Wir kennen die Geschichten über Spam-Bombardements, die ein Unternehmen oder eine Organisation für Stunden oder Tage lahmgelegt haben.

Bei der »Mehr ist besser«-Lüge müssen wir unterscheiden zwischen Anfängern und Experten einerseits und zwischen verschiedenen Aufgabentypen andererseits. Verschiedene Experimente zeigen, dass es für Anfänger bei motorischen Aufgaben Sinn machen kann, mehr Zeit zu haben, um mehr Informationen zu sammeln und sich dann zu entscheiden. Beispielsweise sollten erfahrene und unerfahrene Golfspieler, aufgeteilt jeweils in zwei Gruppen, entweder unter Zeitdruck von drei Sekunden putten oder mit so viel Zeit wie sie wollten. Die Anfänger schnitten besser ab, wenn sie sich Zeit nehmen konnten. Bei den erfahrenen Golfern war es genau umgekehrt: Unter Zeitdruck trafen die erfahrenen Spieler häufiger. Ein zweites Experiment derselben Forschungsgruppe zeigte: Wenn sich Anfänger auf den Schwung konzentrieren, sind sie besser, als wenn sie durch die Aufgabe, Töne zu zählen, abgelenkt werden. Sie ahnen schon: Bei den erfahrenen Spielern war es umgekehrt.[13]

Ein anderes Experiment aus dem Jahr 2003 kommt für Experten ebenfalls zu dem Ergebnis, dass viel weniger viel mehr ist. Die beiden amerikanischen Psychologen Johnson und Raab beauftragten 85 erfahrene Handballspieler, Videoaufnahmen hochkarätiger Spiele anzuschauen. Alle Szenen dauerten zehn Sekunden und wurden mit einem Standbild beendet. Jeder Teilnehmer sollte sich vorstellen, er wäre der im Video gezeigte Spieler (zu diesem Zwecke standen die Versuchspersonen vor den Bildschirmen, um die Imagination zu erleichtern). Wenn das Standbild erschien, sollten die Teilnehmer möglichst schnell den nächsten meist versprechenden Spielzug benennen. Nach dieser ersten Phase des intuitiven Urteilens bekamen die Versuchspersonen mehr Zeit für ihre Entscheidung. Sie sollten möglichst genau und präzise beobachten, um dann nach 45 Sekunden den besten Spielzug vorzuschlagen. Die Qualität der Spielzüge wurde anschließend durch Trainer der Profiliga bewertet. Gemäß der Möchtegernregel »Mehr ist besser« müssten die Versuchspersonen beim zweiten Durchlauf erfolgreicher sein, da sie mehr Zeit hatten, um mehr Informationen zu sammeln und zu verarbeiten. Tatsächlich waren die intuitiven Urteile den rationalen, auf mehr Informationen basierenden Spielzügen im Durchschnitt überlegen.[14]

Menschen, die in einer bestimmten Domäne erfahren sind, zeigen also bessere Leistungen, wenn sie weniger Informationen bewusst aufnehmen und verarbeiten. Wie aber ist es mit den Anfängern? Die waren ja im ersten geschilderten Golf-Experiment besser, wenn sie sich mehr Zeit lassen konnten, um mehr Informationen aufzunehmen und zu bedenken. Heißt das für die Neulinge doch, dass die Entscheidungsqualität und die Leistung mit zunehmender Information immer linear ansteigt? Keineswegs. Die Forschergruppe um die australische Psychologin Mary Omodei zeigte, dass auch Anfänger bessere Entscheidungen unter der Bedingung unvollständiger Informationen treffen können.[15] Dazu nutzten sie das selbst entwickelte Computerprogramm »Network Fire Chief«, in dem die Teilnehmer virtuelle Waldbrände in der Rolle eines Feuerwehr-Kommandeurs löschen sollten. Die Versuchspersonen waren Forscherkollegen der Universität, die in einem dreistündigen Training vor dem Experiment auf den prinzipiellen Umgang mit dem Programm trainiert wurden. Die Ergebnisse legen nahe, dass die Versuchspersonen bessere Entscheidungen treffen, wenn sie nur mit unvollständigen Daten informiert wurden. Zusätzliche Detailinformationen wie Windstärke und -richtung führten zu keiner Verbesserung, sondern zu schlechteren Ergebnissen! Wir dürfen sicherlich Personen weiterhin als Anfänger bezeichnen, die ohne bisherige Feuerwehrtätigkeit drei Stunden lang im Bekämpfen von virtuellen Waldbränden trainiert worden sind.

Abgesehen davon, dass sowohl für Anfänger als auch Experten die »Weniger ist mehr«-Regel gilt (Ausnahme: Anfänger bei motorischen Aufgaben wie Golf), gibt es noch ein anderes Problem mit dem »Mehr ist besser«-Märchen: Die Informationen, die wir erhalten, müssen zuverlässig sein. Denn ansonsten führen mehr unzuverlässige Daten selbst bei unbeschränkter Verarbeitungskapazitätskapazitäten immer nur zu Trugschlüssen. Aus noch mehr Fehlinformationen entsteht nicht plötzlich auf wundersame Weise eine richtige Einsicht oder Entscheidung. Aber leider verfügen wir über eines ganz sicher nicht – unendliche Informationsverarbeitung. Und ab und an sind auch die Daten, die wir erhalten, alles andere als vertrauenswürdig. Darauf werde ich später noch näher eingehen.

Lassen Sie uns also gemeinsam die Mär von »Mehr ist besser« freudig auf den Schrotthaufen der Geschichte werfen. Denn das heißt für uns: Wir haben gute Gründe, uns nicht zu sehr in den Details für eine Entscheidung zu verlieren. Wir dürfen mit reinem Gewissen unsere tägliche Informationssammlung verringern. Ist das etwa keine gute Nachricht?

Pure Vernunft

Nein, der Homo oeconomicus ist nicht tot. Er lebt aber auch nicht. Er ist ein Zombie, schon immer gewesen. Wir haben eine fiktive Normvariante von uns erfunden, um ökonomische Zusammenhänge zu erklären. Ist das vernünftig? Es wurde eine Theorie inszeniert, die augenscheinlich Blödsinn ist. Jeder kann andere Menschen in ihrem täglichen Verhalten beobachten. Jeder kann sich selbst beobachten. Und was sehen wir da? Ausschließlich rationales Verhalten? Ausschließlich Eigeninteresse, Nutzen- und Gewinnmaximierung? Lebenslang feststehende Präferenzen? Verfügen wir alle über vollständige Informationen, um dann rational zu entscheiden? Diese Fragen sind – ich hoffe, Sie nehmen es mir nicht übel – rein rhetorischer Natur. Die Antwort liegt auf der Hand: Wir sind weder eine Eigennutzenmaximierungsmaschine noch ein Permanentkalkulator.

Es ist erstaunlich: Die Realitätsprüfung hat seit über 120 Jahren nicht stattgefunden. Mittlerweile liegen für all diejenigen, die ihre eigene Beobachtung selektiv verzerren oder ihr nicht trauen, haufenweise empirische Daten vor, die dieses theoretische Konstrukt widerlegen. Glücklicherweise können wir noch in unsere Vernunft vertrauen, denn mittlerweile verbreitet sich allmählich die Einsicht, dass wir Menschen sind und keine durchs Leben taumelnde Theorie. Wir können Bücher lesen wie Gunter Duecks *Abschied vom Homo oeconomicus* oder Johannes Siegrists *Der Homo oeconomicus bekommt Konkurrenz*. Zudem arbeiten Ökonomen wie Alexander Ockenfels und der deutsche Wirtschafts-Nobelpreisträger Reinhard Selten an neuen Modellen. Aber es gibt Menschen, die sich und andere immer noch in die schöne neue Welt der puren Vernunft hinein fantasieren – und das im Namen der Wissenschaft.

Die reine Rationalität setzt Folgendes voraus: Wir können sie von unseren Gefühlen und unserer Intuition sauber trennen. So wie Räume durch Wände abgegrenzt sind. Hier der eine Raum, dort der andere. Was in ihnen drin ist und dort hinkommt, obliegt nur unserem Willen. Und es gibt keinerlei Austausch der Inhalte dieser Räume, es sei denn, wir tragen etwas von hier nach dort. Da geschieht nichts von alleine. Ein Buch bekommt nicht plötzlich Beine und entscheidet sich, vom einen in den anderen Raum zu laufen. Kurz: Die Inhalte der Räume tauschen sich nicht einfach selbstorganisiert aus. Alles bleibt schön an seinem ihm zugewiesenen Platz. Mal ehrlich: Glauben Sie, dass unser Gehirn so funktioniert? Dass wir Wände im Kopf haben und Türen, mit denen wir diese Räume kontrolliert öffnen und verschließen können? Oder gehen Sie eher davon aus, dass unser Gehirn ein bewundernswertes, selbstorganisiertes Netzwerk aus Neuronen und Axonen ist, die über Synapsen miteinander verbunden sind und durch Aktionspotenziale kommunizieren?

Fakt ist: Die Trennung von Rationalität, Intuition und Gefühlen ist nur ein Sprachspiel. Sie hat nichts mit der neurologischen Realität unserer Gehirne zu tun: Es gibt keine vernünftigen Entscheidungen ohne Intuition und Gefühle. Die Forschungsergebnisse von Antonio Damasio, die uns zu diesem Schluss bringen, sind bislang nicht widerlegt.

Experten unterscheiden sich in ihren Leistungen von Anfängern unter anderem dadurch, dass sie in wesentlich kürzerer Zeit erfolgreiche Entscheidungen treffen. Aber sie können häufig ihre Entscheidungspräferenzen nicht rational erklären. Das gefühlte Wissen entzieht sich der Rationalität. Der ungarisch-britische Chemiker und Philosoph Michael Polanyi hat es unschlagbar präzise formuliert: »Wir wissen mehr, als wir sagen können.«

Darüber hinaus nehmen wir nicht nur bewusst wahr, sondern auch unbewusst. Es ist das seit über 30 Jahren gültige Forschungsparadigma der »subliminalen«, also unbewussten Wahrnehmung und Informationsverarbeitung. Das heißt: Unsere mentalen Räume füllen sich auch unabhängig von unserer bewusst gesteuerten Wahrnehmung. Wir speichern Daten aus der Außenwelt, die wir gar nicht bemerkt haben.

Unser Bewusstsein steht im Austausch mit unserem Unbewussten, was auch aus dem oben genannten Modell hervorgeht. Die wiederholten psychologischen Experimente um das Erlernen sogenannter »künstlicher Grammatiken« zeigen die unbewusste Wahrnehmung und Informationsverarbeitung. Bezogen auf die obige Metapher mit den Räumen folgt daraus, dass es einen Informationsaustausch zwischen unseren bewussten und unbewussten Räumen gibt – und zwar ohne die willentliche Steuerung unseres »Ich«.

Zum ersten Punkt: Damasio beschreibt in seinem Buch *Descartes' Irrtum* einen Patienten namens Elliot, der 1982 nach der Entfernung eines Hirntumors in seiner neurologischen Sprechstunde erschien. Er war vor seiner Operation nicht nur ein guter Vater und Ehemann, sondern auch ein erfolgreicher Manager. Diverse Tests hatten nach der Operation gezeigt, dass Elliot immer noch weit überdurchschnittlich intelligent war. Nur drei Prozent aller Menschen schnitten bei Intelligenztests besser ab. Trotzdem hatte er ein großes Problem: Er schob wichtige Entscheidungen immer wieder auf, um herauszufinden, welche die beste sei. Er blieb stecken in der Meta-Entscheidung, sich jetzt nicht für eine Möglichkeit zu entscheiden. Er dachte lange darüber nach, mit welchem Stift er schreiben oder ob er die Aktenablage neu organisieren sollte, obwohl dringlichere Aufgaben im Büro auf ihn warteten. Elliot wurde in der Folge dieser sonderbaren Entscheidungs-Lähmung entlassen. Er schaffte es nicht, dauerhaft einen neuen Job zu finden. Später geriet er in die Hände eines Betrügers und wurde insolvent. Seine Frau ließ sich von ihm scheiden und die Steuerfahndung war ihm auf den Fersen. Ein tragischer Sturz ins Bodenlose, geradezu filmreif. Und das, obwohl er nach der Theorie des Homo oeconomicus der ideale Entscheider hätte sein müssen! Kein Gefühl konnte seine Entscheidungen negativ beeinflussen.

Damasio zog den nahe liegenden Schluss: Unsere Gefühle und Intuition sind eine zwingende Voraussetzung für unsere Entscheidungsfähigkeit. Also begann er, auch andere Patienten mit ähnlichen Hirnschäden zu untersuchen. Alle Personen verfügten über eine normale Intelligenz, empfanden aber keine Gefühle – und hatten das gleiche Problem: Entscheidungs-Lähmung. Damasio schilderte, wie schwierig es war, mit einem Patienten einen neuen Termin für die nächste Sprechstunde zu finden:

Der Patient nahm seinen Terminkalender heraus und begann, in ihm zu blättern. Nun legte er ein äußerst bemerkenswertes Verhalten an den Tag ... Fast eine halbe Stunde lang zählte er Gründe für und gegen die beiden Termine auf. Vorangehende Verabredungen, die zeitliche Nähe anderer Verabredungen, mögliche Wetterverhältnisse: praktisch alles, was man bei einer so simplen Frage berücksichtigen kann. (... Er zwang uns) nun, einer ermüdenden Nutzen-Kosten-Analyse zu folgen, einer endlosen Aufzählung und einem überflüssigen Vergleich von Optionen und Konsequenzen.[16]

Hätte Damasio nicht interveniert, wäre es zu keiner Entscheidung gekommen. Das Ergebnis seiner Forschung: Der orbitofrontale Cortex, der oberhalb der Augenhöhlen im unteren Bereich des Stirnlappens liegt, ist für die Einbindung von Gefühlen in unsere Entscheidungsprozesse verantwortlich. Ist dieser Bereich gestört, haben wir keinen Zugang mehr zu unserem Erfahrungsschatz. Wir sind verdammt dazu, Entscheidungen aufzuschieben.

Übrigens: Die Studien Damasios decken sich auch mit der bislang fast immer ignorierten Theorie des Baseler Psychiaters Luc Ciompi. In seinem Werk *Die emotionalen Grundlagen des Denkens. Entwurf einer fraktalen Affektlogik* erklärt Ciompi bereits 1997 noch differenzierter als Damasio die Funktion unserer Gefühle für unser Denken und damit unsere Entscheidungsfähigkeit: Gefühle ...

- liefern die Energie für die Dynamik unserer Informationsverarbeitung,
- bieten die Motivation für unsere Informationsverarbeitung,
- sind dauernd für den Fokus der Aufmerksamkeit verantwortlich,
- eröffnen oder verschließen den Zugang zu verschiedenen Gedächtnisspeichern,
- verbinden Informationselemente miteinander und schaffen so Kontinuität,
- bestimmen die Hierarchie der Denkinhalte,
- sind ein wichtiges Mittel zum Meistern von Komplexität.

Zum zweiten Punkt des Unterschieds zwischen Experten und Anfängern: Weiter oben berichtete ich bereits von zwei Experimenten, die auch in diesem Zusammenhang einen wichtigen Hinweis liefern. Die erfahrenen Golfspieler schnitten besser ab, wenn sie sich weniger Zeit für ihren Schlag genommen hatten, ganz im Gegensatz zu den Anfängern, die die Motorik des Schlages bewusst steuern mussten. Noch eindrücklicher wurde der zweite Teil des Experiments, als die Versuchspersonen über einen Kopfhörer Töne eingespielt bekamen und diese zählen sollten. Solchermaßen abgelenkt, wurden die Experten *besser*! Wäre die bisherige Grundannahme unternehmerischen Handelns und Entscheidens richtig, dass der Kopf den Bauch schlägt, dass der Einsatz von Rationalität besser ist als der von Intuition oder automatisierten Prozessen, hätte das Ergebnis umgekehrt ausfallen müssen. Das Studienergebnis, dass die bewusste Steuerung durch die Aufgabe des Tönezählens abgelenkt wurde, zeigt eindeutig, dass Experten unbewusst-intuitiv zu besseren Ergebnissen kommen als durch bewusst rationale Steuerung. Diese Ergebnisse decken sich mit dem Experiment mit den Handballspielern, die bessere Resultate erzielten, wenn sie nicht so lange nachdenken konnten. Wir verfügen also alles in allem über eindeutige empirische Studienergebnisse, die klar zeigen, dass wir in vielen Fällen durch unbewusste Informationsverarbeitung zu besseren Ergebnissen gelangen, als wenn wir sie bewusst rational steuern und kontrollieren.

Zum dritten und vierten Punkt der unbewussten Wahrnehmung und Informationsverarbeitung: Die in den Jahren 1976, 1977 und 1980 durchgeführten Experimente zu künstlichen Grammatiken der Forschungsgruppe um Arthur Reber zeigen deutlich, dass wir Informationen beileibe nicht nur bewusst wahrnehmen und verarbeiten. Versuchspersonen wurden damit beauftragt, eine nach komplizierten Regeln erstellte Folge von Buchstaben (zum Beispiel »XVCCMT«) auswendig zu lernen. Diese erste Phase des Experiments wurde den Versuchspersonen gegenüber als Gedächtnistest ausgegeben. Tatsächlich wurde untersucht, inwiefern die Probanden die »grammatikalischen« Regeln dieser Buchstabenfolge unbewusst lernen. Bei dem anschließenden Test konnten die Versuchspersonen überzufällig oft korrekt beurteilen, ob eine präsentierte Zeichenfolge gemäß der zugrunde liegenden Regeln, die sie ja nicht bewusst erklärt bekommen hatten, richtig oder falsch ist. Der Clou: In der dritten Phase konnte niemand die eigenen Entscheidungen durchgängig korrekt erklären. Entweder sagten die Versuchspersonen, dass sie wüssten, warum eine Zeichenfolge richtig oder falsch sei, oder sie hatten die

Erklärungen erfunden. Später wurden andere, vergleichbare Experimente durchgeführt. Die Ergebnisse sind im Großen und Ganzen die gleichen geblieben. Rebers bereits Jahrzehnte zurückliegende Experimente widerlegen zudem die immer wieder aufgewärmte Aussage, dass nur Experten auf ihre Intuition vertrauen sollten. Wir können nicht von Experten in künstlicher Grammatik sprechen, nur weil die Testpersonen einmal an einem Experiment teilgenommen hatten. Und doch entschieden sie intuitiv richtig.

Antonio Damasio konzipierte mit seiner Forschungsgruppe Mitte der 1990er ein eigenes, elegantes Experiment, um seine überraschenden Einsichten in den Zusammenhang von Emotion, Intuition und Rationalität zu überprüfen: den Iowa Gambling Task. Gesunden Versuchspersonen wurden auf einem Bildschirm zwei Stapel blaue und zwei Stapel grüner »Karten« gezeigt. Ihre Aufgabe bestand darin, so viel Spielgeld wie möglich zu gewinnen. Dazu sollten sie Karten ihrer Wahl umdrehen, wobei auf der Rückseite ein Geldgewinn oder -verlust angezeigt war. Die Probanden wussten nicht, dass die grünen Karten die besseren waren, weil sie unterm Strich mehr Gewinn boten als die blauen. Zur Objektivierung unbewusster Reaktionen auf die verschiedenen Kartenstapel wurde bei den Testteilnehmern der Hautwiderstand während des Experiments gemessen. Nach ungefähr 50 Karten wurde den Probanden der Unterschied zwischen den blauen und grünen Stapeln bewusst. Dass die blauen Stapel gefährlicher waren, weil sie zwar hohe Gewinne, aber noch mehr hohe Verluste nach sich zogen, nahmen die Probanden unbewusst jedoch schon nach zehn Karten wahr – und änderten ihr Verhalten intuitiv und wählten lieber grüne Karten. Auf der körperlichen Ebene zeigte sich ein eindeutiges Stressmuster, indem der Griff nach den Verlust bringenden Karten zu einer leichten Schweißbildung führte, die den Hautwiderstand messbar senkte. Interessanterweise waren Damasios Patienten mit Schäden am orbitofrontalen Cortex, die ihn letztlich zu diesem Experiment inspiriert hatten, nicht in der Lage, den Unterschied zwischen den grünen und blauen Stapeln zu erkennen. Bei ihnen zeigte sich auch keine Veränderung des Hautwiderstands, wie bei den gesunden Versuchspersonen. Einige der geschädigten Probanden spielten sogar noch die schlechten Karten weiter, obwohl sie irgendwann bewusst gemerkt haben, dass sie dadurch ihr Geld verlieren würden.

Der Iowa Gambling Task bestätigt erstens die Ergebnisse der Experimente mit den künstlichen Grammatiken (oder korrekter: konnte diese Ergebnisse nicht widerlegen), das heißt also, dass wir intuitiv richtig entscheiden können, weil wir Daten unbewusst wahrnehmen und verarbeiten können. Zweitens wird deutlich, dass bei einer Aufgabe immer gleichzeitig rationale und intuitive Prozesse ablaufen – sofern wir gesund sind. Wenn diese Integration von Kopf und Bauch durch Hirnschäden zerstört ist, brauchen wir entweder wesentlich länger, um erfolgreich zu entscheiden, oder können in manchen Fällen überhaupt keine guten Entscheidungen mehr treffen. Drittens wird klar, dass das Bindeglied zwischen der unbewussten Wahrnehmung und Informationsverarbeitung und unserem bewussten Verstand unsere Emotionen sind. Die gesunden Personen spürten den »Stress« beim Griff nach den schlechteren blauen Karten als ungutes Gefühl; die Patienten spürten nichts dergleichen. Unsere Entscheidungsfähigkeit hängt also von der funktionierenden Integration von Emotionen, Intuition und Rationalität ab!

Abgesehen von diesen Argumenten, die bislang niemand widerlegt hat, die aber alle paradoxen Pseudorationalisten ignoriert haben, verweist sogar unsere Sprache auf die Untrennbarkeit von Rationalität und Intuition. Versuchen Sie mal, das eine ohne das andere zu definieren. Es ist wie mit hell und dunkel oder laut und leise. Der eine Begriff ergibt ohne den anderen keinen Sinn. Ein funktionales Ganzes ergibt sich nur, wenn wir beides miteinander verbinden. Wir erliegen der Illusion, wir könnten das eine vom anderen trennen, weil wir das eine Ende unseres Entscheidungskontinuums mit »rational« und das andere mit »intuitiv« bezeichnen. Aber das Bezeichnende ist nicht identisch mit dem Bezeichneten! Es ist nichts weiter als eine Landkarte. Und die ist nicht das Gebiet. Kein gesunder Mensch beißt in die Speisekarte, wenn er eine Pizza essen will. In diesem Zusammenhang ist uns allen der Unterschied zwischen der Sache und dem Begriff, der diese Sache bezeichnet, klar. Komischerweise setzt so etwas wie ein kollektives Vergessen dieses Unterschiedes ein, sobald wir über nicht-gegenständliche Phänomene und deren Bezeichnungen sprechen. Die Worte Rationalität und Intuition werden plötzlich verwechselt mit dem tatsächlichen Entscheiden, das beide Seiten in sich vereint. Wir müssen die Vorstellung, es gäbe reine Rationalität, aus unserem Gedächtnis streichen. Sonst behindern wir uns selbst.

Aufwachen zur Höchstleistung

Sie werden keinen immer währenden Erfolg haben, nur weil Sie Intuition in Ihre Entscheidungen integrieren und ihr den gebührenden Raum geben. Erfolg ist kein berechenbares und völlig kontrollierbares Produkt aus verschiedenen Faktoren. Erfolg ist immer auch eine Prise Glück und Zufall. Märkte und Branchen schwanken genauso wie unternehmerische und individuelle Leistungen. Niemand ist immer ein Top-Performer. Wer uns das glauben machen will, verkauft uns für dumm. Andauernde Spitzenleistung ist nichts als eine weitere Lügengeschichte; der »Masterplan« ein Witz. Die Realität der Superunternehmen in dem bekannten Bestseller *Auf der Suche nach Spitzenleistungen* ist ernüchternd. Wenn man sich deren Entwicklung nach dem Abschluss der Studie 1980 anschaut, ergibt sich folgendes Bild:

> Während sich Standard & Poor's 500 zwischen 1980 und 1984 mit 99 Prozent Wachstum fast verdoppelte, wuchsen nur zwölf der »Spitzenunternehmen« schneller als der Gesamtmarkt. Die übrigen dreiundzwanzig fielen zurück. ... Es wäre ratsamer gewesen, in einen Marktindex zu investieren als in diese Spitzenunternehmen. Nach zehn Jahren sieht die Bilanz ähnlich aus. Nur dreizehn Unternehmen hatten sich besser als der Markt entwickelt, der um 403 Prozent zunahm, während achtzehn hinter dem Markt zurückblieben.[17]

Genauso illusorisch sind die noch großartigeren Versprechen im Bestseller *Immer erfolgreich. Die Strategien der Top-Unternehmen*. Dabei handelte es sich nach Aussage der Autoren um die Besten der Besten – herausragende, *beständige* und visionäre Unternehmen. Nach Abschluss der Studie, die Grundlage des Buches war, konnten in den zehn Folgejahren nur sechs von sechzehn der visionären Unternehmen mit dem S&P 500 mithalten. Die anderen zehn fielen im Vergleich zum Markt zurück.

Wer trotz dieser Fakten einem jeweils hippen Masterplan doch glauben will, dem sei es freigestellt. Die anschließende Enttäuschung wird gratis mitgeliefert. Aber eines ist klar: Wer seine eigene Intuition und die seiner Mitarbeiter respektiert und bei seinen unternehmerischen Entscheidungen mit einbindet, wer eine effektive Entscheidungskultur aufbaut und pflegt, der wird langfristig bessere Leistungen erzielen, als der, der Intuition ignoriert oder bekämpft. Das heißt nicht, dass es keine Höhen und Tiefen mehr gibt, dass fortwährende Spitzenleistung realisiert werden kann. Die bessere Leistung bezieht sich nur auf den langfristigen Vergleich zum zahlen-, daten- und faktengetriebenen Unternehmen. Nicht mehr und nicht weniger. Der Grund ist relativ einfach, wenn er auch paradox erscheint.

Die Einsicht in die Begrenztheit unserer Rationalität eröffnet uns neue Möglichkeiten, die wir nicht nutzen können, solange wir weiter an unserem Irrglauben festhalten. Nur wenn wir nicht mehr andauernd rationale Entscheidungen fordern, die wir von A bis Z durchdeklinieren und glauben begründen zu können, werden wir unsere Intuition professionalisieren und großflächig in unseren Unternehmen nutzen können. Dann nehmen wir auch die Frauen im Team endlich ernst, die dank ihrer Sozialisation noch eher auf ihre Intuition achten, und versuchen nicht, sie zu besseren Männern zu machen, indem wir ihnen oberlehrerhaft raten, doch endlich rationaler zu werden.

Wenn wir jedoch weiterhin daran glauben, dass rationale Entscheidungen intuitiven immer überlegen seien, dass mehr Daten die Entscheidungsqualität endlos nach oben treiben und dass wir unsere Rationalität von unserer Intuition und den Gefühlen trennen können, begrenzen wir uns selbst. Erinnern Sie sich an Elliot? Er wurde zu genau dem Zombie, den wir in unserer Wirtschaft als Homo oeconomicus die ganze Zeit behauptet und gefordert haben. Was hat ihm das gebracht? Eine Turbokarriere und astronomischen wirtschaftlichen Erfolg? Nichts davon. Er erlebte einen tragischen Absturz aus großer Höhe. Wenn wir endlich aufwachen und unsere menschliche Wirklichkeit erkennen und annehmen, dann sind wir in der Lage, für eine gewisse Zeit und immer wieder mal eine ähnliche Spitzenleistung zu erbringen wie der Schindlerhof, die Lunge Laufschuhmanufaktur, die VEKA AG oder Guardian Industries (mehr dazu erfahren Sie später).

Lesetipps

Akerlof, G.A./Shiller, R.J./ Gräber-Seißinger, U. und Proß-Gill, I. (2009): *Animal Spirits: Wie Wirtschaft wirklich funktioniert*, Campus.

Dreyfus, H./Dreyfus, S. (1988): *Künstliche Intelligenz. Von den Grenzen der Denkmaschine und dem Wert der Intuition*, Rororo.

Dueck, G. (2008): *Abschied vom Homo oeconomicus. Warum wir eine neue ökonomische Vernunft brauchen*, Eichborn.

Ramo, J. (2009): *Das Zeitalter des Undenkbaren. Warum unsere Weltordnung aus den Fugen gerät und wie wir damit umgehen können*, Riemann.

Rosenzweig, P. (2008): *Der Halo-Effekt. Wie Manager sich täuschen lassen*, Gabal.

Siegrist, J. (2008): *Der Homo oeconomicus bekommt Konkurrenz. Die Wiederentdeckung der Emotion in der Wirtschaft*, Identity Edition, Band 3, herausgegeben von der Identity Foundation.

Surowiecki, J. (2007): *Die Weisheit der Vielen. Warum Gruppen klüger sind als Einzelne*, Goldmann.

Zeyer, R. (2009): *Bank, Banker, Bankrott. Storys aus der Welt der Abzocker*, orell füssli.

2
Das Fünfeck des Nichtwissens – was wir alles nicht erkennen können

Immer dann, wenn wir etwas nicht wissen, geht ohne unsere Intuition gar nichts. Weil wir in solchen Momenten mit unserem Denken nicht weiterkommen. Uns fehlen die Informationen, die wir bräuchten, um eine rationale Entscheidung treffen zu können, die sich mit unseren Werten, Ansprüchen und Zielsetzungen deckt. Es gibt fünf verschiedene Gründe, nicht zu wissen. Zum Zeitpunkt der Entscheidung sind wir mit den Möglichkeiten konfrontiert, die Sie Abbildung 2 entnehmen können.

Diese Situationen von Nichtwissen lassen sich nur dann in Wissen verwandeln, wenn wir genügend Zeit haben, noch weiter zu recherchieren, die vor uns liegenden Dossiers, Memos, E-Mails, Markterhebungen etc. zu sichten, Widersprüche aufzulösen und so weiter. Aber häufig ist die eigentliche Lage eine andere. Wir stehen unter Zeitdruck und können die Entscheidung weder aufschieben noch delegieren. Aber wie sollen wir entscheiden, wenn uns die nötigen Informationen fehlen? Wir haben – wenn wir im Spiel bleiben wollen – nur

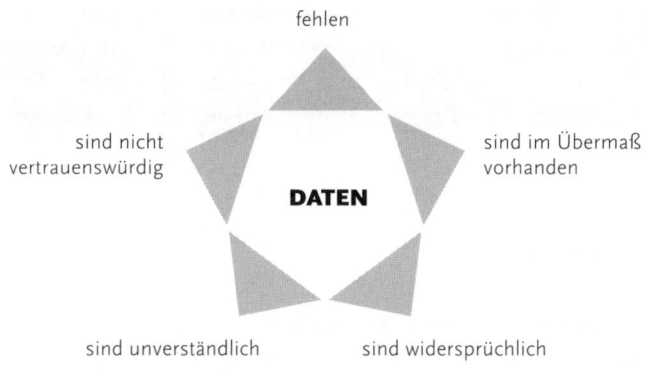

Abb. 2 Das Fünfeck des Nichtwissens

zwei Möglichkeiten: Wir können eine zufallserzeugte Entscheidung herbeiführen, indem wir würfeln oder eine Münze werfen. Oder wir achten auf unsere Intuition.

In der Wissensgesellschaft lebt's sich leicht. Denn Wissen ist Macht. Und Macht ist sexy. Doch Nichtwissen – das bedeutet Ohnmacht, Dummheit, Inkompetenz. Es ist erstaunlich, mit welcher Selbstverständlichkeit die unvermeidliche Kehrseite des Wissens weithin ignoriert wird. Mich persönlich wundert auch, wie überrascht Unternehmer und Manager immer noch sind, dass meine Faszination für Nichtwissen eine Grundlage meiner beraterischen Tätigkeit ist. Es ist immer noch eine Kunst, sich mit diesem Beratungsfokus nicht als bunter Hund zu fühlen. Ich kann diese Vermeidung unter einem Gesichtspunkt verstehen: Nichtwissen bedeutet die Freiheit von bestehenden Wissensbeständen um den Preis von Unsicherheit. Aber viele von uns streben nach Sicherheit und sei sie nur eine Illusion. Die Nichtwissens-Phobie wäre dann der persönlichen Wertepräferenz des Sicherheitsbedürfnisses geschuldet.

Nichtwissen wird also in der Wissensgesellschaft immer noch verdrängt. Da bleibt nur, einen weiteren Fall von paradoxem Pseudorationalismus zu diagnostizieren. Denn Probleme zu ignorieren, heißt, sie bewusst im Nichtwissen zu halten. Was ich nicht weiß, macht mich nicht heiß. Die Weitsichtigkeit dieses Vorgehens entspricht der Taktik eines Vogel Strauß, seinen Kopf in den Sand zu stecken. Mit einem anderen Bild: Es ist genauso vernünftig wie das Verhalten eines Zweijährigen, der sich die Hand vor Augen hält und glaubt, dass deshalb das, was er nicht sehen will, in der realen Welt damit verschwunden wäre. Wer wirklich rational sein will und der Intuition als unternehmerischer Ressource Raum gewähren möchte, der muss auch über Nichtwissen nachdenken und Konsequenzen ziehen. Für sich, für seine Mitarbeiter, für sein Unternehmen, für die Kunden und alle anderen Stakeholder.

Vakuum – Zuwenig

Dass wir »nichtwissend« sind, weil wir über zu wenige Daten verfügen, könnte bald Geschichte sein. Unsere Informationssysteme werden immer schneller, wir finden dank High-Speed-Internet,

Google und Co. Daten schneller als noch vor zehn Jahren. Die Problematik kippt allmählich eher in die andere Richtung, dass wir ein Zuviel beklagen und die relevanten Daten aus dem Chaos herausfiltern müssen. Aber es gibt zumindest noch einen Bereich, in dem wir auch in Zukunft grundsätzlich unter einem Daten- und damit Informations- und Wissensmangel leiden werden: wenn wir Neuland betreten. Per definitionem haben wir die weißen Flecken auf unseren Landkarten noch nicht vermessen. Wir kennen die Umgebung nicht, wir wissen nichts oder nur sehr wenig über die dortige Fauna und Flora, über Gefahren und Möglichkeiten. Gleichzeitig sind die noch unbekannten Gebiete wirtschaftlich äußerst interessant.

In ihrem internationalen Bestseller *Der Blaue Ozean* beschreiben die beiden amerikanischen Professoren W. Chan Kim und Renée Mauborgne, »wie man neue Märkte schafft, wo es keine Konkurrenz gibt«. Die Blauen Ozeane sind bei den Autoren der Begriff für Neuland, also die Erfindung neuer Märkte, neuer Branchen und die Entdeckung bisher unerfüllter Kundenbedürfnisse, während die Roten Ozeane die Optimierung des Altbekannten bedeuten. Wie lukrativ die Blauen Ozeane im Vergleich zu den Roten sind, haben Kim und Mauborgne selbst in einer Stichprobe von 108 Unternehmen untersucht (vgl. Abbildung 3).

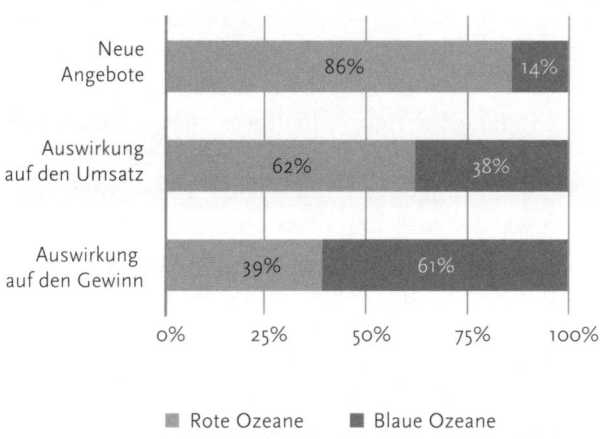

Abb. 3 Auswirkungen Blauer und Roter Ozeane auf den Gewinn

Lediglich 14 Prozent der neuen Angebote entfallen auf den Bereich Blauer Ozeane und machen doch 61 Prozent des gesamten Gewinns aus. Im Gegensatz dazu finden 86 Prozent der neuen Angebote im Bereich Roter Ozeane statt, also bestehender Märkte, sind aber nur für 39 Prozent des Gewinns verantwortlich. Neuland lohnt!

›Wie geht's uns denn?‹

In der Zeit von 2001 bis 2003 arbeitete ich als wissenschaftlicher Angestellter in der Universitätsklinik Heidelberg. Meine Aufgabe bestand darin, das bundesweit erste Arzt-Patient-Kommunikationstraining auf der Basis des Konzepts der »Standardisierten Patienten« mit zu entwickeln, es in den ordentlichen Studienablauf zu implementieren und die Evaluation mit zu begleiten. Unser Team betrat damals ein noch unbekanntes Gebiet. Es gab zwar schon die eine oder andere deutsche Fakultät, die mit Standardisierten Patienten arbeitete, also Schauspielern, die Patienten in Rollenspielen simulieren; aber in keiner Fakultät wurden die Schauspieler in verbindlichen Trainings für alle Studenten eines Semesters eingesetzt. Unsere Idee bestand darin, über eine Zeit von zwei Semestern alle rund 400 Studenten mit zunehmend schwierigeren Rollenspielen mit den Schauspielern zu konfrontieren und am Ende dieser Zeit den Lernerfolg mit angemessenen Prüfungsmethoden zu testen. Jeder Student des 7. und 8. Semesters musste an dem Training teilnehmen, im Gegensatz zu den bis dahin üblichen nur freiwilligen Arzt-Patient-Kommunikationstrainings.

Das Konzept der Standardisierten Patienten existierte damals zwar schon fast 40 Jahre, jedoch als fester Bestandteil des Studiums nur im Ausland, wo die Studienbedingungen und -abläufe anders sind als bei uns. Zudem waren wir der Meinung, dass einiges anders ablaufen sollte als bisher üblich. Wir waren also gezwungen, hinsichtlich vieler Parameter zu experimentieren. Es gab keinen Masterplan, was wir wann wie genau zu tun hatten. Wir waren gesegnet mit Nichtwissen über den konkreten Ablauf des Projekts in unserer Fakultät. Theoretisch konnten wir uns bei vielen Studien und Fachartikeln schlau machen, aber wie die Realität bei uns aussehen würde, das war nicht planbar.

In der Typologie von Kim und Mauborgne handelte es sich bei unserem Projekt um einen Blauen Ozean, weil das »Produkt« seinem Umfeld nicht bekannt war. Aus internationaler Sicht hatten wir uns allerdings nur in einem Roten Ozean bereits bestehender Lehrpläne bewegt. Wie ich hier selbst schon erleben konnte, führt bereits das Übertragen bekannter Konzepte in eine neue Umwelt zu erheblicher Konfrontation mit Nichtwissen. Wie wäre es dann, wenn wir mit einem neuen Produkt, das es so noch nirgendwo gegeben hatte, einen neuen internationalen Markt erschaffen? Diese Frage können wir aus meinem Fallbeispiel nicht beantworten. Aus der Grafik oben geht jedoch deutlich hervor: Blaue Ozeane und die Eroberung von wirtschaftlichem Neuland sind gewinnbringender als jede Verbesserung bestehender Produkte und Branchen. Blaue Ozeane können sogar überlebensnotwendig werden, eben im wahrsten Sinne not-wendig.

Wenn die Ideen sprudeln

Mitte der 1990er-Jahre droht der Firma Peter Bier das endgültige Aus. Die kleine Brauerei kämpfte bereits seit zehn Jahren ums Überleben. Das Brauereigebäude begann langsam zu verfallen und ähnelte gefährlich einer Industrieruine. Dieter Leipold, Mitinhaber und ehemaliger Braumeister, verwandelte die Brauerei am Wochenende in eine Diskothek und öffnete die Pforten für die Jugend der umliegenden Dörfer. Dabei stand er selbst am Tresen und zapfte sein Bier, weil es sich anders schon längst nicht mehr gewinnbringend verkaufen ließ.

Schon seit geraumer Zeit hatte Leipold den Einfall, etwas völlig Neues zu kreieren. Er

> hatte es sich einst in den Kopf gesetzt, im Brauverfahren analog dem deutschen Reinheitsgebot, ein gesundes Erfrischungsgetränk herzustellen, das so natürlich und rein ist wie Bier, aber weder so schmeckt noch Alkohol enthält. Eine ebenso genial wie paradox erscheinende Idee, die in Fachkreisen nur müdes Lächeln geerntet hatte. Denn bekanntlich entsteht beim Brauen bzw. Fermentieren unter natürlichen Bedingungen aus Zucker immer Alkohol.[1]

Leipold begann trotz aller Zweifel seiner Umwelt 1986 in seiner Wohnung zu experimentieren. Das Wohnzimmer wurde zur Lagerstätte, im Bad wurde vergoren und angrenzend ans Schlafzimmer entstand das Labor – »sehr zur Freude meiner Frau«, wie Leipold im Imagefilm des Unternehmens meinte. Nach vielen Versuchen entschloss Leipold sich, die Fermentation von Bienen zu kopieren. Damit entstand das Problem, die Mikroorganismen und die dazu passenden Bedingungen zu finden, unter denen diese funktionieren. »Außer meiner Frau habe ich (in dieser Zeit) kaum jemanden gefunden, der daran geglaubt hat, der von der Idee überzeugt war, dass das was werden könnte.«[2] »Aber nach zehnjähriger Forschung und Entwicklung, die die Brauerei an den Rand des Ruins gebracht hatte, hatte der findige Braumeister den Dreh raus. Somit war in die Tat umgesetzt, was zuvor noch nie gelungen war, und was nach dem damaligen Stand von Wissenschaft und Technik als unmöglich galt.«[3]

Danach begann der typisch deutsche Bürokratieexzess. Allein die Anerkennung der Bezeichnung »Biologisches Erfrischungsgetränk« durch das Landratsamt zog sich absurde drei Jahre hin. Das Etikett auf der Flasche musste auf Anweisung des Amtsschimmels sage und schreibe sieben Mal geändert werden. Aber das Durchhaltevermögen lohnte sich. In zehn Jahren stiegen die Absatzzahlen von 1997 mit 1,8 Millionen Flaschen auf 200 Millionen im Jahr 2007.

Es war wahrlich eine Eroberung von Neuland. Das kleine lokale Unternehmen hatte weder Erfahrung damit, Biolimonade herzustellen – schließlich gab es diesen Markt noch gar nicht – noch eine internationale Marke zu kreieren. Peter Kowalsky, einer der Söhne Leipolds und Geschäftsführer von Bionade, formulierte es im Imagefilm so: »Wir wussten ja gar nicht, was es heißt, eine internationale Marke zu kreieren. Sie kriegen das Wissen auch gar nicht. Sie können sich die Leute gar nicht leisten, die so etwas wissen. Sie wissen ja gar nicht, dass es Leute gibt, die so etwas wissen.«

Wenn wir auch in den meisten anderen Bereichen das Nichtwissen aufgrund eines Datenmangels zukünftig möglicherweise abgeschafft haben werden, so bleibt es doch beim Betreten unbekannter Gebiete von großer Bedeutung. Diese Entdeckung weißer Flecken auf unseren wirtschaftlichen Landkarten wird nie aufhören. Wir werden, solange wir existieren, neue Branchen und neue Märkte erfinden. Es sieht sogar so aus, also ob die Blauen Ozeane an Bedeutung zunähmen. Dafür sprechen mehrere Gründe, die Kim und Mauborgne aufführen. Zunächst einmal konnte die Branchenproduktivität durch schnellere Fortschritte in den jeweiligen Technologien stark verbessert werden. Dadurch waren die Hersteller in der Lage, ihr Angebot an Produkten und Dienstleistungen wesentlich zu differenzieren. Die ärgerliche Folge: In immer mehr Branchen übersteigt mittlerweile das Angebot die Nachfrage. Außerdem verschärfen schwindende Handelsschranken und die unmittelbare globale Verfügbarkeit von Daten über Produkte und Preise die Situation, weil in der Folge Nischenmärkte und Monopol-Paradiese allmählich aussterben. Umgekehrt zeigt sich kein Trend in Richtung einer steigenden Nachfrage. Die ehedem lukrative Ära der Roten Ozeane könnte vorbei sein. Kim und Mauborgne schlussfolgern: »Da der Wettbewerb in den Roten Ozeanen immer ruinöser wird, müssen die Manager sich stärker als bisher mit den Blauen Ozeanen beschäftigen.«[4]

Was die beiden Professoren mal wieder komplett übersehen: Um dort erfolgreiche Entscheidungen zu treffen, brauchen wir unsere Intuition sowie Möglichkeitsräume, um glückliche Zufälle zu nutzen. Ohne Kartenmaterial können wir die Routen nicht vorab berechnen. Wir müssen auch in der Lage sein, vor Ort spontan zu reagieren und zu improvisieren.

Nadel im Heuhaufen – Zuviel

Bestand vor der PC- und Internet-Revolution das Hauptproblem noch darin, dass meist ein Datenmangel herrschte, so leiden die meisten Führungskräfte heute unter der Datenflut. Am 10. Januar 2007 konnte man beim Online-Magazin *Channel Partner* folgenden Artikel lesen:

> Postini (ein Google Service, AZ) meldet für den Dezember 2006 eine Zahl, die Bauchschmerzen bereiten kann: Von knapp 26 Milliarden E-Mails, die das Unternehmen bei seinen rund 36 000 Firmenkunden untersuchte, klassifizierte der Sicherheitsspezialist 94 Prozent als Spam-Mails. Wie der Hersteller berichtet, entspricht das einem Anstieg von 144 Prozent im Vergleich zum Dezember 2005. Da Postini aufgrund der erwarteten Zunahme von Botnets

weiteren Spam-Anstieg für das laufende Jahr prognostiziert, malt Daniel Druker, Executive Vice President Marketing, kräftig schwarz: »Das anhaltende Wachstum von Spam-Nachrichten gefährdet die Funktionsfähigkeit der E-Mail-Kommunikation in Unternehmen, die sich nicht entsprechend davor schützen. Schon 15 Minuten pro Tag, die die Mitarbeiter für das gestiegene Spam-Aufkommen aufwenden, können die Unternehmen 2 500 Euro pro Mitarbeiter und Jahr kosten. In der Summe entsteht so ein Produktivitätsverlust von mehreren Milliarden Euro weltweit.«[5]

Mag das schon bedrohlich klingen, so kann man entgegenhalten, dass dies die Kehrseite des Internets und Spam ein Teil des World Wide Web sei. Die Datenflut entsteht allerdings beileibe nicht nur durch einen Anstieg von Spam.

(1) Berkeley School of Information Management and Systems (2003): How much Information?

Allein die im Jahr 2002 neu produzierten Daten beliefen sich laut dieser Studie auf rund 5 Exabyte (EB) und der Datenverkehr auf 18 Exabyte, was 18 Millionen Terabyte entspricht. Um diese abstrakten Werte zu konkretisieren, hier ein Gedankenexperiment: Bereits die 5 Exabyte übersteigen die in der Library of Congress gespeicherten Daten um das 37 000-fache!

Die Library of Congress, die gewissermaßen als Nationalbibliothek der USA fungiert, verfügt zurzeit über circa 1050 Regalkilometer an Büchern, Manuskripten etc., was der Strecke von Hamburg nach Genf entspricht. Sie müssten, nur um an den Büchern vorbeizufahren, die man aus den 5 Exabyte bilden könnte, 100 Jahre lang täglich von Hamburg nach Genf und am nächsten Tag wieder zurückfahren! Was in der Zwischenzeit an neuen Daten gebildet wird, sollten Sie jetzt lieber nicht bedenken ... Diese Menge soll sich alle drei Jahre verdoppeln. Abbildung 4 zeigt das exponentielle Wachstum der nächsten 18 Jahre von 2002 ausgehend.

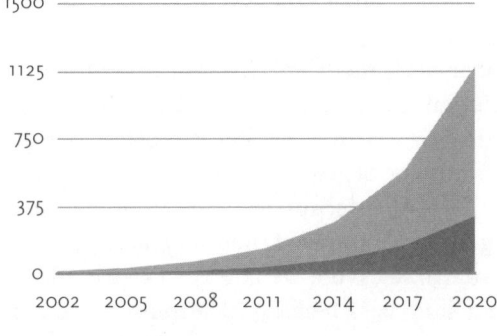

Abb. 4 Datenwachstum: Datenneugenerierung und Datentransfer

■ Neu produzierte Datenmenge in EB
■ Weltweiter Datentransfer in EB

(2) International Data Corporation (2009): As the Economy Contracts, the Digital Universe Expands

Eine neuere Erhebung stammt von dem US-amerikanischen Marktforschungs- und Beratungsunternehmen International Data Corporation. Die IDC arbeitet seit 44 Jahren international im Bereich Informationstechnologie und Telekommunikation und ist mit Niederlassungen in 110 Ländern global aufgestellt. Im Jahr 2008 ist laut der IDC-Studie das weltweite Datenvolumen im vergangenen Jahr um 487 Exabyte gestiegen. Das sind 16 Millionen Gigabyte mehr als zuvor von der IDC selbst prognostiziert. Und es sind 447 Exabyte mehr, als in der oben erwähnten Berkeley-Prognose vorhergesehen! Im Jahr 2012 soll sich dieses Datenvolumen verfünffachen: 2435 Exabyte werden dann in den Datenkosmos eingebracht. Bei dem eben bemühten Gedankenexperiment müssten Sie im Jahr 2012 also bereits 48 700 Jahre lang die Strecke Hamburg–Genf und am nächsten Tag zurückfahren; vorbei an einer schier unendlichen Menge von Büchern, in denen diese neu erzeugten Daten abgedruckt wären. Abgesehen von dieser beeindruckenden Zahlenspielerei wird noch etwas deutlich: Daten sind häufig widersprüchlich (ein Vorgriff auf das folgende Unterkapitel). Lautet die eine Prognose für 2011 noch auf 40 Exabyte neu generierte Daten, so sind es in der IDC-Studie für 2012 bereits 2395 Exabyte mehr. So oder so. Die Wahrheit mag zwischen diesen Schätzungen liegen. Aber eines ist klar: Die Datenflut steigt – und zwar sprunghaft.

Die IDC-Studie zeigt aber noch mehr auf: Im Jahr 2007 übertraf die Menge der neu generierten Daten das erste Mal die vorhandenen Möglichkeiten, sie zu speichern. Darin steckt der Zündstoff, der die ganze Zahlenspielerei bis hierher begründet: Wir wissen alle, dass unser Datenkosmos explodiert. Aber technikgläubige Menschen sind immer noch der Meinung, dass wir unsere Datenflut eines Tages beherrschen werden. Genau darin steckt der Denkfehler. Denn die Technologien zur Speicherung und Verarbeitung elektronischer Daten sind genau jene Technologien, die ihrerseits die beschleunigte Produktion von Daten ermöglichen. Spätestens seit 2007 müssten bei jedem die Alarmglocken erklingen, die uns vor einem Nichtwissen durch *Information Overload* warnen, ausgelöst durch einen gewaltigen Datentsunami. Somit brauchen wir eine andere Möglichkeit jenseits der Technik in uns selbst, die uns ermächtigt, mit dieser Datenflut sinnvoll umzugehen. Unsere Intuition ist genau diese Möglichkeit.

Diese Zunahme an Daten und die damit verbundene Unsicherheit bei Entscheidungen, da die relevanten Daten wie eine Nadel im Heuhaufen verborgen sind, führt nicht gerade zu einem wohlig entspannten Arbeiten. Vielmehr sind die zu bewältigenden Datenmassen der zweithäufigste Grund für Stress im Beruf.[6] Die Bundesanstalt für Arbeitsschutz und Arbeitsmedizin hatte deshalb bereits im Jahr 2002 eine Studie zur Verbindung von Stress mit Datenflut durch gesteigerten E-Mailverkehr durchgeführt.[7] Sie fanden neben anderen Ergebnissen vier Hauptgründe für den mehr oder weniger willenlosen Einsatz von E-Mails:

- Es ist einfach und fast kostenlos, Daten an andere Mitarbeiter zu mailen.
- E-Mails dienen der Absicherung, um Kommunikationsvorgänge zu dokumentieren. Um sich möglichst breit abzusichern, werden also möglichst viele E-Mails versendet.
- Der Betreff ist häufig unpräzise (oder wird bei Antworten überhaupt nicht neu ausgefüllt:»Re:Re:Re: Erste Betreffzeile ...«), so dass ein erhöhter zeitlicher Aufwand entsteht, um den Relevanzgrad der Information einschätzen zu können.

- Spam wird in immer raffinierterer Weise versendet, sodass es schon zu den bekannten Fällen von kurzzeitigen Zusammenbrüchen von unternehmensinternen IT-Systemen kam.

Um die drei ersten selbst erzeugten Ursachen der Datenflut zu bekämpfen, gibt es einige Möglichkeiten, die ebenfalls in dieser Studie getestet und für erfolgreich befunden wurden. Es bedarf der Sensibilisierung der Mitarbeiter einerseits und der Transparenz über Zuständigkeiten andererseits, um sowohl die unselektierte Weiterleitung von Daten als auch überflüssige »Zur Info«-Mails oder private Spaßmails mit YouTube-Links einzudämmen.

Schwieriger wird es bei der Absicherungsstrategie einzelner Mitarbeiter. Wenn ein Unternehmen so weit ist, dass jeder zu seiner eigenen Absicherung viele E-Mails verfasst, weil das ungeschriebene Gesetz gilt »Wer schreibt, der bleibt«, dann hat es neben der Datenflut und dem Nichtwissen, das dadurch erzeugt wird, noch ein anderes er-

---

Die Datenflut hat mittlerweile eine eigene Forschungsrichtung hervorgebracht: Die »Interruption Science«. Untersuchungsgegenstand sind die Unterbrechungen der Arbeit durch die wachsende Menge von E-Mails, SMS, Instant Messages, Telefonanrufen und Voice over IP. Hier einige Ergebnisse, die das Problem der Nadel im Heuhaufen weiter illustrieren:

11 Minuten arbeiten Angestellte im Durchschnitt bis zur ersten Unterbrechung.

25 Minuten sind nötig, bis die Angestellten wieder zu Ihrer vorigen Arbeit zurückzukehren.

3,5 Jahre verplempern Manager im Durchschnitt mit unwichtigen oder überflüssigen E-Mails (Stichprobe: 180 Führungskräfte aus D, DK, GB, S).

588 Milliarden US-Dollar sind die Kosten des permanenten Multitasking im Büro.

Kasten 1 Interruption Science

hebliches Problem geschaffen: eine Bedrohungskultur. Der ökonomisch große Wurf ist das nicht. Denn durch das permanente Schreiben und Lesen der Absicherungsmails geht eine Menge Arbeitszeit verloren, die anders wesentlich produktiver genutzt werden könnte (ganz abgesehen von der Kontrolle, die nötig ist, um die widerspenstigen und faulen Mitarbeiter auf Linie zu halten). Ziehen wir die eingangs zitierte Schätzung von Daniel Druker ins Kalkül: Bereits 15 Minuten täglicher Ablenkung kosten ein Unternehmen pro Mitarbeiter pro Jahr bis zu 2500 Euro. Meine Erfahrung zeichnen jedoch ein noch düsteres Bild: In vielen Fällen ist eine Führungskraft am Ende des Tages durch zahlreiche Unterbrechungen nicht zu dem Arbeitsergebnis gekommen, das sie sich eigentlich vorgenommen hat. Denn wenn Mikropolitik richtig betrieben wird, sind E-Mails nur ein taktischer Baustein. Dann gilt es, zusätzlich einerseits mündliche Gerüchte und Fehlinformationen zu streuen und andererseits unauffällig bei treuen Quellen Informationen einzuholen. Und zwar so, dass dieser Akt im Gegensatz zu den Absicherungsmails eben nicht dokumentiert ist und gegen einen verwendet werden kann. Die Absicherung der Absicherung liegt darin, keine Spuren zu hinterlassen. Das erfordert zusätzliche Zeit und vor allem permanente Aufmerksamkeit, die von der eigentlichen Arbeit abgezogen werden muss. Wir erleben also durchaus Tage, an denen die Ablenkung keine 15 Minuten umfasst, sondern einen ganzen Tag anhält – mit kleinen Unterbrechungen, in denen man zur eigentlichen Arbeit kommt. Das bedarf gründlicher Überlegungen und eines entsprechenden Kulturwandels. Allerdings müssen wir uns eingestehen, dass diese Absicherungsrituale nicht zufällig entstanden sind.

Einfacher ist es wiederum, die dritte Ursache, die unpräzisen Betreffzeilen, zu bekämpfen. Hilfreich sind offensichtlich Instruktionen zur präzisen Bezeichnung des Betreffs. Sollten Ihre Mitarbeiter unter einem sogenannten »Kontingenzproblem« leiden, also unter der Kombination vieler E-Mails, Telefonanrufe etc. bei gleichzeitig hohem Termindruck, kann neben den bisher genannten Maßnahmen natürlich noch ein Selbst- oder Zeitmanagement-Training Abhilfe schaffen.

In diesem Durcheinander von Daten und den nötigen Prüfprozessen, welche dieser Daten relevante Informationen enthalten, ist unsere Intuition das Einzige, was uns als Menschen zur Entscheidungsfindung bleibt. Es geht aber nicht darum, wie so häufig geschrieben, Komplexität zu reduzieren. Das ist Nonsens, denn Intuition hin oder her: Die Komplexität ist ja immer noch da. Nein, unsere Intuition ist vielmehr eine kraftvolle Möglichkeit, mit dieser Komplexität unbewusst und automatisch umzugehen. Wir sollten also eher von Komplexitätsmeisterung als von Komplexitätsreduktion sprechen. Es ist möglich, ein Gespür für die Relevanz von Daten zu bekommen und unsere natürliche Intuition so zu professionalisieren, dass wir nicht erst alles sichten und bewusst prüfen müssen.

Auf einen Blick

Ein mir bekannter freiberuflicher Berater und Trainer ist immer wieder auf der Suche nach neuen Kunden. Dank Internet ist dies heute leichter und besser möglich als in den Zeiten davor. Dieser Berater hat ein deutliches und erfolgreiches Gespür für die richtigen Neukunden entwickelt: Er achtet beim Aufrufen der Website eines potenziellen Kunden einfach auf sein spontanes Gefühl, wenn er das Webdesign sieht. Hat er ein Gefühl von Passung? Wird mit dem Corporate Design, das sich auch im Internetauftritt durchzieht, eine Unternehmensidentität kommuniziert und transportiert, die ihm sympathisch ist? Wenn ja, steht der Kaltakquise nichts mehr im Weg. Der Ausschuss im Vorfeld ist groß, aber bei den Firmen, bei denen er schlussendlich angerufen hat, war er überzufällig häufig erfolgreich.

Sie könnten kritisch anmerken, dass ihm der Vergleich fehlt – denn die Firmen mit einem ihm unsympathischen Webauftritt meidet er. Genau das dachte er sich auch und versuchte ernsthaft, auch diese Firmen für Aufträge zu gewinnen. Es ist ihm nicht seltener gelungen, sondern tatsächlich kein einziges Mal.

Das ist ein komplett anderes Vorgehen als in vielen Fällen üblich. Meist werden durch diverse Anbieter Listen von Unternehmen nach Branchen, Größe und Region zum Kauf angeboten, in denen dann Daten über den Firmennamen, den Standort, die Geschäftsführung und gegebenenfalls noch spezifische Ansprechpartner mit Telefonnummern aufgeführt sind. Aus diesen Listen gehen aber keine weiteren verdichteten Informationen über die Unternehmenskultur und deren Selbstverständnis hervor. Außerdem ist der Bezug derartiger Listen nicht umsonst, sondern kostet, je nach Anbieter, ordentlich

Geld. Der Internetauftritt hingegen bietet eine Menge verdichteter, nicht direkt ablesbarer Informationen. Denn die Homepages durchlaufen bis zur Freischaltung im Internet einen aufwändigen Prozess der inhaltlichen, strukturellen, funktionellen und grafischen Gestaltung, in welche die Unternehmenskultur und das Selbstverständnis einfließt, ohne dass diese unbedingt irgendwo expressis verbis formuliert sein müssen. Der gesamte Internetauftritt ist letztlich sogar aussagekräftiger als ein bewusst verabschiedeter Text. Es verhält sich ähnlich wie bei der altbekannten Weisheit, man solle jemanden nach seinen Taten und nicht nach seinen Worten beurteilen. Dieser Berater macht sich also die verdichteten und von dem Unternehmen zum Teil unbewusst kommunizierten Informationen zu Nutze und folgt seinem Gefühl. Wenn wir uns an den Iowa Gambling Task aus dem ersten Kapitel erinnern, in dem die Versuchspersonen mit unterschiedlichen Gefühlen auf die beiden verschiedenen Kartenstapel reagierten, wird der intuitive Mechanismus deutlich. Das Gefühl, das sich bei dem Berater einstellt, ist tatsächlich so etwas wie ein Navigationssytem. Vor dem Hintergrund dieses Experiments ist es also eine wissenschaftlich fundierte Vorgehensweise, um zum Ziel zu gelangen. Und das obendrein deutlich preiswerter, als wenn zuvor die erwähnten Listen eingekauft und mehr oder weniger nach Zufallsprinzip abtelefoniert werden.

Hinsichtlich der fast überall vorhandenen Überinformation gilt also: Wir sollten die zielführenden Verdichtungsmomente für die jeweilige Aufgabenstellung identifizieren und einen angemessenen Umgang damit finden. Dann können wir mit einer gewissen Eleganz und Leichtigkeit trotzdem erfolgreich entscheiden.

Hü oder Hott – Widersprüchliches

Berlin (ddp-hes). Wenige Tage vor der mit Spannung erwarteten Sitzung des Verwaltungsrates der Opel-Mutter General Motors (GM) ist die Zukunft des deutschen Autoherstellers weiter unklar. Während GM nach Informationen der Süddeutschen Zeitung Opel nicht verkaufen will, hat die Bundesregierung laut ihrem Sprecher keine derartigen Hinweise.[8]

Jetzt, kurz vor der nächsten Weltklimakonferenz im Dezember in Kopenhagen, werden die Töne schriller. Genährt wird die Kakophonie teilweise von den Klimatologen selbst. In jüngster Zeit veröffentlichten sie eine Reihe von Studien, die widersprüchliche Ergebnisse erbrachten. Sofort wurden die Arbeiten vom jeweils begünstigten Lager vereinnahmt. Und selbstverständlich versucht jede Seite Forschungsergebnisse, die für die Sache der anderen sprechen, nach Kräften zu zerpflücken.[9]

Die Arcandor AG, Essen, trennt sich im Rahmen ihres am Dienstag mit einem Bankenkonsortium vereinbarten Refinanzierungskonzepts nicht von ihrer Touristiktochter. »Thomas Cook ist und bleibt Bestandteil des Konzerns«, sagt Arcandor-Sprecher Jörg Howe am Mittwoch Dow Jones Newswire auf Anfrage.

Am selben Tag war zu ebenfalls zu lesen:

Die Arcandor AG stellt klar, dass sie im Zusammenhang mit der erzielten Verständigung über ein Refinanzierungskonzept die Struktur der Holding überprüft. Dies kann auch die Reduzierung der Beteiligungen an der Karstadt Warenhaus GmbH und der Thomas Cook Group plc beinhalten. Der Vorstand.[10]

Es ist offensichtlich. Unser Datenkosmos ist alles andere als widerspruchsfrei. Wir sind mit zwei Ursachen von Widersprüchen konfrontiert. Widersprüchliche Datenlagen einerseits und widersprüchliche Interpretationen und Schlussfolgerungen *derselben* Datenlage andererseits (vgl. Abbildung 5).

Der Blick auf die eben aus der Tagespresse zitierten Beispiele aus den Jahren 2008 und 2009 illustriert den ersten Typ, die widersprüchliche Datenlage. Dadurch entsteht zwangsläufig Nichtwissen. Nicht zu beantwortende Fragen prasseln auf uns nieder. Was ist korrekt? Welche Aussage stimmt? Und vor allem: Was tun, wenn nicht die Zeit vorhanden ist, um diese Widersprüche durch eine weitere, gründlichere Recherche aufzulösen? Falls das überhaupt möglich ist. Denn die Widersprüche können eine Folge strategisch gestreuter Fehlinformation sein, um ganz bewusst bestimmte Interessengruppen auf eine falsche Fährte zu locken. Wir können natürlich auch ein-

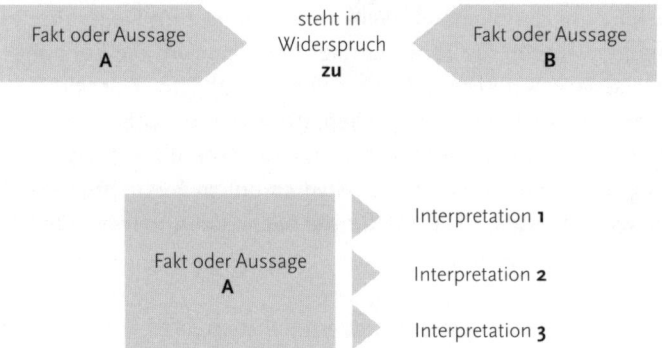

Abb. 5 Widerspruchstypen

fach abwarten, bis wir die »Wahrheit« kennen. Aber was passiert in der Zwischenzeit mit unseren anstehenden Entscheidungen? Denn das Aufschieben ist keine Lösung, schließlich zieht auch das Folgen nach sich, auf die wir dann wieder reagieren müssen. Im Gegenteil. Aufschieberitis schafft viel eher Probleme als Lösungen.

Heute wissen wir, dass die Arcandor AG im September 2009 die verbliebenen Beteiligungen an Thomas Cook verkaufte. Ebenso ist uns heute bekannt, dass der Verkauf von Opel geplatzt ist und sich der GM-Chef Fritz Henderson dafür entschuldigt hat, was nichts an der tiefen Enttäuschung der Opel-Belegschaft änderte. Indes wissen wir immer noch nicht, ob sich das Klima durch menschliche Verursachungen auf die eine oder andere Weise entwickeln wird.

Widersprüche fordern uns in besonderer Weise, sie machen einen großen Teil der Unsicherheit aus, mit der wir konfrontiert sind, sobald wir in die Zukunft hinein entscheiden. Die Zukunft wird in einem gewissen Maß zu einer Glaubensfrage. Welche Zukunft ist wahrscheinlicher? Welches Szenario wird eher eintreffen? Wenn wir immer auf die Wahrscheinlichkeit oder die Meinung der Experten achten würden, hätten wir möglicherweise immer noch keine PCs oder unsere heutige Krankenhaushygiene, die seit Ignaz Philipp Semmelweis' Kampf gegen die arroganten Experten Millionen Menschen das Leben gerettet hat. Unsere widersprüchliche Zukunft verlangt uns Entscheidungen ab, die uns täglich damit konfrontieren, eventuell die falsche Wahl getroffen zu haben. Wenn wir nur konsequent darüber nachdenken, wird an dieser Stelle deutlich, dass wir ein grundsätzlich anderes Verhältnis zu Fehlentscheidungen brauchen. Mit der steigenden Komplexität und Dynamik wird die Zukunft noch undurchsichtiger als vor 100, 500 oder 1000 Jahren. Insbesondere geändert hat sich unser zunehmender Eingriff in die Substanz und die zentralen Steuerprozesse von Materie und Leben. Unsere wachsenden Möglichkeiten, selbst atomare und genetische Strukturen zu verändern und zu nutzen, führt zu Technikfolgen, die wir kaum noch abschätzen können und die ein unschlagbarer Nährboden für Widersprüche sind. Wer uns in der Welt der »Dynaxity«[11] Sicherheit einredet, beraubt uns der Chance, überhaupt die maximal mögliche Sicherheit durch Achtsamkeit und Bescheidenheit zu entwickeln. Immer wieder müssen wir trotz vorhandener Widersprüche Entscheidungen treffen, die für sehr viele Menschen erhebliche Konsequenzen haben und die wir im Alltag gerne übersehen. Denn schließlich – wer weiß es nicht – kommt der Strom aus der Steckdose, oder etwa nicht?

Auf die Zukunft wetten

Eine deutsche Gemeinde erzeugt, wie einige andere auch, selbst ihren Strom mit einem Kohlekraftwerk. Im August 2009 liefen einige wichtige Verträge mit ansässigen Firmen aus, sodass die Frage anstand, mit welchem Energiemix sie zukünftig die Firmen und natürlich auch Privathaushalte beliefern wollte. Es stand somit die grundsätzliche Entscheidung an, ob weiterhin konservativ gewonnene Energie oder alternativ erzeugte Energie angeboten werden sollte. Die Gemeinde hatte die Möglichkeit, in eine oder mehrere alternative Energieerzeugungen wie Biogas, Solarenergie oder einen Windpark einzusteigen oder weiterhin den Strom über das Kohlekraftwerk zu gewinnen. Der Wettbewerbsdruck ist unter anderem durch die europäische Reform der Energiewirtschaft im Jahr 2007 hoch.

Die Datenlage ist widersprüchlich. Wie im obigen Ausschnitt aus dem *Focus Online*-Artikel 2009 deutlich wird, lässt sich keine eindeutige Aussage der Klimaforscher herausfiltern. Damit ist die Frage nach konservativer versus alternativer Energie auf rationaler Basis derzeit nicht eindeutig zu klären. Gleichzeitig stand im September 2009 die Bundestagswahl an und damit die Frage, wie es in der Energiepolitik weitergeht und auch, wie die allgemeine Stimmung gegenüber der verschiedentlich erzeugten Energie zukünftig sein wird. Der Chef der kommunalen Energieversorgung war im August deshalb in der Situation, eine Wette auf die Zukunft abschließen zu müssen, um nicht Gefahr zu laufen, im Wettbewerbsdruck den Anschluss an die Konkurrenz zu verlieren.

Das Hauptproblem besteht darin, dass der Entscheidungsdruck bei steigender Dynaxity zunimmt. Sei es, wie im Beispiel, durch die Änderung politischer Rahmenbedingungen, wachsende Konkurrenz und sich verändernden Zeitgeist oder durch immer kürzere Produktionszyklen und die daraus resultierenden schnelleren Arbeitszyklen. Schließlich sind wir gezwungen, auf die eine oder andere Weise zu handeln. Wir haben häufig nicht mehr die Zeit, eindeutige Aussagen oder Daten zu gewinnen. Da ist jede Vernunft, jede bewusste Rationalität überfordert. Es hilft keine Entscheidungsmatrix und auch kein Bayes- oder Bernoulli-Prinzip als betriebswissenschaftlich fundierte Entscheidungsregeln, die der Risikoneigung des Entscheidungsträgers Rechnung tragen sollen. Wir können im Falle von Widersprüchen nichts anderes tun, als Szenarien entwerfen oder die aus unserer subjektiven Sicht wahrscheinlichste Zukunft abschätzen. In jedem Falle wird auf einmal das zentral für die Entscheidung, was Wöhe sowie die Kartografen der Blauen Ozeane Kim und Mauborgne meisterlich verschweigen: unsere Intuition.

Nun zu den Widersprüchen bei ein und derselben Datenlage: Ein Fakt kennt so viele Bedeutungen, wie es Menschen mit unterschiedlichen mentalen Modellen gibt. Wir interpretieren dieselben Fakten häufig unterschiedlich. Die Folgen dieser auseinandergehenden Interpretationen können, je nach dem Umfeld, in dem die anschließenden Entscheidungen getroffen werden, im Extremfall sogar tödlich sein.

Der Retter der Mütter

Im Jahr 1846 wurde der ungarische Arzt Ignaz Philipp Semmelweis Assistent in der geburtshilflichen Abteilung des »k.k. allgemeinen Krankenhauses« in Wien. Bei Beginn seiner Arbeit lag in Abteilungen, in denen Ärzte und Medizinstudenten arbeiteten, die Sterblichkeitsrate der angehenden Mütter in Folge des Kindbettfiebers zwischen 5 und 15 Prozent. In manchen Kliniken stieg sie zeitweilig sogar auf 30 Prozent. Bei den Abteilungen, in denen die Hebammen arbeiteten, war das Risiko, im Laufe des Aufenthaltes zu versterben, deutlich niedriger. Der Fakt der auffälligen unterschiedlichen Sterblichkeit wurde gewöhnlich durch die Miasmen-Theorie erklärt, wonach schlechte Gerüche Krankheiten übertragen. Es gab noch kein Konzept von Bakterien und Viren als Krankheitserregern. Semmelweis jedoch zog andere Schlussfolgerungen aus derselben Datenlage.

Im Laufe seiner Arbeit entwickelte er die These, dass die unterschiedlichen Sterblichkeitsraten auf mangelnde Hygiene zurückzuführen seien. In den Abteilungen, in denen Ärzte und Medizinstudenten arbeiteten, wurden vor allem Keime von den Leichensektionen an die Mütter übertragen, da keinerlei Desinfizierung stattfand. Die Hebammen hingegen arbeiteten nicht an Leichen. Also zog Semmelweis die Konsequenzen und forderte seine Studenten und die ärztlichen Kollegen auf, sich die Hände nach jeder Leichensektion und später sogar vor jeder Untersuchung der schwangeren Frauen mit Chlorkalk zu desinfizieren. Auf diese Weise konnte Semmelweis 1848 die Sterblichkeitsrate sogar unter die der Krankenhausabteilung mit Hebammen auf 1,3 Prozent senken.

Aber selbstverständlich sind Experten nicht davon zu überzeugen, dass ihre Theorie falsch ist. Es ist sogar kaum möglich, nur die Möglichkeit in Betracht zu ziehen, dass die Experten-Theorie falsch sein *könnte*. Und so dienten schlampig durchgeführte Desinfizierungen schnell als Widerlegung der Hygiene-These. 1849 wurde Semmelweis' Anstellung als Assistenzarzt nicht verlängert und er musste aus dem Dienst ausscheiden. Auf Umwegen wurde er 1855 Professor für Geburtshilfe im ungarischen Pest an der heutigen Semmelweis-Universität. Zehn Jahre später erkrankte er psychisch und wurde ohne Diagnose in die Irrenanstalt Döbling eingewiesen, wo er zwei Wochen später starb. Die vermuteten Todesursachen sind übrigens bis heute widersprüchlich.

Die tragische Geschichte um Ignaz Philipp Semmelweis zeigt die Problematik widersprüchlicher Interpretationen und Schlussfolgerungen derselben Datenlage. Sie verdeutlicht die Frage, wer eigentlich mit seiner Interpretation »Recht« hat. Wer hat für eine Frage- oder Aufgabenstellung die funktionalste Antwort gefunden? Es ist mal wieder paradoxer Pseudorationalismus, Widersprüche durch Hierarchie aufzulösen, dass also die Interpretation des nächsten Vorgesetzten Vorrang hat vor der des Mitarbeiters, so wie es heute noch in vielen Unternehmen die Norm ist. Wieso sollte die Interpretation des einen automatisch nützlicher und funktionaler im Sinne der Zielsetzung sein als die des anderen? Semmelweis' Chef, Professor Klein, sorgte 1849 dafür, dass eine Kommission zur Untersuchung der Hygiene-These ministeriell abgelehnt wurde, weil er sie für falsch hielt. Es war nicht der wesentlich erfahrenere Chef, der Recht hatte, sondern der jüngere Mitarbeiter. Heute erinnern wir uns deshalb mit Respekt an Semmelweis und nicht an Klein.

Auch wenn es nervt und anstrengend ist, kommen wir nicht umhin, die verschiedenen Interpretationen zu untersuchen oder zu verhandeln. Wir können bis zu einem gewissen Punkt rationale Argumente austauschen und diskutieren. Aber dann braucht es eine Entscheidung, welcher Version wir mehr Glauben schenken. Und genau in diesem Moment ist die professionelle Intuition aller Beteiligten gefragt.

In einer Welt, die komplexer wird und deren Datenausstoß sich vehement vermehrt, wächst zukünftig auch die Wahrscheinlichkeit von Widersprüchen. Wir werden, so meine Vermutung, öfter mit beiden Widerspruchstypen konfrontiert sein. Erstens ziehen komplexe Technologien und Sachlagen widersprüchliche Prognosen nach sich, was eine Zunahme des Widerspruchs-Typs 1 bedeutet. Es ist etwas anderes, Zukunftsentscheidungen über Atomkraftwerke oder Nanotechnologie zu treffen als über Windmühlen oder Spinnräder. Zweitens erzeugen unsere mittlerweile extrem spezifizierte Berufswelt und die damit verbundenen Ausbildungswege noch weiter auseinandergehende mentale Modelle als in einer homogenen Berufsgruppe. Damit steigt unweigerlich das Vorhandensein des Widerspruchs-Typs 2. Ein Jurist wird dieselbe Sachlage anders interpretieren als ein Mediziner oder ein Betriebswirt.

Es gibt immer wieder wichtige Situationen, in denen dieselben Daten sogar über berufsständische Grenzen hinweg interpretiert werden müssen. So war ich vor Kurzem in einem Kickoff-Workshop für einen Transformationsprozess mit meiner »beratergruppe sinnvoll· wirtschaften«. Vor uns saßen elf Personen: Betriebswirte, mehrere Ingenieure, zwei Juristen und zwei Informatiker. Alle beurteilten die nicht gerade gute Lage der Firma durch ihre jeweilige Brille und waren sich in diversen Punkten nicht allzu einig, charmant gesagt. Als

Geschäftsführer oder Vorstand tun Sie also gut daran, sich selbst und Ihre Mitarbeiter auf den Umgang mit Widersprüchen vorzubereiten.

Böhmische Dörfer – Unverständliches

Mit Massenvernichtungswaffen meinte ich lediglich den ausufernden Derivatehandel. ... Zudem sind solche Konstrukte dermaßen kompliziert, dass sie von kaum jemanden verstanden werden.
Frage: Selbst die Banker blicken nicht mehr durch?
Antwort: Sie brauten ein Giftgetränk und mussten es am Ende selbst trinken.
Frage: Wie lassen sich solche Finanzinstrumente kontrollieren?
Antwort: Das ist das Problem: Sie können so etwas nicht mehr steuern, nicht mehr regulieren. Das hat sich verselbstständigt. Den Geist bekommt man nicht zurück in die Flasche.

Diese Gesprächssequenz ist, auch wenn sie hier perfekt reinpasst, keine Erfindung von mir, sondern fand im Jahr 2008 statt. Die Fragen stammten von den beiden Spiegel-Redakteuren Christoph Pauly und Janko Tietz; der Interviewpartner war kein geringerer als Warren Buffett.[12]

Die deutsche Sprache hält drei Redewendungen für Unverständliches bereit. Zwei davon illustrieren die Unverständlichkeit durch eine fremde Sprache. Die »böhmischen Dörfer« wurzeln darin, dass zu Zeiten der österreichisch-ungarischen Doppelmonarchie das Tschechische für deutschsprachige Reisende unverständlich in Schrift und Wort war. Genauso funktioniert die Redewendung »chinesisch sprechen«, die sich in Varianten auch in anderen Sprachen wiederfindet. Etwas anders gelagert ist »Das kommt mir spanisch vor«: Eine mögliche Herkunft liegt im damals unbekannten und damit unverständlichen Hofzeremoniell, das Karl V., zuvor bereits spanischer König, 1519 in Deutschland einführte.

Alle drei Redewendungen sind gute Metaphern. Wir verstehen etwas nicht, weil uns das Vokabular, die Grammatik und die Aussprache fehlt sowie das Verständnis für eine fremde Kultur. Wir haben noch nicht gelernt, die Sprache zu sprechen, die nötig wäre, um zu verstehen. Wir alle kennen beide Situationen, die aus der mangeln-

> **Typ 1: Bewusstes Nichtverstehen**
> Wir sehen eine Datenlage und können nichts damit anfangen. Wir denken nach, diskutieren, sinnieren und können uns doch keinen sinnvollen Zusammenhang erklären.
> **Das Ergebnis:**
> Entscheidungs-Lähmung. Wir wissen nicht, was zu tun ist.
>
> **Typ 2: Missverständnisse**
> Wir nehmen eine Datenlage wahr und glauben die Zusammenhänge zu erkennen. Leider täuschen wir uns und entwickeln ein Trugbild der Wirklichkeit.
> **Das Ergebnis:**
> Fehlentscheidungen

Kasten 2 Typen von Unverständlichem

den Sprachkenntnis hervorgehen können: Wir verstehen etwas nicht und bleiben ratlos, können nur erahnen oder erraten – das ist Typ 1, das *bewusste Nichtverstehen*. Oder wir glauben zu verstehen und verhalten uns dann aus der Sicht des anderen plötzlich einigermaßen skurril oder geben eine sinnlose, mitunter äußerst komische Antwort – das ist Typ 2, das *Missverständnis*. In diesen Metaphern einer unverständlichen Sprache steckt die Zuversicht, dass wir eines Tages verstehen können, wenn wir die Sprache, ihr Vokabular, ihre Grammatik, ihren Klang und Charakter erlernt haben. Dann machen die ehemals fremdartigen und unverständlichen Worte und Sätze plötzlich Sinn. Wir können uns zunehmend sicherer in den Böhmischen Dörfern bewegen. Aber leider gibt es auch Länder und Sprachen, die nicht zu unserem Kulturkreis gehören und uns noch viel fremdartiger sind als Tschechisch und wesentlich schwieriger zu verstehen. Die Sprachmetapher hält somit auch die eher düstere Zukunftsaussicht bereit, dass wir manche Sprachen wohl nie verstehen werden. Und eines zumindest ist bei allem Sprachtalent gewiss: Niemand wird je alle Sprachen sprechen.

Geldanlage auf Chinesisch

Im März 2009 hielt ich bei einer Unternehmerkonferenz einen Vortrag über meinen Begriff der Entscheidungskultur. Während einer der Konferenzpausen kam ich mit einem Rechtsanwalt ins Gespräch, der in einer Kanzlei arbeitet. Diese Kanzlei war im Zuge der Finanzkrise von privaten Bankkunden damit beauftragt, die Beratungen durch die Bank auf möglicherweise unkorrekte Abläufe hin zu überprüfen und gegebenenfalls Schadensersatzklagen zu führen. Er schilderte mir, wie er versuchte, Kunden-Informationsbroschüren der Lehmann-Zertifikate zu verstehen die in ihrem Umfang eher Büchern ähnelten. Er berichtete darüber hinaus, dass die Berater selbst nicht verstanden hatten, was sie verkaufen sollten. Die Zentrale gab den Verkauf einer bestimmten Menge an Zertifikaten vor und lockte die »Berater«, die vielmehr Verkäufer sind, durch fette Provisionen und stachelte damit die viel gescholtene Gier an. Und siehe da: Die Drückerkolonnen der Banken führten aus, was von Ihnen verlangt wurde – ohne Sinn und Verstand und ohne ihr Nichtwissen zu thematisieren, mit einem Tunnelblick auf die eigenen Provisionen. Sie verkauften kurzerhand Finanzprodukte, deren Mechanismus sie selbst nicht verstanden hatten, an gutgläubige (und sicherlich auch irgendwie naive) Kunden. Das Ergebnis bedeutet für die Banken einen ärgerlichen Verlust und für manche Kunden die Vernichtung ihres monetären Lebenswerkes.

Um Ihnen einen Eindruck zu verschaffen, wie bewusst undurchsichtig Finanzprodukte wie Zertifikate und Derivate konstruiert waren, eine kleine finanztechnische Leseprobe:

Garant Rebound Zertifikat: Bonus-Garantieanleihen stellen je nach Ausstattung in Abhängigkeit von der Kursentwicklung eines zugrunde liegenden Baskets einen variablen bzw. einen im Rahmen einer Zinsstaffelung fix vorgegebenen Kupon in Aussicht, wobei sich der Zinssatz entweder an der kleinsten absoluten positiven oder negativen Performance eines einzelnen Korbwertes (=schwankungsabhängig) oder an der tatsächlichen Kursentwicklung (=kursabhängig) orientieren kann. Bei der vorliegenden kursabhängigen, sich auf 20 internationale Blue Chip Titel beziehenden Variante ergibt sich der jährliche Kupon, ausgehend von einer 5-prozentigen

Startverzinsung in den ersten beiden Jahren, ab der dritten Laufzeitperiode, indem 60 % der Kursentwicklung der seit Emission am schlechtesten performenden Aktie zu einem Berechnungsfaktor von 10,00 % addiert wird. Mindestens wird jedoch ein Kupon von 0,75 % p.a. gezahlt.[13]

Alles klar? So trugen in der Finanzkrise also nicht nur die von Buffett attackierten Derivate, sondern auch Zertifikate zum Chaos bei. Beide Finanzprodukt-Typen sind nicht mehr für alle am Handel Beteiligten verständlich und nachvollziehbar konstruiert. Die Investment-Banker erzeugen auf diese Weise bewusst Nichtwissen und damit faktische Unsicherheit. Die wurde aber umgehend durch die provisionsangefixten Bankverkäufer verschleiert und mittels verkäuferisch geschicktem Storytelling in illusionäre Sicherheit auf Kundenseite verwandelt. Ein weiteres Glanzstück unternehmerischer Lügengeschichten.

Selbstverständlich sind wir nicht nur mit strategisch erzeugtem Nichtwissen durch unlauteres Geschäftsgebaren konfrontiert. Unverständliches entsteht auch einfach. 1921 hatte Ludwig Wittgenstein die Aufgabe, seine Dissertation vor den beiden Philosophen George Moore und Bertrand Russell zu verteidigen. Als er seinen Vortrag beendet hatte, klopfte er seinen beiden Prüfern auf die Schultern und bemerkte selbstsicher: »Machen Sie sich keine Sorgen. Ich weiß, dass Sie das alles nicht verstehen werden.« Ob Russell und Moore Wittgenstein tatsächlich nicht verstanden haben, vermag ich nicht zu beurteilen, doch wenn sich die Zeichen der Zeit wandeln, fällt es uns schwer, die Signale einer neuen Epoche zu deuten. Unsere Geschichte und unsere Erfahrungen haben sich tief in unser Unbewusstes eingegraben und sind zur mentalen Brille geworden, durch die wir die Welt betrachten und verstehen. Einmal mehr wird unsere Erfahrung zur Falle. Die Optik der Vergangenheit verzerrt die Gegenwart. Ein anderes, größeres Ereignis verdeutlicht die Fehlwahrnehmung, die Unfähigkeit, mit einem möglichst klaren Blick die heutige Welt, ihre Zusammenhänge und Dynamik zu erkennen. Wie sehr insbesondere Experten bei dieser Aufgabe scheitern können, illustriert eine historische Konferenz mit der apokalyptischen Bilanz eines zerstörten Europas und 50 bis 55 Millionen Toten.

Mit Karacho in die Katastrophe

Nach dem Ende des Ersten Weltkrieges wurde die Versailler Friedenskonferenz einberufen. Es war eine beeindruckende Ansammlung von Vertretern aus 27 Ländern, beraten von großen Geistern wie Max Weber, John Maynard Keynes und John Foster Dulles, der später amerikanischer Außenminister wurde. Neben der Neuordnung der Welt sollte diese Konferenz obendrein ein leuchtendes Beispiel von Machtpolitik und Zusammenarbeit der Nationen werden. Es kam, wie so häufig, anders als geplant.

Keynes legte sein Beratungsmandat nieder und war schockiert von der mangelnden Wahrnehmung einiger Beteiligten. Im amerikanischen Präsidenten Woodrow Wilson erkannte er einen »blinden, tauben Don Quichotte«. Es ist überliefert, dass der amerikanische Journalist Walter Lippmann 1922 die Konferenzteilnehmer im Rückblick ähnlich düster einschätzte: »Wie viele dieser großen Männer, die sich in Paris versammelten, um die Belange der Menschheit neu zu ordnen, sahen denn in dem alten Europa um sich herum etwas anderes als ihre alten Vorstellungen von Europa?« Diese Einschätzung teilte auch der englische Diplomat Harold Nicolson, der ebenfalls entsetzt war von all den Fehleinschätzungen der damaligen Situation in Europa und dem Rest der Welt. Die aus einem mangelnden Verständnis resultierenden Irrtümer führten zu einem Vertragswerk, das einen noch größeren und monströseren Krieg heraufbeschwor, als der, zu dessen Aufarbeitung sich die Konferenzteilnehmer getroffen hatten.

Viele der Teilnehmer erlagen einem Missverständnis: Sie glaubten, die Vokabeln und Grammatik ihrer Zeit zu verstehen. Faktisch lagen sie daneben. Das beinhaltet für uns eine wichtige Lektion im Umgang mit Nichtwissen. Gerade dann, wenn wir Entscheidungen von großer Tragweite zu treffen haben, müssen wir lernen, unsere Interpretationen gründlich zu hinterfragen. Wir müssen davon ausgehen, dass unser Blick auf die Welt von unseren Erfahrungen geprägt ist. Eine wichtige Aufgabe besteht darin, uns von dieser erfahrungsgeleiteten Sicht lösen zu können. Wir brauchen die *offene Expertise*. Das heißt: Wir können auf eine Aufgabe oder ein Problem sowohl mit den Augen des Experten als auch mit denen des Anfängers schauen. Das senkt erstens die Quote von Missverständnissen und macht zweitens wahrscheinlicher, auch bislang ungewohnte Zusammenhänge zu erkennen und neue Wege zu entdecken. Und da, wo es möglich ist, sollten wir wie Warren Buffett die Finger von Dingen lassen, die wir nicht verstehen. In Lehmann-Zertifikate zu investieren, deren Funktionsweise man nicht verstanden hat, ist keine gute Idee. Das ist nichts weiter als Glücksspiel. Jedem, der das interessant findet, empfiehlt sich der Gang ins Kasino. Dort ist klar, worauf man sich einlässt.

Zwielichtige Gestalten – Misstrauen

Die Macht der Gewohnheit

Herr Greimer überlegte einmal mehr, ob er im Zuge der Liberalisierung des Strommarktes den Anbieter wechseln sollte. Bislang war er bei einem der großen Energieversorger gewesen, war aber schon seit geraumer Zeit unzufrieden. Ihn störten insbesondere der aus nicht erneuerbaren Energien bestehende Energiemix als auch die Vertrags- und Allgemeinen Geschäftsbedingungen, die man kaum verstehen kann, wenn man nicht ausgebildeter Volljurist ist. Also recherchierte er im Internet und fand einen Anbieter, der einen – wie er fand – zeitgemäßen Energiemix auch aus erneuerbaren Energien bereitstellte. Als er das Angebot mit den Vertragsunterlagen erhielt, war er nicht nur von der Nachhaltigkeit begeistert, die er für so wichtig hielt, sondern auch vom Vertrag. Der bestand nämlich aus lediglich einer Seite mit einem vollauf transparenten Regelwerk, das selbst für ihn als juristischen Laien gut zu verstehen war. Er fand weder Haken noch Ösen, unterschrieb den Vertrag und ist seitdem vollauf zufrieden.

Kurz nach Vertragsabschluss besuchte Herr Greimer seine Eltern. Beim Abendessen erzählte seine Mutter, dass sie sich vor Kurzem von einem Energieversorger die Unterlagen haben kommen lassen. Schnell stellte sich heraus, dass es sich um denselben Anbieter handelte. Natürlich berichtete Herr Greimer sofort, dass er selbst bei diesem Unternehmen unter Vertrag stehe und fragte nach, was sie für einen Eindruck hatten und ob sie den Vertrag unterschrieben hätten. Die Antwort war für ihn überraschend: Nein, sie haben den Vertrag nicht unterschrieben. Natürlich nicht. Diesem Vertrag könne man schließlich nicht trauen. Er bestünde ja nur aus einer Seite! Seine Eltern sind mittlerweile derart geprägt davon, seitenlange Verträge mit einer Menge unverständlichem Kleingedruckten zu erhalten, dass sie dies paradoxerweise für vertrauenswürdiger halten, obwohl sie ebenfalls wie die meisten anderen juristischen Laien nicht verstehen, was sie dort unterschreiben.[14]

Dieses Beispiel ist ein interessanter Fall. Aus der Sicht des Ehepaar Greimers ist der kurze und überschaubare Vertrag nicht vertrauenswürdig, weil er mit einer Konvention bricht: lang und unverständlich zu sein. Aus rationaler Sicht dürften wir jedoch nur dann Verträge unterschreiben, wenn wir sie erstens verstanden haben und zweitens den Eigennutzen gewahrt sehen (Fairness spielt im pseudorationalen Verständnis von Rationalität keine Rolle). Die Greimers misstrauen also dem Vertrag, den auch sie verstanden hatten, deshalb, weil dieses Verstehen nicht das war, was sie bislang als Teil eines Vertragsabschlusses mit derartigen Anbietern erlebt hatten. Das Ehepaar Greimer ist damit ganz nebenbei ein weiterer Widerspruch zum Homo oeconomicus.

Der ungewöhnlich kurze Vertrag war von Seiten des Stromanbieters indes kein Versuch der Täuschung, sondern umgekehrt die Absicht, endlich kundengerechte Verträge zu schaffen. Was jedoch als vertrauenswürdig angesehen wird oder nicht, entscheidet immer der Empfänger der Botschaft. Und das ist der Kunde, in diesem Fall Herr Greimer oder seine Eltern. Aus der Sicht des Ehepaares Greimer könnte eine unlautere oder gar kriminelle Absicht hinter dem kurzen und möglicherweise betrügerischen Vertrag stecken. Wenn wir also als Anbieter eines Produktes oder einer Dienstleistung Muster unterbrechen, indem wir zum Beispiel lange, unverständliche Verträge plötzlich durch ihr Gegenteil ersetzen, dann bedarf dies einer zusätzlichen vertrauensbildenden Maßnahme, die erklärt warum hier plötzlich anders vorgegangen wird. Der Fall Greimer zeigt auch gut, dass es ausgesprochen sinnvoll gewesen wäre, die eigene Einschätzung zu hinterfragen und zu überprüfen. Wenn wir die Möglichkeit dazu haben, werden wir auf diesem Weg eindeutig unsere Entscheidungsqualität verbessern.

Allerdings kann der Umgang mit nicht vertrauenswürdigen Daten auch wesentlich schwieriger werden. Nämlich dann, wenn wir nicht die Möglichkeit haben, sie zu überprüfen oder diese Überprüfung zu einem taktischen Winkelspiel wird. Es gibt in diesem Zusammenhang zwei Typen nicht vertrauenswürdiger Daten: unternehmensinterne und -externe. In beiden Fällen versucht sich jemand einen strategischen Vorteil durch bewusst gestreute Fehlinformation zu verschaffen. Die unternehmensinternen Fehlinformationen wurzeln zumindest zu einem großen Teil in der Unternehmenskultur – und sind damit beeinflussbar. Anders sieht es bei den Fehlinformationen aus, die außerhalb des eigenen Unternehmens entstehen. Darauf hat die Unternehmensleitung keinen Einfluss. Werfen wir zunächst einen Blick auf die unternehmensinterne Situation:

Viele Unternehmen leben nach wie vor eine Kultur des Misstrauens in hierarchischen Aufbauorganisationen. Solche Unternehmen etablieren in der logischen Konsequenz Rituale der Absicherung. Dies führt erstens, wie im Abschnitt zum Information Overload gezeigt, zu ökonomisch unsinnigem E-Mail-Verkehr, der ein überflüssiger Teil der Datenflut ist. Zweitens erzeugt dieses Misstrauen vor dem Hintergrund eines zersetzenden Menschenbildes ebenso destruktive Machtspiele. Folgerichtig ist Kommunikation in hierarchischen Unternehmen häufig Mikropolitik und damit ein Machtinstrument mit dem Ziel bewusster Fehlinformation. Es geht darum, Kollegen, Mitarbeiter oder Vorgesetzte bewusst irrezuführen, um die eigene Position zu sichern und die Karriere zu beflügeln. Dazu werden Ergebnisse geschönt, Bilanzen gefälscht, Projekte frisiert. In Command-and-Control-Unternehmen sägt immer irgendjemand an irgendeinem Stuhl. Das Ergebnis ist eine Informationskultur, die es prinzipiell schwer macht, den unternehmensinternen Daten zu vertrauen.

Ampel-Lügen

2005 erhielt ich einen Anruf von einer Mitarbeiterin der internen Organisationsentwicklung eines IT-Beratungshauses. Der Grund Ihres Anrufes war schnell geschildert. Die GmbH hatte in einer bestimmten Sparte erhebliche Probleme mit Ihrem Ampel-System bei Großprojekten. Die Projektleiter machten der Geschäftsführung gegenüber keine korrekten Aussagen über den tatsächlichen Stand der Projekte. Wenn ein Projekt in Schieflage geriet, wurde optimistisch weiter behauptet, alles wäre in bester Ordnung und die Ampel stünde auf grün. War ein Projekt sogar schon gegen die Wand gefahren, wurde nicht rot sondern orange angesagt. Bezeichnenderweise wurde dieses Change-Projekt wieder abgesägt, nachdem bereits ein Steuerungskreis gemeinsam mit mir die Veränderungsarchitektur und das Kick-off grob geplant hatte.

Damit ist auch aus der rationalen Sicht der »Informationswirtschaft« eine unternehmensinterne Kommunikation wünschenswert, die nicht als Machtinstrument missbraucht wird. Sowohl die unternehmerische Bedrohungskultur und die damit verbundenen Angstlügen als auch die taktischen und strategischen Spielchen einzelner karrierebesessener Personen führen zu einer unökonomischen Informationskultur. Denn deren Preis besteht darin, dass Entscheidungen noch unsicherer werden, als es ohnedies bereits der Fall ist. Dienen diese Informationskultur und dieses Verhalten dem Unternehmen? Ist es einer effektive Entscheidungskultur förderlich? Schlechterdings. Diese Mikropolitik einiger mehr oder weniger begnadeter Machiavellisten dient vielmehr dem Mästen der eigenen Konten.

Anders gelagert sind die nicht vertrauenswürdigen Daten aus der Umwelt des Unternehmens. Ein gutes Beispiel sind bewusst und strategisch gestreute Informationen aus der Politik über zukünftige Veränderungen insbesondere vor Wahlen. Es sind die »Wahlversprechen«, die sich häufig nach der Wahl als Fehlinformationen herausstellen. Bürokratie soll abgebaut werden, die Steuergesetzgebung soll vereinfacht werden, Unternehmensgründungen sollen erleichtert, Wirtschaftsbereiche subventioniert werden – tatsächlich geschieht dann jedoch nichts oder das Gegenteil.

Aber auch aus der Privatwirtschaft dringen bewusst inszenierte und gestreute Fehlinformationen in den Markt. Unternehmensübernahmen sind eine beliebte Bühne. Weil es einer Firma zum Vorteil gereicht, eine geplante Übernahme möglichst lange zu verschweigen, wird beteuert, dass es keine derartigen Pläne gebe. Es werden Argumentationen erfunden, die belegen sollen, dass der Aufkauf überhaupt nicht im Sinne des Unternehmens sei. Oder es werden Falschinformationen lanciert, damit der eine oder die andere von uns sich in Ruhe ein Denkmal bauen kann. Und das meine ich nicht metaphorisch, sondern wortwörtlich. Welch absurde Blüten unser Geist treiben kann, zeigt sich auch bei Infrastrukturprojekten, bei denen eine Vielzahl an Unternehmen und Organisationen eingebunden sind.

Wachstum wider Willen

Wahrscheinlich kennen Sie das Opernhaus in Sydney, auch wenn Sie noch nicht in Australien waren. Wussten Sie auch, dass es die größte Planungspleite ist, die es bislang beim Bau von Gebäuden gab? Ursprünglich sollte die Oper sieben Millionen australische Dollar kosten. Bei Projektende waren es 102 Millionen – eine Steigerung von satten 1400 Prozent. Diese Mehrkosten und Zeitverzögerungen untersucht der Däne Bent Flyvbjerg. Er ist Professor an der Saïd Business School der University of Oxford und hat den Lehrstuhl für das »Major Programme Management«. Bislang hat er 258 Projekte erforscht. Das traurige Ergebnis: Bei 90 Prozent aller Infrastruktur- und Großprojekte kommt es zu einer Kostenexplosion! Er sagt, dass strategische Fehlinformation einer der Hauptgründe dafür ist:

Flyvbjerg: Die meisten Mega-Projekte stehen unter einem gewaltigen politischen Druck. Ebenso hoch ist auch der wirtschaftliche Druck, sie zu verwirklichen. Verschiedene Gruppen verbinden sehr große Interessen mit einem solchen Projekt. Wir erklären die Überschreitungen mit etwas, das wir fehlgeleiteten Optimismus und strategische Falschangaben nennen. Wenn man Komplexität verdrängt, ist das eine Art falscher Optimismus.

Zusätzlich findet eine bewusste Fehlinformation statt: Personen, die wollen, dass das Projekt genehmigt wird, unterschätzen die Kosten und überbewerten den Nutzen. Das Projekt sieht dann auf dem Papier besser aus, und damit steigt auch die Wahrscheinlichkeit, dass man den Zuschlag bekommt. Fehlgeleiteter Optimismus und strategische Fehlauskunft geschehen mit System. In unserer Forschung belegen wir das deutlich mit Statistiken.

Technology Review (TR): Es wird bei der Planung von großen Projekten also absichtlich und systematisch gelogen?

Flyvbjerg: Nein. Fehlgeleiteter Optimismus ist keine Lüge.

TR: Bewusste Desinformation aber schon, oder?

Flyvbjerg: Wir müssen uns im Klaren sein, wie wir eine Lüge definieren. Wenn wir es im konventionellen Sinne als absichtliche Irreführung definieren, dann ist es wirklich Lügen. Doch die Leute, die es betrifft, sehen dies natürlich nicht so. Sie sagen – wir haben das auf Tonband –, es ist nicht wie eine Verschwörung, wo wir uns

hinsetzen und uns entscheiden zu lügen. Es ist mehr so, dass jeder weiß, was zu tun ist. Sie reden darüber gar nicht. Sie sind sogar in der Lage, das Nachdenken darüber zu verdrängen. Sie machen es einfach. Es ist eine eigene Kultur. Ich nenne sie die Kultur der Fehlinformation.
TR: Was sind ihre Beweggründe?
Flyvbjerg: Geschäft. Für die, die Geld damit machen, ist es Geschäft, für Politiker sehr wahrscheinlich der, sich ein Monument zu bauen. Sie lieben es, etwas zu haben, was sie zeigen können. Es sind also ökonomische, politische Gründe, und da mögen auch noch die Ingenieure sein, die es lieben, komplizierte Projekte zu verwirklichen. Diese großen Projekte ermöglichen ihnen das technologisch Erhabene zu schaffen. Somit wird Ingenieurskunst auf ihrem höchsten Niveau zu einem weiteren Antrieb.[15]

Die nicht vertrauenswürdigen Daten haben also einen Preis. Und der ist sehr hoch. Wir können das in schöner Kontinuität alle zwei Jahre bei der Planung der Infrastruktur für die Olympischen Winter- und Sommerspiele sehen. Wenn sage und schreibe 90 Prozent aller Groß- und Infrastrukturprojekte unter einer Kostenexplosion leiden, gibt es hier enorme Einsparmöglichkeiten. Das wäre zur Abwechslung mal intelligente Kostenreduktion. Weniger Lügen statt Kurzarbeit – könnte glatt ein Slogan werden.

Die scheinbare Quadratur des Kreises

Auch hinsichtlich unseres Nichtwissens und all der Dinge, die wir nicht erkennen können, drängt sich eine scheinbare Paradoxie auf: Die Einsicht in die Begrenztheit unseres Erkenntnisvermögens eröffnet uns neue Möglichkeiten. Wenn wir Abstand nehmen von der Hybris, eines Tages mit dem semantischen Netz Web 3.0 alles Nichtwissen in Wissen zu verwandeln, werden wir den kulturellen Boden bereitet haben, auf dem mehr Kreativität und Innovation gedeihen kann als zur Zeit.
Die logische Konsequenz besteht in zweierlei: Erstens bedarf es einer kulturellen Neubewertung des Nichtwissens in unserer Gesellschaft und in unseren Unternehmen. Wir müssen Francis Bacons

Weisheit, dass Wissen Macht sei, ergänzen. Wir würden uns selbst für ziemlich dumm verkaufen, wenn wir seit 1597, als Bacon in seinen *Meditationes sacrae* sein berühmtes geflügeltes Wort schuf, nicht etwas weitsichtiger geworden wären. Wenn Nichtwissen richtig verstanden und genutzt wird, ist es der Boden, in dem zukünftiges Wissen wurzelt – denn jede gute Antwort ist das Ergebnis einer noch besseren Frage. Darüber hinaus ermöglicht es uns, frei zu denken. Da wo wir unsere Vorstellungskraft noch nicht mit Wissensleitplanken domestiziert und in feste Bahnen gezwungen haben, können wir wirklich Neues schaffen. Es gibt genügend Fälle, die das dokumentieren. Bionade ist ein Beispiel dafür.

Einen ernst zu nehmenden Hinweis über die unternehmerische Praxis hinaus bietet ein 1976 durchgeführtes Experiment der beiden Kreativitätsforscher Jacob Getzels und Mihaly Csikszentmihalyi. Der Fokus der Untersuchung bestand darin, herauszufinden, wie lange es dauert, bis auf der Leinwand ein Bild oder eine erkennbare Struktur zu sehen war. Interessanterweise war dies sehr unterschiedlich. Für ihre Studie gingen die beiden Forscher in das Art Institute of Chicago und präsentierten den dortigen Kunststudenten diverse Gegenstände. Sie sollten sich einen oder mehrere heraussuchen und dann ein Stillleben malen. Manche der Studenten wählten nur ein oder zwei Gegenstände und begannen sofort mit der Arbeit. Andere ließen sich mehr Zeit, schauten viele Gegenstände an und ließen offensichtlich die Objekte auf sich wirken. Als sie mit dem Malen begonnen hatten, zeigten sich bei manchen Studenten bereits nach wenigen Minuten erkennbare Strukturen auf der Leinwand. Es war so, als hätten sie eine sehr klare Vorstellung von dem, was sie malen wollten. Bei anderen dauerte es bedeutend länger. Sie schienen die Fertigstellung innerhalb der vorgegebenen Zeit von maximal einer Stunde möglichst weit hinauszuzögern. Die »schnellen« Studenten berichteten hinterher, dass sie gleich von Beginn an wussten, wie ihr Bild aussehen werde. Die »Langsamen« hingegen erzählten, dass sie lange *nicht wussten*, worauf ihre Arbeit hinauslaufen würde. Das für uns Bedeutsame der Studie: Ein großer Teil der »Wissenden« hatte nach Abschluss der Akademie als Künstler keinen oder nur mäßigen Erfolg. Die »Nichtwissenden« hingegen waren diejenigen, die deutlich erfolgreicher waren.

Dieses Phänomen findet sich nicht nur bei Künstlern. Der weit überdurchschnittliche amerikanische Physiker Freeman Dyson, Gewinner verschiedener hochrangiger Auszeichnungen, unter anderem des Max-Planck-Preises 1969, drückte es so aus: »Erst wenn man diese Phase durchgestanden hat, fängt es an, wie von selbst zu fließen; ohne diesen vorausgehenden Kampf und Krampf würde wahrscheinlich überhaupt nichts geschehen. ... Deshalb sage ich, dass es etwas Unbewusstes ist, weil man im Grunde nicht weiß, ob es irgendwo hinführt oder nicht.«[16] Hinterfragt das nicht unsere Vorstellung, dass der besonders erfolgreich sei, der ein »klares Ziel« vor Augen hat?

Der brasilianische Unternehmer Ricardo Semler, Inhaber der Firma Semco, sagt unverblümt: »Ich weiß, was Semco macht ... Aber ich weiß nicht, was Semco ist. Ich will es auch gar nicht wissen.« Seine äußerst ungewöhnliche Unternehmensführung und sein unkonventioneller Umgang mit Wissen und Nichtwissen hat Semco die brasilianische Wirtschaftskrise in den 1980ern und 1990ern überleben lassen. In den 80ern gab es eine Hyperinflation und im Jahr 1990 stiegen die Preise über 1 000 Prozent! Zwischen 1990 und 1994 fiel die Gesamtwirtschaftsleistung zurück auf die des Jahres 1977. Semco überlebte nicht nur, sondern ging aus dieser massiven Krise sogar gestärkt hervor. Und zwar erst, nachdem Semler den traditionellen Weg der Informationswirtschaft verlassen und seinen eigenwilligen Weg eingeschlagen hatte.

Neben der kulturellen Neubewertung des Nichtwissens sollten wir zweitens unser Vermögen, mit Nichtwissen produktiv umzugehen, als Entwicklungsraum und Lernmöglichkeit begreifen: Es wäre ausgesprochen intelligent, uns und alle Entscheider besser auf den Umgang mit Nichtwissen vorzubereiten. Bislang sind mir keine Studiengänge bekannt, in denen zukünftige Entscheidungsträger genau das als praktische Kompetenz verbindlich lernen. Weder Mediziner noch Juristen, weder Betriebswirte noch Ingenieure trainieren den Umgang mit Nichtwissen und der dadurch nötigen Intuition als Navigationshilfe.[17] Die Professoren, Dozenten und Studenten philosophieren nur darüber, weit weg vom wirklichen Erleben und Handeln, entkoppelt von der eigenen Unsicherheit und der damit verbundenen Angst. Es bedarf der praktischen Lernerfahrung, nicht des theoretischen Diskurses. In puncto Innovation ist uns Amerika leider mal wieder einen großen Schritt voraus. Dort unterhält die University of

Arizona tatsächlich an der Medizinischen Fakultät das »Summer Institute on Medical Ignorance« und fördert ein »Curriculum on Medical Ignorance«![18] All das ist möglich – wenn man nur will.

Mit diesen zwei Elementen der Kultur- und Persönlichkeitsentwicklung können wir einen mächtigen Rahmen schaffen, in dem wir bedeutend effektiver und effizienter mit der Unsicherheit umgehen können. Denn dann verwandeln wir Nichtwissen von einem Problem und einer Angstquelle zu einer wirtschaftlichen Ressource, so wie es uns Dieter Leipold und Ricardo Semler vorleben.

Lesetipps

Otte, M. (2009): *Der Informationscrash. Wie wir systematisch für dumm verkauft werden*, Econ.

Strulik, T. (2004): *Nichtwissen und Vertrauen in der Wissensökonomie*, Campus.

Taleb, N. (2008): *Der schwarze Schwan. Die Macht höchst unwahrscheinlicher Ereignisse*, Hanser.

Weick, K./Sutcliffe, K. (2003): *Das Unerwartete managen. Wie Unternehmen aus Extremsituationen lernen können*, Klett-Cotta.

Zeuch, A. (2007): *Management von Nichtwissen in Unternehmen*, Carl-Auer.

Zeuch, A. (2008): »Die Insel und der Ozean: Borg 3.0«, in: *Detecon Management Report*, Heft 1, 2008: 4-8.[19]

3
Mit Bauchgefühl im Blindflug –
warum Intuition allein auch nicht zum Ziel führt

Intuition ist keine heilige Kuh. Sie ist entgegen mancher Meinung keine göttliche Instanz. Sie ist nicht fehlerfrei. Wir bekommen mit ihr keinen Freifahrtschein in den Hyperraum, in dem wir die leidigen Fesseln unseres Menschseins ablegen, um durch Raum und Zeit zu reisen und dort alle Informationen nach Belieben abzurufen, die wir gerade jetzt brauchen. Aber Vorsicht: Nur weil wir uns ab und an intuitiv irren und durch Intuition nicht allmächtig werden, heißt das noch lange nicht, dass Intuition grundsätzlich ein Irrweg und wertlos sei. Genau das übersehen die meisten Intuitions-Kritiker und paradoxen Pseudorationalisten. Aus den Irrtümern und Fehlern die Abschaffung der Intuition zu fordern, ist unvernünftig und zeugt von mangelndem logischen Denken. Die Professionalisierung der Intuition besteht genau darin, beide Seiten zu sehen und auszuhalten, die Vorteile und die Nachteile. Es ist ein Sowohl-als-auch und kein Entweder-oder.

Die erste Ursache intuitiver Irrtümer liegt in unserer unbewussten Wahrnehmung und Informationsverarbeitung. Einerseits können wir auch ohne Expertise intuitiv Zusammenhänge erkennen und intuitiv handeln, andererseits laufen wir Gefahr, auch unbewussten Wahrnehmungsfehlern zu erliegen. Es gibt zur Zeit keinerlei Hinweise, dass unsere unbewusste Wahrnehmung im Gegensatz zu unserer bewussten fehlerfrei ist.

Der zweite Grund intuitiver Fehler leitet sich aus unseren Erfahrungen ab. Sie sind eine wertvolle Ressource, die unserer Intuition als Informationspool dient, aus der sie sich bedienen kann. Aber sie können auch zu intuitiven Fehlurteilen führen.

Drittens können wir Intuition mit anderen psychologischen Funktionen verwechseln. Dann ist es zwar nicht die Intuition, die uns auf den Holzweg führt, aber wir glauben sie sei es und vertrauen einem anderen unbewussten Urteil, das sich sehr ähnlich äußert. Wir müssen lernen, das eine vom anderen zu unterscheiden. Erst dann können wir von professioneller Intuition sprechen.

Ich habe die intuitiven Fallstricke hier nur kurz zusammengefasst und zwar aus einem einfachen Grund: Wir erleben insbesondere in Unternehmen immer noch eine klare Überbewertung der Rationalität und eine damit einhergehende Entwertung unserer Emotionalität und Intuition. Ich denke dabei an Verkaufsschlager wie das schon im ersten Kapitel erwähnte Buch der beiden Brafman-Brüder *Kopflos. Wie unser Bauchgefühl uns in die Irre führt – und was wir dagegen tun können* oder Dan Arielys *Denken hilft zwar, nützt aber nichts. Warum wir immer wieder unvernünftige Entscheidungen treffen.* Die intuitionskritischen Argumente sind mehr oder weniger bekannt und anerkannt. Allerdings will ich sie keinesfalls unter den Teppich kehren. Denn das hieße, denselben Fehler wie die Intuitionskritiker zu machen, bloß mit umgekehrten Vorzeichen. Professionelle Intuition bedeutet, beide Seiten zu kennen und einen angemessenen Umgang damit zu entwickeln.

Das grüne Auto, das ein blaues war

Die Wahrnehmung steht am Anfang unserer Intuition. Wir müssen erst Daten aus der Außenwelt aufnehmen und im nächsten Schritt verarbeiten. Damit schaffen wir einen Informationspool, auf den unsere Intuition zugreifen kann. Wir brauchen gewissermaßen erst einmal einen Input, damit wir überhaupt einen intuitiven Output erhalten können. Und genau da liegt die erste mögliche Fehlerquelle. Das zweite Problem ist eng damit verbunden. Wenn wir etwas korrekt wahrgenommen haben, also zum Beispiel auf der Straße einen blauen SUV als solchen gesehen haben und nicht als grünen Mini-Van, müssen wir uns später an diese Wahrnehmung erinnern. Dieser zweite Schritt bietet ebenfalls keine Garantie, dass wir immer richtig liegen.

Entweder nehmen wir subjektiv etwas nicht so wahr, wie es sich objektiv messbar verhält. Das sind dann optische, akustische oder haptische Täuschungen, die unter dem Begriff der Wahrnehmungstäuschung zusammengefasst werden. Oder wir nehmen die Daten aus der Außenwelt zwar korrekt wahr, erinnern uns aber später falsch daran, aus welchen Gründen auch immer. In der Forschung werden in diesem Zusammenhang vor allem vier verschiedene Bereiche untersucht: autobiografische Erinnerungen, Zeugenaussagen, historische Untersuchungen und psychische Erkrankungen. Am bekanntesten sind sicherlich die Schwierigkeiten, die sich bei Gerichtsprozessen ergeben, wenn es um Zeugenaussagen geht, die häufig nicht besonders zuverlässig, aber für die Beurteilung des Falles wichtig sind. Wahrnehmungstäuschungen kennen wir alle. Akustische Illusionen sind dabei wesentlich weniger bekannt als optische. Es gibt verschiedene Effekte, zum Beispiel:

- Der »Stereo-Effekt« – den Sie natürlich auch kennen. Mit nur zwei Schallquellen wird in unserer Wahrnehmung ein dreidimensionaler Raum erzeugt.
- Phantomwörter – wir hören unter bestimmten Bedingungen wie sich wiederholenden, stark rhythmisierten Klangeffekten Worte, die nicht auf der Tonspur aufgenommen worden sind.
- Der »McGurk-Effekt« – dazu will ich nichts verraten. Geben Sie einfach in Google die Suchworte »McGurk-Effekt« und »WDR« ein. Der erste Treffer führt Sie dann zu einer Seite des WDR mit einem amüsanten Videoexperiment, das Sie selber durchführen können. Aber Vorsicht: Das Durchführen des Experiments ist in keiner Weise nötig, um hier zu tieferen Einsichten über Intuition zu gelangen. Es ist eine lustige Anmerkung.

Haptische Täuschungen treten zum Beispiel auf, wenn wir zwei Gegenstände mit gleichem Gewicht, aber unterschiedlichem Volumen miteinander vergleichen. Dann erscheint uns das kleinere Objekt schwerer als das große. Optische Illusionen sind uns wesentlich geläufiger. Trotzdem zur Erinnerung ein paar Beispiele:

- Man sieht andere Farben als tatsächlich vorhanden sind.
- Wir nehmen unterschiedliche Helligkeiten wahr, obwohl es objektiv keinen Unterschied gibt (siehe Abbildung 6).
- Gleich große Objekte werden unterschiedlich groß gesehen.

Abb. 6 Optische Täuschung

Über Fehlwahrnehmungen und falschen Erinnerungen hinaus können im Unbewussten oder in der Verbindung von Bewusst/Unbewusst Verknüpfungen von Informationen entstehen, die unabhängige Erfahrungen miteinander verbinden und auf diese Weise zu Irrtümern führen. So identifizieren beispielsweise Zeugen fälschlicherweise Personen, weil sie sie zufälligerweise zuvor in einem anderen Umfeld als dem zu rekonstruierenden Vorgang gesehen hatten. Wir erinnern uns zwar korrekt daran, einen bestimmten Menschen gesehen zu haben, begehen aber beim Kontext einen . Wir haben den möglichen Täter gar nicht bei der Tat gesehen, sondern drei Tage vorher am Bahnhof im Zeitschriftenladen. Unsere Intuition kann also auf Fehlwahrnehmungen oder falschen Erinnerungen basieren. Wir brauchen kritische Filter, um nicht intuitiv danebenzulangen.

Schiffskapitäne, Ärzte und Eisfabrikanten

Wenn mich jemand fragt, wie ich meine Erfahrungen aus fast 40 Jahren auf See am besten beschreiben könnte, sage ich nur ereignislos. Natürlich hat es Winterstürme und starke Winde und Nebel gegeben, aber meines Wissens habe ich nie einen Unfall irgendeiner Art gehabt, der der Rede wert wäre ... Ich kann mir keine Situation vorstellen, die ein Schiff zum Sinken bringen würde. Ich kann mir keine lebensgefährliche Katastrophe vorstellen, die diesem Schiff zustoßen könnte. Der moderne Schiffsbau hat diese Dinge hinter sich gelassen.[1]

Der Mann wusste, wovon er spricht. Er ist bereits im Alter von zwölf Jahren zur See gefahren, und seine langjährigen erfolgreichen Erfahrungen als Kapitän führten dazu, dass ihm sein Arbeitgeber mehr neue Schiffe anvertraute als jedem anderen seiner Kapitäne. Eine Jungfernfahrt bei ihm war so etwas wie ein Ritual, eine Tradition. Manch ein Fahrgast wollte nur dann an Bord eines Schiffes dieser Reederei gehen, wenn er das Kommando hatte. Nach über 45 Jahren Erfahrung auf See wurde ihm das letzte neue und überwältigende Schiff anvertraut, nach dessen Jungfernfahrt er seinen Ruhestand genießen wollte. Der selbstbewusste und erfolgsverwöhnte Kapitän war Edward John Smith. Das letzte Schiff, das er befehligte, war die Titanic.

Erfahrung ist ein zweischneidiges Schwert. Sie bietet uns nicht nur intuitive Meisterschaft, Eleganz, Leichtigkeit und zweckdienliche Automatisierung. Sie fordert uns auch durch ihre Kehrseite heraus: Unser Blickwinkel wird stark eingeschränkt, wir sehen unsere Arbeitswelt fast zwangsläufig durch unsere Expertenaugen. Wir sind verwöhnt und neigen schnell dazu, unsere Fähigkeiten zu überschätzen. Außerdem übersehen wir als langjährige Experten, was nicht ins Raster unserer Expertise passt, und erklären es für unwichtig. Expertise erzeugt paradoxerweise Nichtwissen in Form von (un-)bewusster Ignoranz: »Das haben wir schon immer so gemacht«, lautet dann der bekannte Satz, der Weiterentwicklung im Keim erstickt. Aus Erfahrungen werden Scheuklappen, um nicht rechts und links zu gucken, was es dort noch zu sehen gibt. Dieses Nicht-wissen-wollen oder -können ist schädlich im Gegensatz zum Nichtwissen des Anfängers. Letzteres ist vielmehr eine Ressource, weil automatisierte Abläufe hinterfragt werden: »Warum macht ihr das so? Warum nicht anders?« Wer kennt sie nicht, diese erfrischenden Fragen des Praktikanten, durch die wir lernen, etwas gut Geglaubtes noch besser zu machen?

Eine in der Entscheidungspsychologie besonders wichtige Variante der Erfolgsfalle sind verschiedene Heuristiktypen, die es uns ermöglichen, die uns umgebende Komplexität zu meistern. Heuristiken sind Faustregeln[2], mit denen wir die wichtigsten Daten für eine anstehende Aufgabe aus der Umwelt herausgreifen und auf eine einfach anzuwendende Regel verkürzen. Diese Heuristiken führen in vielen Fällen zum Erfolg. Und genau darin liegt aber auch die Problematik: Heuristiken können schnell zu Intuitionsfallen werden. Dies haben insbesondere die beiden Psychologen Daniel Kahnemann und Amos Tversky herausgearbeitet und in ihrer »Neuen Erwartungstheorie« (Prospect Theory) verdichtet. Kahnemann erhielt für diese Theorie gemeinsam mit Vernon L. Smith 2002 den Wirtschaftsnobelpreis. Die zwei wichtigsten urteilsverzerrenden Heuristiken sind die Repräsentativitäts- und Verfügbarkeitsheuristik. Die Repräsentativitätsheuristik beschreibt folgendes Phänomen: Je ähnlicher eine Person oder Situation einer Gruppe von Personen oder Situationen ist, desto eher findet eine Zuordnung zu dieser Gruppe statt. Die Verfügbarkeitsheuristik sagt aus, dass wir etwas für umso wahrscheinlicher halten, je leichter wir uns daran erinnern können.

Der Schweizer Arzt Rudolf Speich widmete sich den Heuristiken in der Medizin und untersuchte unter diesem Aspekt den diagnostischen Prozess.[3] Die ärztliche Diagnose hat in ihrer Struktur große Ähnlichkeiten mit unternehmerischen Analysen, die weiteren unternehmerischen Entscheidungen vorgeschaltet sind. In einer Diagnose besteht anfangs die Schwierigkeit darin, dass eine Krankheit viele Symptome, aber ein Symptom auch viele Krankheitsursachen haben kann. Auf diese Weise können zahlreiche Hypothesen entstehen. Da jedoch nur wenige davon parallel berücksichtigt werden können, muss der Arzt entscheiden, welchen der möglichen Hypothesen er nachgeht. Jetzt kommen die Erfahrung und bisherige Diagnoseerfolge ins Spiel: Der Arzt hält eine Krankheit für umso wahrscheinlicher, je ähnlicher sie dem aus dem Gedächtnis abgerufenen Beispiel ist – die »Repräsentativitäts-Heuristik«. Je leichter eine bestimmte Krankheit aus dem Gedächtnis abgerufen wird, desto wahrscheinlicher wird sie aus Sicht des Arztes – die »Verfügbarkeitsheuristik«.

Speich konnte mit seiner Untersuchung die Ergebnisse von Kahnemann, Tversky und Smith nicht widerlegen. Für uns heißt das: Wir scheren neue Situationen über alte Erfahrungsklingen. Wir übersehen relevante Unterschiede zwischen der aktuellen Situation und unseren bisherigen Erfahrungen. Eine besonders hinterhältige Entscheidungsfalle sind also Erfolgserfahrungen. Wir neigen dazu, die

Interpretationen (Marktanalysen etc.), Strategien, Handlungsmuster oder Lösungswege, mit denen wir schon einmal erfolgreich waren, einfach zu wiederholen. Das erscheint im Gegensatz zur »Festlegung«, bei der wir in sinnloser Weise auch an nicht erfolgreichen Strategien festhalten, zunächst sinnvoll. Dabei übersehen wir aber häufig, dass es ausgesprochen unlogisch ist anzunehmen, ein ehemals erfolgreiches Vorgehen sei auch in der aktuellen Aufgabenstellung erfolgreich. Eher gilt: Der Erfolg von heute wird schnell zum Misserfolg von morgen.

Auf Eis gelegt

Die Geschichte des Kühlschranks ist ein Lehrstück über unternehmerische Erfolgsfallen. Um 1800 begannen in Deutschland sogenannte Eisernter aus Natureisflächen wie Seen und Teichen Eis herauszubrechen, um es an Brauereien, Gaststätten, Haushalte und andere Abnehmer zu liefern. Da die Natureisproduktion zu sehr vom Wetter abhängig war und das Eis durch natürliche Verunreinigungen mit Lebensmitteln nicht direkt in Kontakt kommen durfte, wurden später große Eisfabriken entwickelt, in denen das Eis künstlich hergestellt wurde. In zeitlicher Überlappung zu den Eisfabriken entstand die Idee des Kühlschranks über verschiedene technische Stufen wie Luftkompression, Ammoniak, FCKW bis hin zur heutigen Kühlung durch Propan und Butan. Interessanterweise ist keines der jeweiligen Unternehmen in den Folgestufen aus den Vorgängerstufen entstanden. Mit der Entstehung der Eisfabriken wurden die Eisernter arbeitslos. Die Eisfabrikhersteller haben wiederum keine Kühlschränke produziert und sind auch wieder vom Markt verschwunden, da es kaum noch einen Bedarf für Eisfabriken gibt.

So wird erfolgreich aus Erfolg Misserfolg. Wir müssen uns nur auf das konzentrieren, was wir »schon immer so gemacht haben« und ruckzuck haben wir uns selbst ins Aus befördert, haben in manchen Fällen sogar unseren Untergang und den vieler anderer Menschen besiegelt. Das gilt für unsere individuellen Entscheidungserfolge genauso wie für unternehmerische Erfolge. Einer der zweifelsohne erfolgreichsten Unternehmer, die es bislang gab, drückt es folgendermaßen aus: »Der Erfolg ist ein schlechter Lehrmeister. Er lässt gescheite Leute glauben, sie könnten nicht verlieren. Außerdem ist er kein verlässlicher Führer in die Zukunft. Was heute als der perfekte Unternehmensplan oder die neueste Technik erscheint, kann bald schon so veraltet sein wie die Achtspur-Tonbandmaschine, der Röhrenfernseher oder der Mainframe-Computer.« So Bill Gates in seinem Buch *Der Weg nach vorn*.[4]

Versicherungsnummern und Preisgebote

Professor Drazen Prelec von der Sloan School of Management am Massachusetts Institute for Technology (MIT) hielt eine Flasche Wein in die Höhe. Die 55 Wirtschaftsstudenten, die in seinem Seminar saßen, hörten ihm etwas verwundert zu. Prelec führte gemeinsam mit Professor George Loewenstein und Professor Dan Ariely, Professor für Verhaltensökonomie ebenfalls am MIT, etwas Seltsames im Schilde. Prelec beschrieb zunächst die erste Flasche Wein, übrigens einen 1998er Côtes du Rhône Jaboulet Parallèle. Er beschrieb diesen verheißungsvollen Tropfen kurz, legte die Flasche zur Seite und präsentierte darauf eine zweite. Und so ging es weiter, aber nicht mehr mit Weinen, sondern allen möglichen anderen Produkten: ein kabelloser Trackball, eine kabellose Tastatur mit Maus, ein Designbuch und letztlich eine Schachtel mit 500 Gramm belgischen Pralinen, die manch einem der donutgeschädigten Studenten das Wasser im Mund zusammenlaufen ließen. Alle Objekte wurden Teil einer Versteigerung. Allerdings nicht ganz so wie üblich.

Die Professoren verteilten vor der Versteigerung Blätter, auf denen die sechs Gegenstände abgebildet und nochmals kurz beschrieben waren. Dann baten sie die Studenten, auf diesem Blatt zuallererst oben die letzten beiden Ziffern ihrer Sozialversicherungsnummer zu notieren. Danach sollten sie genau diese Ziffernfolge, die sich im Bereich von 00 bis 99 befand, neben jedes Auktionsobjekt schreiben und entscheiden, ob sie bereit wären, diese Ziffernfolge als Preis in Dollar für das jeweilige Objekt zu bezahlen. Sie mussten also beispielsweise entscheiden, ob sie 34 Dollar für die Schachtel Pralinen zahlen wollten oder nicht, wenn die letzten beiden Ziffern ihrer Sozialversicherungsnummer 34 lauteten. Diese Entscheidung sollten sie mit einem einfachen Ja oder Nein schriftlich auf dem Blatt fixieren.

Mit diesen 55 Blättern ging Ariely zurück in sein Büro und wertete die Ergebnisse aus.

Am Ende ordnete Ariely die Ziffernfolge der Sozialversicherungsnummern in fünf Blöcke von 00-19, 20-39, 40-59, 60-79 und 80-99. Das erschreckende Ergebnis: Die Studenten im Bereich der oberen 20 Prozent mit den Endziffern 80-99 boten 216 bis 346 Prozent mehr als die Studenten der unteren 20 Prozent mit den Endziffern 00-19! Der Ankereffekt hatte wieder einmal zugeschlagen.[5]

Wir sind immer auch Kinder des Zufalls. Wären wir der Homo oeconomicus, dürfte dieses absurde Ergebnis nicht zustande kommen. Denn der Anker (also der Bezugspunkt) war vollkommen willkürlich gewählt und stand in keinem Zusammenhang mit der Aufgabe. Es ist aber tatsächlich ein immer wieder durchgeführtes Experiment, das auf den oben erwähnten Wirtschaftsnobelpreisträger Daniel Kahnemann zurückgeht. Der hatte den Effekt unter dem Begriff Ankerheuristik zum ersten Mal in seinem »Vereinte-Nationen-Spiel« herausgearbeitet. Damals sollten die Versuchspersonen schätzen, wie viel Prozent der Mitgliedsstaaten der Vereinten Nationen in Afrika liegen. Vor der Schätzung beobachteten die Teilnehmer, wie ein Roulette-Rad gedreht wurde. Die Schätzungen waren damals abhängig von der Höhe der Zahl, die zufällig beim Roulette herauskam und – wir dürften uns einig sein – ebenfalls absolut keinen inhaltlichen Zusammenhang mit der gestellten Frage aufzuweisen hatte.

Der Ankereffekt meint also die Beeinflussbarkeit unserer Entscheidungen durch zufällig zuvor erhaltene Daten, die nichts mit der Entscheidung zu tun haben. Unsere Schätzungen (wie beim Kahnemann-Experiment) oder Kaufentscheidungen (wie bei Ariely und seinen Kollegen) werden auf der Basis zufälliger Anker, mit denen wir zuvor in Kontakt kommen, verzerrt. Hier liegt eine mögliche Fehlerquelle. Unsere unbegründbaren, intuitiven Schätzungen oder Preisentscheidungen werden sogar schon bei auffällig durchgeführten Ankern massiv beeinflusst. Wie steht es dann um unsere Entscheidungen, wenn wir durch subtilere und weitaus weniger auffällige Anker beeinflusst werden? Diese Verzerrung spielt in verschiedenen unternehmerischen Aufgabenbereichen eine wichtige Rolle. Wenn beispielsweise bei der Anwendung von Entscheidungsregeln und -instrumenten Schätzungen am Anfang der mathematischen Prozedur stehen, kann es uns schnell passieren, dass wir durch den Ankereffekt in unseren Einschätzungen möglicher zukünftiger Umwelten beeinflusst werden. Womit bereits das Ausgangsmaterial, mit dem wir dann weiterarbeiten, fehlerhaft ist.

Ein Stargeiger ganz umsonst zum Anfassen nah

Nicht alles, was sich wie Intuition anfühlt, ist auch Intuition. Das Vertrackte an unserer Intuition liegt unter anderem darin, dass sie sich häufig in Kombination mit Gefühlen zeigt oder dass wir sie einfach nur als ein vages gutes oder schlechtes Gefühl wahrnehmen. Wenn wir uns mit unserer Intuition nicht auseinandergesetzt haben, gibt es keine eindeutige Markierung, die uns zeigt, dass wir jetzt einen intuitiven Moment haben und nicht einfach nur irgendein Gefühl erleben. Das öffnet einer Menge Verwechslungen Tür und Tor. Denn wir haben Gefühle, die sich auf sehr ähnliche Weise wie unsere Intuition zeigen können.

Eine Intuition kann uns als Aufregung bewusst werden: erhöhter Herzschlag und Blutdruck sowie leicht schweißige Hände. Genau diese »Symptomatik« zeigte sich bei einem Berater, den ich vor mehreren Jahren für meine Doktorarbeit interviewt hatte. Immer dann, wenn er in einer Auftragsklärung mit einem potenziellen Kunden zugange war und diese Aufregung verspürte, wusste er intuitiv, dass er auf dem richtigen Weg war. Die körperlichen Reaktionen auf das Gespräch waren wie ein Startsignal. Diese Anzeichen könnten aber genauso gut Angst bedeuten.

Die Verwechslung von Intuition mit Gefühlen entsteht auf folgende Art und Weise: Gefühle und Gedanken stehen in einem ständigen Wechselspiel. Die Trennung, die wir vornehmen, ist genauso illusionär wie die Trennung von Intuition und Rationalität, über die ich im ersten Kapitel geschrieben habe. Sie existieren nur in unserer Sprache. Jedes Gefühl ist immer auch durchdrungen von Gedanken, genau genommen von »kognitiven Bewertungen«: Eine körperliche Reaktion auf ein Ereignis wird erst durch das Umfeld, in dem sie stattfindet, und die damit verbundene Interpretation und Bewertung zum Gefühl. Die Angst vor der Rede bei der Betriebsversammlung kann sich körperlich genauso äußern wie ein Gefühl von Verliebtheit, wenn unser neuer Schwarm abends endlich vor unserer Haustüre steht. Die Verwechslung kommt dadurch zustande, dass in einer bestimmten Situation die körperlichen Signale nicht eindeutig zugeordnet werden können. Es fehlen die unverwechselbaren Hinweise und schwupp wird aus einer Angst eine Intuition, die wir fälschlich als Startsignal interpretieren, weil wir es sonst von uns gewohnt sind, dass uns eine Aufregung sagt: »Hey, du liegst genau richtig, auf was wartest du noch? Leg los!«

Eine sehr gute Illustration der Bedeutung des Umfeldes für die Beurteilung einer Situation und die damit verbundenen Gefühle und Intuitionen liefert ein Experiment der *Washington Post*. Am 12. Januar 2007 stellte sich um 7.51 Uhr ein ganz und gar unauffälliger Mann in die kleine Eingangshalle der U-Bahnstation L'Enfant Plaza in Washington D.C. Er holte seine Geige aus der Tasche, setzte sie an und begann die Sonaten und Partiten für Violine Solo von Johann Sebastian Bach zu spielen, alles andere als ein Anfängerstück. Nach einer knappen Dreiviertelstunde war er fertig, aber keinerlei Applaus ertönte. Immerhin sind während seines Spiels 1097 U-Bahnfahrgäste vorbeigegangen, die meisten von ihnen aus dem Bildungsbürgertum, denn die L'Enfant Plaza liegt im Herzen des Washingtoner Regierungsbezirks. In einer kleinen Schlange, die in der Nähe des Geigers vor einem Lotterie-Laden stand, drehte sich keiner um und schaute hin, um besser hören zu können.

Das mag Sie zunächst nicht verwundern. Spannend wird es aber, wenn wir bedenken, wer da gespielt hat: Joshua Bell, einer der heutigen Stargeiger, der mit fast allen Weltklasse-Orchestern zusammen gespielt hat. Seine Geige, die er tatsächlich auch in diesem Experiment spielte, wurde 1713 von Stradivari gebaut und ist rund dreieinhalb Millionen US- Dollar wert. Und klingt entsprechend. Wenn Bell in der Carnegie Hall auftritt oder in einem der anderen Konzertsäle von Weltrang, dann gibt es häufig genug stehende Ovationen, zumindest aber lang anhaltenden Applaus von einem begeisterten Publikum. Um Bell hören zu können, zahlt das Publikum häufig Kartenpreise von über 100 US-Dollar. In der Dreiviertelstunde seines Inkognito-Spiels bekam Bell, der in Konzerten umgerechnet bis zu 1000 Dollar pro Minute verdient, sage und schreibe 32 Dollar und 17 Cent. Das macht pro Person, die an ihm vorbeigelaufen ist, aufgerundet einen Beitrag von drei Cent.

Selbst wenn wir kritisch in Rechnung stellen, dass nicht alle Personen, die an Bell vorbeigegangen sind, Liebhaber barocker Musik und Bach-Fans sind oder Violinensoli lieben, so ist es doch erstaunlich, dass sich in der Zeit nicht mal für ein paar Sekunden ein kleines Publikum gebildet hat, oder dass wenigstens eine begeisterte Zuhörerin längere Zeit stehen blieb, um einem begnadeten Geiger lauschen zu können. Die Moral von der Geschichte: Wenn wir ihn nicht achtsam reflektieren, steuert der Kontext machtvoll, wie wir wahrnehmen, interpretieren und uns verhalten.

Die Nase des Lateinlehrers

Sie kennen ihn, zumindest auf seine alten Tage. Den weltberühmten Herrn mit seinem weißen Vollbart, den genauso weißen Haaren, der runden Hornbrille, auf den meisten Fotos mit einem dunklen Anzug mit Weste und Schlips – und häufig eine Zigarre in der Hand. Wenn er mit seinen Patienten arbeitet, saß er normalerweise links hinter ihnen, während sie auf einer Couch lagen und frei assoziierten. Die Rede ist von Sigmund Freud, dem Vater der Psychoanalyse. Bei allem, was man an ihm und seiner Lehre kritisieren kann, so verdanken wir ihm doch einiges. Unter anderem die bittere Erkenntnis, dass wir nicht »Herr in unserem Haus« sind, weil es unbewusste Prozesse gibt, über die wir keine Kontrolle haben. Wie ich im ersten Kapitel gezeigt habe, wissen wir heute mehr denn je, dass er mit diesem mittlerweile geflügelten Wort einen Volltreffer gelandet hat. Freud entwickelte eine Menge Begriffe, mit denen er verschiedene Phänomene beschreiben wollte, die in der menschlichen Entwicklung und in seiner Psychoanalyse eine wichtige Rolle spielen. Einer dieser Begriffe ist die Übertragung. Freud meinte damit, dass Menschen häufig Erwartungen, Ängste oder Wünsche gegenüber Personen aus der Vergangenheit in aktuellen Beziehungen mit anderen Personen reaktivieren. Im Zusammenhang mit trügerischer Intuition meine ich eine wesentlich einfachere Variante der Übertragung.

Sie sehen in einem Bewerbungsgespräch einen Bewerber zum ersten Mal und haben umgehend ein besonders gutes oder schlechtes Gefühl. Kennen Sie das? Dann muss es sich noch lange nicht um eine zieldienliche Intuition handeln, die Ihnen für die Einstellung eines neuen Teammitgliedes wertvolle Hinweise liefert. Es könnte vielmehr eine Übertragung sein: Die Nase des Bewerbers erinnert Sie an die Nase Ihres ehemaligen Lateinlehrers, der Sie früher im Unterricht gerne vorgeführt hat, und schon hat der arme Mann kaum noch eine Chance auf die Stelle. Solche Übertragungen finden immer wieder statt, ohne Ihnen in dem Moment bewusst zu sein.

Obwohl Menschen unersetzliche Unikate sind, gibt es nicht all zu selten Ähnlichkeiten, die ihren Niederschlag in diversen Typologien gefunden haben. Es mag das Gesicht sein, das ähnlich ist, die Augen, wie jemand spricht, gestikuliert, geht, riecht, sitzt oder die Hände faltet ...; die Übertragungsmöglichkeiten sind nahezu endlos. Solange uns bewusst ist, dass wir gerade eine solche Übertragung erleben, ist dieser Mechanismus kein Problem. Es bedarf dafür nicht des konkreten Bewusstseins, dass Sie der neue Kollege an Ihren Bruder erinnert, der Ihnen sehr am Herzen liegt. Es reicht, wenn Sie merken, dass Sie sich gerade an jemanden erinnert fühlen und wenn auch nur sehr vage. Wenn die Übertragung aber unbewusst abläuft und bei Ihnen nur noch als schiere Antipathie oder Sympathie ins Bewusstsein tritt, wird es problematisch. Denn dann hat dieses intuitive, nicht weiter begründbare Gefühl nichts mit der Person zu tun, auf die Sie sie beziehen, sondern wurzelt in Ihrer Beziehung zu einem anderen Menschen, der irgendwelche beliebigen Ähnlichkeiten aufweist.

Mit sauberen Schuhen schießt man besser

Der amerikanische Psychologe Edward Thorndike untersuchte während des Ersten Weltkrieges die Beurteilung von Untergegebenen durch ihre Offiziere und kam zu einem interessanten Ergebnis: Die Offiziere schlossen von sehr wenigen positiven Eigenschaften auf einen insgesamt positiven Gesamteindruck. Wenn beispielsweise ein Soldat in den Augen des beurteilenden Offiziers gut aussah und vorbildlich saubere und blank gewienerte Stiefel trug, dann schrieb er diesem Soldaten ungeprüft positive soldatische Eigenschaften und Kompetenzen wie gute Schießfertigkeiten, Ausdauer und Mut zu. Am Ende hatte der Offizier von dem Soldaten einen guten Gesamteindruck, nur aufgrund seines Aussehens und seiner sauberen Schuhe. Wenige Eigenschaften »überstrahlen« also die Wahrnehmung des Beurteilenden und führen damit zu einem verzerrten Gesamteindruck. Umgekehrt führt der »Teufels-Effekt« dazu, von einer oder wenigen schlechten Eigenschaft auf einen insgesamt schlechten Gesamteindruck zu schließen. Der Begriff »Halo-Effekt« stammt vom griechischen Wort *halos*, dem Lichthof, den wir in manchen Vollmondnächten rund um den Mond herum gut sehen können.

Diese Verzerrung der Wahrnehmung und Beurteilung bedeutet ein nicht zu unterschätzendes Risiko für uns: Nicht nur einzelne Personen können falsch eingeschätzt werden, sondern auch ganze Teams oder sogar Unternehmen. Die gefühlte Beurteilung einer Person wird schnell zur vermeintlichen Intuition. Das kann Ihnen bei einer Bewerberin in Ihrer Firma passieren, der Sie auf Grund ihrer Pünktlichkeit und einer sympathischen Ausstrahlung auch gleich die für die Stelle nötige Kompetenz zutrauen. Natürlich können Sie mit dieser Einschätzung genau richtig liegen, aber es könnte sich genauso um den Halo-Effekt handeln. Die Professionalisierung Ihrer Intuition bedeutet deshalb auch, dass Sie sich Klarheit darüber verschaffen müssen, wie anfällig Sie für den Halo- und Teufels-Effekt sind.

Der amerikanische Professor Phil Rosenzweig hat die negativen Auswirkungen des Halo-Effekts hinsichtlich einer wichtigen unternehmerischen Frage untersucht: Wovon hängt die Performance eines Unternehmens ab? In den zum Ende des ersten Kapitels erwähnten Bestsellern *Auf der Suche nach Spitzenleistungen* oder *Immer erfolgreich* finden wir diverse Rezepte, die angeblich zu dauerhaften Spitzenleistungen führen oder ewig währendem Erfolg. Das Problem bei der Identifizierung dieser Erfolgsfaktoren lag darin, dass die Autoren bei der Datenerhebung den Halo-Effekt entweder nicht beachtet haben oder ihn ignorierten. Ein Großteil der Studiendaten stammte aus Zeitungsberichten und Interviews mit Managern der untersuchten Firmen. Nun neigen Menschen und somit auch Manager dazu, erfragte Verhaltensweisen rückblickend aus der Perspektive einer erfolgreichen Performance besonders positiv einzuschätzen.

Ein intelligentes Experiment des amerikanischen Professors Barry Staw, derzeit an der University of California in Berkeley tätig, illustriert diesen Trugschluss: Versuchspersonen hatten die Aufgabe, aus einem Datensatz zukünftige Umsätze und Gewinne einzuschätzen. Hinterher erhielten die Probanden eine zufällige Rückmeldung, ob sie besonders gut oder schlecht geschätzt hatten. Tatsächlich waren die Schätzungen der Gruppen im Mittel gleich gut oder schlecht. Anschließend wurden die Versuchspersonen zu Kriterien der Gruppenarbeit befragt. Die Teilnehmer der Gruppen, die angeblich besonders präzise schätzten, erinnerten sich an eine gute Zusammenarbeit, Kommunikation und Motivation, während die anderen Personen das Gegenteil von ihrer Gruppenarbeit berichteten. Die meisten Probanden erlagen offensichtlich dem Halo- oder Teufels-Effekt: Aufgrund eines zufälligen Feedbacks, das eine gute oder schlechte Performance suggerierte, schlossen die Befragten auf positiv oder negativ ausgeprägte Eigenschaften und Verhaltensweisen in der Gruppe. Vier Jahre später, 1979, wiederholte Professor Kirk Downey dieses Experiment mit zwei Unterschieden: Die Versuchspersonen kannten sich bereits vorher von der gemeinsamen Arbeit und sie hatten obendrein mehr Zeit zur Lösung der Aufgabe. Die Ergebnisse waren indes fast die gleichen. Das Experiment von Staw wurde also nicht widerlegt. Zweimal mehr zeigte sich, dass Menschen von der Performance auf andere Eigenschaften schließen.

Die Aussagen der für die genannten Bestseller befragten Manager sind also keinen Pfifferling wert. Durch die großartige Performance ihrer Unternehmen angefeuert, schätzten sie die erfragten Kriterien bei sich als besonders positiv ein. Bei den Journalisten, die über die untersuchten Unternehmen berichteten, verhält es sich nicht anders.

Ein erfahrungsbasierter Halo- oder Teufels-Effekt konnte 2009 in einer Umfrage der Universität Oldenburg gefunden werden. Die Forschungsgruppe um Frau Professor Astrid Kaiser wertete 500 Fragebögen aus und kam zu folgendem Ergebnis: Vornamen führen bei Lehrern zu generalisierten Vorannahmen über ihre Schüler. Die Lehrerinnen und Lehrer schätzten Kinder freundlicher und leistungsfähiger ein, die beispielsweise Charlotte, Sophie, Alexander oder Simon hießen. Kinder namens Chantal, Mandy, Angelina oder Justin wurden hingegen mit Leistungsschwäche und Verhaltensauffälligkeit assoziiert. Die Befragten hatten tatsächlich entsprechende positive oder negative Erfahrungen gemacht, schlossen aber unzulässigerweise von ihren Erfahrungen nur auf der Basis des Namens auf mögliche positive oder negative Eigenschaften und Leistungsfähigkeit. Von wegen Namen seien bloß Schall und Rauch. Der Gipfel des Vorurteils ist folgender Kommentar in einem Fragebogen: »Kevin ist kein Name, sondern eine Diagnose!«

Der Glaube versetzt Berge

Eine letzte Fehlerquelle in einer Reihe unglücklicher Verkettungen kann unsere Erwartungshaltung sein. Einige der bis hierher beschriebenen Mechanismen, namentlich Fehlwahrnehmungen und falsche Erinnerungen, Übertragungen und der Halo- beziehungsweise Teufels-Effekt, können in Kombination mit anderen Ereignissen wie manipulierten Informationen zu einer Veränderung unserer Erwartungshaltung führen. Und die kann sich auf die tatsächlich erbrachte Leistung von Menschen genauso auswirken wie auf unsere Entscheidungen.

1965 entdeckte der aus Deutschland stammende amerikanische Psychologe Robert Rosenthal den nach ihm benannten Rosenthal-Effekt (auch bekannt als Pygmalion-Effekt), der uns zur Vorsicht anhalten sollte. Rosenthal und seine Kollegin Leonore Jacobsen untersuchten die Interaktionen zwischen Lehrern und Schülern an zwei Grundschulen. Dazu lockten sie die Lehrer auf eine falsche Fährte, indem sie ihnen erzählten, dass ein Testverfahren mit den Schülern durchgeführt werde, um Hochbegabte zu identifizieren, die kurz vor dem nächsten Entwicklungsschub stünden. Die solchermaßen ausgewählten Kinder waren jedoch keineswegs intelligenter als die anderen, sondern willkürlich ausgewählt. Als diese Kinder nach einem Jahr wieder auf ihren Intelligenzquotienten hin untersucht wurden, zeigte sich, dass sie ihren IQ deutlich mehr steigern konnten als die Kinder aus der Kontrollgruppe der »nicht Hochbegabten«. Die Erwartungshaltung der Lehrer führte zu einer selbsterfüllenden Prophezeiung. Die Lehrer nahmen die angeblich hochbegabten Kinder anders wahr und förderten sie unbewusst mehr als die übrigen. Ebenfalls 1965 zeigte sich in einer weiteren Experimentalstudie, dass Lehrer Aufsätze abhängig von den Vorinformationen besser oder schlechter benoten.[5]

Es gibt noch weitere Varianten des Rosenthal-Effekts. Dov Eden, Professor an der Universität von Tel Aviv, untersuchte die Auswirkung von Erwartungen in Unternehmen, indem er das Lehrer–Schüler-Verhältnis auf die Arbeitsbeziehung des Vorgesetzten mit seinen Mitarbeitern übertrug. Eden nahm an, dass die Erwartungen einer Führungskraft die tatsächlichen Leistungen der Mitarbeiter deutlich beeinflussen. Tatsächlich konnte Eden genau diese Verbindung aufzeigen. Der Wirkmechanismus dieser Effekte liegt meines Erachtens darin, dass durch die jeweils positive oder negative Erwartung von Autoritätspersonen wie Lehrern oder Vorgesetzten die Selbstwirksamkeitserwartung der Schüler oder Mitarbeiter unbewusst beeinflusst wird. Wir glauben mehr an uns und unsere Leistungsfähigkeit, wenn für uns wichtige Personen ihrerseits an uns glauben. Und die Selbstwirksamkeitserwartung ist wiederum ein sehr gut untersuchtes psychologisches Konstrukt. Wer selbst daran glaubt, auch unter schwierigen Bedingungen weiterhin erfolgreich zu sein, der hat nachweislich eine größere Chance, erfolgreicher zu sein als jemand, der nicht davon überzeugt ist.

Ein aktuelleres Experiment stammt von Dan Ariely, der auch das Experiment mit der Sozialversicherungsnummer zur Bestätigung der Anker-Effekte durchführte. Ariely machte eine der beiden MIT-Kneipen, das »Muddy Charles«, zu seinem Versuchslabor. Er bot Studenten ein angebliches MIT-Bier im Vergleich zur handelsüblichen Marke Sam Adams an, das sich bei den dortigen Studenten einer größeren Beliebtheit erfreut als das ursprünglich ausgeschenkte Budweiser. Die Studenten wurden damit gelockt, dass sie von dem Bier, das ihnen besser schmeckt, hinterher ein großes Glas spendiert bekämen. Der Unterschied beim MIT-Bier bestand darin, dass es ein Sam Adams war, das Ariely mit 20 Tropfen Balsamicoessig verfeinert hatte. Von den Studenten, die nichts vom Essig wussten, wählten die meisten das »MIT-Bräu«, wie es Ariely und seine Kollegen nannten. Ganz anders fiel die Wahl aus, sobald die Versuchspersonen vorher über die Essig-Ergänzung informiert waren. Dann wählten alle das unbehandelte Bier. Ariely führte mit seinen Kollegen noch ähnliche Versuche mit Kaffee durch und weitere Varianten des Biertests. Die Ergebnisse blieben immer die gleichen. Unsere Erwartungen beeinflussen unsere Wahrnehmung und unser Verhalten.

Wir werden aber nicht nur durch die Erwartungshaltungen einzelner Personen beeinflusst, sondern auch durch unpersönliche gesellschaftliche Erwartungen und Vorurteile. Dies ist der Andorra-Effekt, benannt nach Max Frischs gleichnamigem Theaterstück. Positive oder negative Vorurteile und die damit verbundenen Erwartungen wirken sich auf das Verhalten und die Leistung der Beurteilten aus, die zum Teil beginnen, diesen Erwartungen zu entsprechen. Dieser Effekt spielt eine große Rolle bei Unternehmen mit einer starken und einheitlichen Unternehmenskultur, in der auch Erwartungen an jeden einzelnen Mitarbeiter kommuniziert werden. Wir kennen das aus Krankenhäusern, in denen von allen Ärzten unausgesprochen erwartet wird, möglichst unbezahlt Überstunden zu machen. Ich selbst durfte diese erfolgreiche Selbst- und Fremdausbeutung am Universitätsklinikum in Heidelberg erleben, als ich dort zwei Jahre als wissenschaftlicher Angestellter arbeitete. Es ist fast unmöglich, sich in der Selbstwahrnehmung nicht als Kollegenschwein und Drückeberger zu erleben, wenn man die vertraglich vereinbarte Arbeitszeit einhalten möchte. Den meisten dort arbeitenden Ärzten bereitet ihre Arbeit zwar wirkliche Freude und so bleiben sie alle irgendwie gerne da, sicherlich im einen oder anderen Fall auch deshalb, weil Mann oder Frau sich so wichtig fühlen kann. Allerdings wird auf diesem Wege der informellen und meist unbewussten Kommunikation die gesellschaftlich akzeptierte Ausbeutung unserer Ärzte immer weiter festgeschrieben und zementiert. Es dürfte kein Zufall sein, dass Ärzte in Deutschland die Berufsgruppe mit der größten Suchtproblematik und der höchsten Selbstmordrate sind – und das, obwohl der Arzt als Beruf immer noch zu den Spitzenreitern in Sachen öffentlicher Anerkennung gehört. Das ist pervers. Dieses Beispiel ist nur die traurige Spitze des Eisberges kollektiver Erwartungshaltungen.

Für die professionelle Intuition heißt das: Wir sollten uns bewusst sein, dass es ein komplexes Wechselspiel gibt zwischen unseren bewussten und unbewussten Erwartungen und den dadurch bei uns veränderten, zum Teil intuitiven Wahrnehmungen und Verhaltensweisen, die ihrerseits eine veränderte Selbst- und Fremdwahrnehmung bei anderen Menschen auslösen. Daraus folgt dann in einem dritten Schritt, dass deren Arbeitsleistung steigt oder sinkt, je nachdem, was wir erwarten. Wenn wir dadurch eine positive Wirkung erzielen – die Arbeitsleistung steigt –, ist unter zwei Bedingungen nichts dagegen einzuwenden:

Erstens, dass wir nicht willkürlich durch Sympathie und Antipathie gesteuert unsere Erwartungshaltungen verändern. Wir müssen in der Lage sein, von der persönlichen Zu- oder Abneigung zu abstrahieren. Ansonsten besteht die Gefahr, dass wir Mitarbeiter zum Beispiel infolge einer Übertragung unsympathisch finden und sie durch die daraus möglicherweise resultierenden negativen Erwartungen ins Leistungsabseits drängen.

Ankereffekt: Unsere Einschätzungen und Entscheidungen werden durch zuvor zufällig erhaltene Daten beeinflusst, die nichts mit dem eigentlichen Thema zu tun haben.

Erwartungen: Bewusste und unbewusste Erwartungen verändern unsere eigene Wahrnehmung in Richtung unserer Erwartung und damit auch unser Verhalten anderen Menschen gegenüber. Außerdem werden über die Koppelung der Selbstwirksamkeitserwartung die tatsächlichen Leistungen anderer Menschen indirekt beeinflusst.

Festlegung: Wir halten an gewohnten Strategien fest, auch dann, wenn sie nicht mehr erfolgreich sind.

Halo- und Teufelseffekt: Wir schließen von wenigen guten Eigenschaften auf ein insgesamt gutes Gesamtbild (Halo-Effekt) oder umgekehrt von wenigen schlechten Eigenschaften auf ein insgesamt schlechtes Gesamtbild (Teufels-Effekt). Der Halo- und Teufels-Effekt ist eine spezifische Form der → *Wertzuweisung*.

Repräsentativitätsheuristik: Je ähnlicher eine Person oder Situation einer Gruppe von Personen oder Situationen ist, desto eher findet eine Zuordnung zu dieser Gruppe statt.

Urteilsverzerrung: Wir beurteilen Personen, Dinge oder Ereignisse nach unserem ersten Eindruck und sind häufig nicht in der Lage, dieses Urteil zu revidieren. Die Urteilsverzerrung ist auch eine spezifische Form der → *Wertzuweisung*.

Verfügbarkeitsheuristik: Wir halten etwas für umso wahrscheinlicher, je leichter es aus unserem Gedächtnis abgerufen werden kann.

Verlustvermeidung: Wir empfinden Verlustschmerz stärker als Gewinnfreude. Dies wirkt um so heftiger, je größer der mögliche Verlust ist.

Wertzuweisung: Wir beurteilen Personen, Dinge oder Ereignisse subjektiv anstelle von objektiven Daten (sofern diese vorliegen).

Kasten 3 Intuitionsfallen

Zweitens müssen wir prüfen, inwieweit wir nicht möglicherweise durch unsere Erwartung den einen Mitarbeiter fördern, während wir den anderen durch negative Erwartungen ausbremsen. Oder ihn im Nachhinein im Vergleich zum unbewusst Geförderten schlechter beurteilen. Es gilt der Grundsatz: gleiche Chancen für alle.

In einer Führungskräfteklausur im Sommer 2009 im Schweizer Kloster Müstair, für die ich gemeinsam mit meinem Kollegen Gebhard Borck beauftragt war, wurde eines immer wieder deutlich: Eine herausragende Aufgabe der Unternehmer besteht darin, die Mitarbeiter erfolgreicher zu machen. Normalerweise denken dabei viele Geschäftsführer oder Führungskräfte daran, die Mitarbeiter in Fort- und Weiterbildungen zu schicken. Dabei können wir uns viel kostengünstiger und langfristig vermutlich sogar effektiver den Erwartungseffekt zunutze machen. Wir müssen einfach nur anfangen, an die Leistungsfähigkeit und den Erfolg unserer Mitarbeiter und Kollegen zu glauben. Wenn wir das ernsthaft und überzeugt tun, stärken wir deren Selbstwirksamkeitserwartung und damit ihren Erfolg. Was sich in der Folge auf den Unternehmenserfolg positiv auswirken wird. Eine elegante, preiswerte und ethisch integre Nutzung des Erwartungseffektes!

Lesetipps

Ariely, D. (2008): *Denken hilft zwar, nützt aber nichts. Warum wir immer wieder unvernünftige Entscheidungen treffen*, Droemer.

Brafman, O./Brafman, R. (2008): *Kopflos. Wie unser Bauchgefühl uns in die Irre führt – und was wir dagegen tun können*, Campus.

Dörner, D. (1995): *Die Logik des Misslingens. Strategisches Denken in komplexen Situationen*, Rororo.

Piatelli-Palmarini, M. (1997): *Die Illusion zu wissen. Was hinter unseren Irrtümern steckt*, Rororo.

Rosenzweig, P. (2006): *Der Halo-Effekt. Wie Manager sich täuschen lassen*, Gabal.

Teil 2
Bäuchlings mit Köpfchen

4
Wie viel Intuition verträgt Ihr Unternehmen?

Wir können Intuition in Unternehmen weder in Kilogramm messen noch anders zuverlässig errechnen. Es gibt zwar den einen oder anderen Test, wie zum Beispiel den Myers-Briggs-Typindikator (MBTI), aber die damit verbundenen Grundannahmen, was Intuition ist und wie sie funktioniert, sind nicht mehr auf dem aktuellen Stand der Wissenschaft. Der MBTI beruht auf der sehr eigenen Typenlehre des Psychologen Carl Gustav Jung. Der schrieb eines seiner Hauptwerke *Psychologische Typen* bereits 1921. Damals gab es noch nicht die wissenschaftlichen Erkenntnisse, über die wir heute verfügen und die ich Ihnen im ersten Teil vorgestellt habe. Somit ist auch der MBTI veraltet, selbst wenn Katharine Briggs und Isabel Myers mit der Entwicklung des Tests »erst« 1941 anfingen. Viele Anbieter dieses Tests werden jetzt aufschreien und argumentieren, der MBTI sei testtheoretisch abgesichert. Interessanterweise ist er aber genau dann unsicher, wenn er für die Getesteten eine große Bedeutung hat.[1] Also stellt sich die Frage: Was können wir mit einem Test anfangen, der nur dann zuverlässig und genau ist, wenn er für die Getesteten nicht weiter bedeutungsvoll ist und eher einem der Selbsttests ähnelt, die wir in massentauglichen Zeitschriften finden?

Es gibt einen weiteren Grund, warum die Messung nicht funktioniert: Bislang wurden nur einzelne Personen getestet, nie ganze Unternehmen. Und genau darum geht es. Wir können die Frage also nur näherungsweise erkunden. Wir betreten Neuland! Es ist zweifellos ein unpräzises Unterfangen. Aber es lohnt trotzdem, wie die Fallbeispiele in diesem Kapitel zeigen. Wenn Sie Intuition nicht nur hier und da ein bisschen zulassen, sondern als integralen Bestandteil des ganzen Unternehmens verstehen, verschaffen Sie sich einen Wettbewerbsvorteil.

Feel it! Andreas Zeuch
Copyright © 2010 WILEY-VCH Verlag GmbH & Co. KGaA, Weinheim
ISBN 978-3-527-50467-1

Was zieldienlich ist, hängt vom Umfeld ab

Intuition ist subversiv. Sie hinterfragt bestehende Unternehmenskulturen und Managementrituale. Wer sich ernsthaft mit Intuition auseinandersetzt, kommt nicht um die Einsicht herum, dass die bisherigen Annahmen der Unternehmenssteuerung auf Sand gebaut sind. Der durch Adam Smith und besonders die spätere neoklassische Wirtschaftstheorie unterstellte rein rationale Mensch existiert nicht. Das hört nicht jeder gerne und viele paradoxe Pseudorationalisten müssen es immer noch verleugnen. Also ist Intuition nur dort wirklich willkommen, wo die Top-Entscheider Einsicht in die Begrenztheit unserer Rationalität zeigen. Das heißt nicht, dass Intuition nur in Unternehmen, die Intuition bereits kultiviert haben, bei operativen und strategischen Entscheidungen, Innovationen, Produktentwicklungen und so weiter hilfreich ist. Es bedeutet nur, dass bei der Geschäftsführung oder dem Vorstand der ehrliche Wille vorhanden sein muss, die vorhandene Entscheidungskultur immer wieder zu hinterfragen und weiterzuentwickeln. Denn ansonsten droht Intuition zu einem weiteren Feigenblatt und Alibi zu verkommen. Intuition »darf« genutzt werden und die eine oder andere Führungskraft kann an einem Intuitionstraining teilnehmen oder es werden gar Inhouse-Seminare durchgeführt, aber am Ende bleibt alles beim Alten: Die intuitiven Entscheidungen sind solange willkommen, wie sie zum Erfolg führen. Wenn aber das erste Projekt dank einer intuitiven Entscheidung ein herber Verlust wurde, rollen Köpfe. Die Intuition müsste unter solchen Bedingungen auf einem ziemlich unfruchtbaren Boden gedeihen. Denn die Entscheidungsbefugnisse sind immer noch ungleichmäßig vertikal verteilt. Mitarbeiter bleiben weiterhin Ausführende ihrer Führungskräfte, weil Ermächtigung (oder im Fachjargon »Empowerment«) ein missverstandener Begriff ist. Dieser führt bei den Verantwortlichen eher zu einer illusionären Ruhe und Zufriedenheit, da sie sich selbst nicht überflüssig machen müssen, sondern die Mitarbeiter an ihren Führungsleiden teilhaben lassen können. Damit nicht genug. Denn das würde ja nur bedeuten, dass in Trainings investiertes Geld zum Fenster hinausausgeschmissen wäre. Intuitionstrainings befänden sich damit in guter Gesellschaft vieler anderer Fortbildungen und Maßnahmen.[2] Nein, Intuition kann richtig wehtun. Sie kann Unruhe stiften zwischen verschiedenen Akteuren in einem Unternehmen.

Ärger in der Lichtfabrik

Die Zumtobel AG, ansässig im schön gelegenen Dornbirn südöstlich des Bodensees, ist eines der wenigen globalen Unternehmen in der Branche Lichtlösungen. Sie ist europäischer Marktführer für professionelle Beleuchtung und weltweit an führender Position für Betriebsgeräte und Lichtsteuerung. Das Unternehmen ist vertreten an 23 Produktionsstandorten auf vier Kontinenten und hat Vertriebsgesellschaften und -partner in über 70 Ländern. Zumtobel erwirtschaftete im Geschäftsjahr 2008/2009 mit insgesamt 7 165 Mitarbeitern einen Umsatz von rund 1,2 Milliarden Euro und erzielt damit ein Jahresergebnis von 13,3 Millionen Euro. Trotz der Wirtschaftskrise erreichte die Zumtobel AG im genannten Geschäftsjahr eine sehr gute Eigenkapitalquote von 43,3 Prozent. Im Jahr 2010 wird Zumtobel sein 60-jähriges Bestehen feiern. Soweit die Eckdaten. In unserem Gespräch über professionelle Intuition berichtete mir der Vorstandsvorsitzende Dr. Andreas Ludwig unter anderem eine aufschlussreiche Anekdote aus der Unternehmensgeschichte:

Ein Problem entsteht, wenn unterschiedliche Menschentypen miteinander arbeiten und sich nachvollziehen müssen. Ein faktenbasierter Entscheider wird ein Problem haben, wenn sein Kollege das anders will und auf die Nachfrage nur antworten kann, dass das intuitiv sei und es keinen Grund gebe. Wenn so unterschiedliche Personengruppen aufeinander treffen, gibt es oft Knatsch.

Wir haben eine Feuchtraumleuchte mit Massimo Iosa Ghini, einem italienischen Designer, gemacht. Das ist das unemotionalste Produkt, das es gibt. Das sind Plastikleuchten beispielsweise für Tiefgaragen. Da wollten wir was Neues machen. Darauf sagte der Massimo, er will eher organische Formen, wie eine Zigarre, rein intuitiv. Unsere Ingenieure haben ihm geantwortet, dass das im Formenbau unheimlich schwer ist, ob er es nicht ein bisschen anders machen kann. Das ging dann monatelang hin und her, und dann haben unsere Konstrukteure als Kompromiss versucht, in unseren

Spritzwerkzeugen die Radien ganz leicht zu verschieben. Das sah Iosa Ghini und sagte:»Das ist nicht meine Zeichnung.« Wir haben uns das dann noch mal angeschaut und tatsächlich war der Radius um anderthalb Millimeter anders (!). Der Werkzeugbauer wollte seinen Werkzeugeinsatz optimieren, aber Iosa Ghini meinte, dass es nicht das sei, was er wolle. Daraus haben die dann letztlich ein spannendes Produkt gemacht. Aber der Prozess, wie so ein Produkt entsteht, ist sehr konfliktgetrieben, aber für unser Geschäftsmodell von großer Relevanz.[3]

Wenn in so einem Fall die Unternehmensleitung den Konflikt nicht aufmerksam beobachtet und keinen konstruktiven Umgang damit findet, dann zeigt sich eben jene subversive Kraft der Intuition in einem laufenden Projekt. Zum Glück weiß Dr. Ludwig damit umzugehen:»Das Thema Licht hat neben einem technischen und ökonomischen Aspekt – wie viel Geld gebe ich in einem Gebäude für Licht aus – als Produkt auch etwas Emotional-Intuitives. Nämlich das Empfinden, ob das jetzt ein gut beleuchtetes Geschäft oder ein gut beleuchteter Raum ist oder nicht. Speziell unser Geschäftsmodell ist historisch gewachsen und stark darauf ausgelegt, auch mit Künstlern zu arbeiten und Freiräume zu definieren, um genau dieses Thema zu provozieren.« Somit ist die Zumtobel AG ein Beispiel für ein gelungenes Umfeld. Das Top-Management sieht Intuition als integralen Bestandteil des Innovationsprozesses an und trägt auch die Konsequenzen, die daraus folgen.

Nun könnten Sie sagen: schön und gut. Bei Designfragen kann Intuition durchaus wichtig sein, das hat ja etwas mit Kunst zu tun. Aber wenn es um wichtige wirtschaftliche Entscheidungen in Bereichen wie Strategie oder Investition geht, sieht die Welt ganz anders aus. Dann ist ein scharfer analytischer Verstand Voraussetzung für Erfolg. Genau dieses Argument ist aber nicht haltbar. Im Fallbeispiel mit Andreas Hartleif aus dem ersten Kapitel, dem CEO der VEKA AG, immerhin in seiner Branche Weltmarktführer, spielte Intuition bei Investitionen und der Einschätzung der Marktentwicklung eine große Rolle. Ein weiteres Beispiel für Intuition in Bereichen jenseits von Design bietet Thomas Ventzke, Direktor beim Premium-Möbelhersteller de Sede AG in der Schweiz.

Der schwarze Schimmel

Der Schlüssel liegt im Intuitiven. Nehmen Sie einen Planungsprozess, einen Controller, den Faktischen: Der bekommt Zahlen vom Vertrieb. Der weiß vielleicht nach der Mehrwertsteuererhöhung überhaupt nicht, wo er für 2008 ansetzen soll. Wie mache ich das jetzt? Gehe ich zu pessimistisch oder optimistisch ran? Der kreative und intuitive Betriebswirtschaftler ist in der Lage, nach allen Regeln der Kunst vorzugehen: »Ich extrapoliere mal und mache dir einen Entwurf. Kannst du da mitgehen?« Das hat dann mit Intuition zu tun, auch beim »Schreibtischtäter«, der den Markt gar nicht kennt. Mit seiner hoch verdichteten Form an Daten und Informationen kann der ganz andere Intuitionen haben als ein Mitarbeiter beim direkten Vertrieb von Möbeln.

Aus Ventzkes Beispiel wird deutlich, dass Intuition auch in ökonomischen Fragen eine wichtige Rolle spielt. Intuitives Controlling scheint ein Widerspruch in sich, den Ventzke aber nicht gelten lässt.[4] Das heißt, er bietet ein Umfeld, in dem Intuition nicht nur erlaubt, sondern sogar erwünscht ist. Dabei achtet er auf eine Balance zwischen Intuition und Rationalität: »Intuition ist wichtig als Bestandteil des Unternehmens und der Unternehmenskultur, und es ist wichtig, dies als Wettbewerbsfaktor zu erkennen. Aber rein intuitiv lässt sich ein Unternehmen auch nicht führen. Dafür sind die Einbindungen in die Gesellschaft und Umwelt viel zu groß. Es braucht auch die Erbsenzähler, die faktischen Menschen.«

Es dürfte klar sein, dass ein Unternehmen nicht alleine durch Intuition regiert wird. Von einer derartigen Überstrapazierung sind wir weit entfernt und ausgesprochen sicher. Der Blick nach Österreich und in die Schweiz macht klar: Wie viel Intuition ein Unternehmen verträgt, hängt von zweierlei Dingen ab: erstens von der Einstellung der Führungsspitze zur professionellen Intuition und zweitens von der bereits vorhandenen Unternehmenskultur. Wenn die Geschäftsführung oder der Vorstand nicht wie im Falle der Zumtobel AG oder der de Sede AG Intuition als wertvolle Ressource sehen und auch die damit verbundenen Konsequenzen in der Unternehmenssteuerung und Entscheidungskultur tragen, können wir das Thema gleich in die Ablage »P« entsorgen. Dann sind Intuitionstrainings ein schlechter

Witz, der vor allem die Intuitionstrainer zum Lachen bringt, weil bei ihnen die Kasse klingelt. Wenn die Unternehmenskultur bereits intuitive Entscheidungen und Prozesse erlaubt oder sogar erwünscht, ist die weitere Professionalisierung natürlich am leichtesten. Solange noch bei allen Entscheidungen nach Zahlen, Daten und Fakten gerufen wird, muss auch diese Haltung verwandelt werden. Denn ansonsten wird das Unternehmen mit der Einnahme von professioneller Intuition mächtig Verdauungsprobleme bekommen.

Um herauszufinden, ob es sinnvoll ist, in Ihrem Unternehmen sowohl Ihre eigene Intuition und die Ihrer Mitarbeiter als auch Ihre Entscheidungskultur weiterzuentwickeln, sollten Sie sich in Ruhe einige wichtige Fragen stellen:

- Was ist der Sinn des Unternehmens, für das ich arbeite?
- Welche unternehmerischen Grundannahmen habe ich (Menschenbild, Erkenntnistheorie ...)?
- Wozu dienen unsere Entscheidungen?
- Welchen Stellenwert hat Intuition bislang bei uns?
- Wie gehen wir mit unserer Intuition um?
- Wie gehen unsere Mitarbeiter mit ihrer Intuition um?
- Welche Fehlerkultur haben wir?

Letztlich fordert Sie die wichtigste Frage:

- Für was für ein Unternehmen möchte ich in Zukunft arbeiten?

Wenn Sie nicht alleine die Geschäftsführung innehaben, rufen Sie Ihre Kollegen dazu und nehmen Sie sich gemeinsam die Zeit und den Raum, diesen Fragen nachzugehen. Sie werden dann relativ schnell ein Gespür dafür bekommen, welches Umfeld Ihr Unternehmen für eine professionelle Intuition bietet. Damit haben Sie einen ersten Pflock eingeschlagen, der Ihnen Halt bietet, bei der Frage danach, wie viel Intuition Ihr Unternehmen verträgt.

Verbraucherschutz für intuitions-interessierte Unternehmer

Intuition wird allmählich salonfähig. Da lassen es sich viele Zeitgenossen nicht nehmen, mitzumischen. Plötzlich reicht es nicht mehr, wenn Psychologen Intuition in Experimenten erforschen. Sie fühlen sich magisch angezogen von der Aufgabe, Empfehlungen auszusprechen, wann Intuition im Berufsleben am besten genutzt werden kann und wann besser nicht, ohne Intuition im beruflichen Umfeld untersucht zu haben. So findet sich beispielsweise folgender Ratschlag in der Zeitschrift *Wirtschaftspsychologie* im Rahmen eines Entscheidungsexperiments bei Hautcremes:

> Was hier am Beispiel der Wahl einer Hautcreme verdeutlicht wurde, kann man auch auf andere Bereiche wie organisationale Entscheidungen (z.B. Personalentscheidungen) übertragen. In Bereichen, in denen der Entscheidungsträger Erfahrung hat und somit weiß, was wichtig ist, kann er in der Regel der Intuition vertrauen. ... Stehen Sie aber vor einer neuen Entscheidungssituation, in der neue Ziele erreicht werden sollen, die evtl. noch nicht Ihre eigenen sind, sollten Sie eher mit systematischen Analysen und deliberaten Methoden an die Entscheidung herangehen.[5]

Das ist bedenklich.

Erstens werden die Ergebnisse eines Laborexperiments, das für die Versuchspersonen keinerlei bedeutsame Konsequenz hat, auf wichtige Anwendungsbereiche wie Personalentscheidungen in Unternehmen übertragen. Dabei übersehen die Verfasser des Artikels den fundamentalen Unterschied zwischen privater und professioneller Intuition. Personalentscheidungen wie auch andere wichtige unternehmerische Entscheidungen betreffen die berufliche Zukunft anderer Menschen mit allen daran hängenden Folgen. Mitunter kann eine solche Entscheidung Auswirkung auf hunderte oder sogar tausende Mitarbeiter haben, wie beispielsweise bei Fusionen, Umstrukturierungen oder Standortschließungen. Es ist kein bedeutungsloses Spielchen, wie die Wahl einer von zwei Hautcremes in einem Experiment, die nach dem Versuch mit nach Hause genommen werden darf. Nicht umsonst gibt es so etwas wie die deutsche DIN 33430, die

die »Anforderungen an Verfahren und deren Einsatz bei berufsbezogenen Eignungsbeurteilungen« festlegt. Ob solche Normierungen wiederum ein sinnvolles Vorgehen sind, sei dahingestellt, aber eines ist klar: Unsere professionelle Intuition hat andere Konsequenzen als eine private Entscheidung für oder gegen ein Produkt in einem Laborversuch.

Zweitens wird Intuition, wie meistens, auf Erfahrungswissen beschränkt. Der ewig gleiche Chor erklingt wie ein hypnotisierendes Mantra, als ob die häufige Wiederholung die Aussage wahrhaftiger machen würde: »Vertrauen Sie als Experte Ihrer Intuition, aber entscheiden Sie rational, wenn Sie Anfänger sind.« Wie ich jedoch im ersten Kapitel mit verschiedenen Experimenten gezeigt habe, entscheiden auch Anfänger intuitiv richtig. Sie kauften und verkauften die richtigen Aktien, steuerten Regelkreisläufe erfolgreich ohne bewusstes Wissen oder konnten korrekt angeben, ob eine Zeichenfolge den nicht bewussten grammatikalischen Regeln folgt. Mir ist keine einzige wissenschaftliche Studie bekannt, die widerlegen würde, dass auch Berufsanfänger erfolgreiche professionelle Intuitionen haben.

Drittens wird ein großes Risiko der Expertise verschwiegen: die Erfolgsfalle. Es ist nicht der Anfänger, der dafür anfällig ist, sondern der Erfahrene. Wir alle neigen dazu, den Erfolg der Vergangenheit in der Zukunft fortsetzen zu wollen. Der bisherige Erfolg hat eine fast unwiderstehliche Anziehungskraft auf uns. Experten kreisen wie Satelliten um den Planeten namens Erfolg. Es gelingt ihnen nur selten, der Gravitation zu entrinnen. Wenn dann morgen etwas anders ist als gestern, schauen wir dumm aus der Wäsche. Darüber muss man in einem Artikel nicht seitenweise schreiben, es aber mindestens als potenzielles Risiko erwähnen.

Viertens wird wieder so getan, als ob wir Rationalität klar von Intuition trennen könnten. Das ist erstaunlich, denn gerade Wissenschaftler sollten wissen, dass diese Trennung eben nicht so deutlich zu vollziehen ist, wie es unsere Sprache vorgaukelt. Jede Entscheidung ist immer intuitiv und rational geprägt. Das ist eine der zentralen Einsichten, die wir akzeptieren müssen, wenn wir unsere Entscheidungsfähigkeit und -kultur verbessern wollen. Wir können uns nur aussuchen, etwas mehr vom einen oder vom anderen in die Entscheidungswaage zu werfen. Es ist eben nicht möglich, unsere Intuition und unsere Gefühle in Urlaub zu schicken, wenn wir mit »kühlem Kopf« logisch denken wollen. Natürlich können wir uns entschließen, nicht hochemotional auf etwas zu reagieren, sondern unsere Gefühle im Zaum zu halten, sobald sie nicht mehr sinnvoll sind; wir können rationale und wissenschaftlich fundierte Instrumente und Methoden einsetzen; wir können anstehende Entscheidungen mit anderen diskutieren und gemeinsam darüber nachdenken. Aber wir sind nicht in der Lage, all die unbewussten Stimmungen, Wahrnehmungen und Informationsverarbeitungsprozesse aus der Entscheidungsfindung auszuschließen.

Fünftens ignorieren die Verfasser eine grundlegende unternehmerische Tätigkeit. Neuland erschließen. Unternehmer, die ihr Unternehmen gerade gründen, haben noch keine ausreichende Erfahrung – sie sind bei der Unternehmensgründung häufig Anfänger. Sie können aber nur bedingt auf vorhandene Daten zugreifen, denn ihr Gründungsvorhaben ist per se einzigartig. Angefangen bei der Standortwahl über den Zeitpunkt, zu dem das Unternehmen gegründet und aufgebaut wird, bis zu den gerade aktuellen Marktbedingungen und anderes mehr. Wie war das damals bei Bill Gates und Paul Allen mit Microsoft oder bei Sergey Brin und Larry Page mit Google? Auf welche Erfahrungen und Analysen hätten sich die jetzt so erfolgreichen Unternehmensgründer beziehen sollen? Gerade in der Geschichte dieser Unternehmensanfänge steckt etwas Lehrreiches. Als Page und Brin ihren Suchalgorithmus »PageRank«, der die Grundlage ihres späteren Megaerfolgs mit Google wurde, zuerst bei AltaVista für eine lächerliche Million Dollar zum Verkauf anboten, sahen die alten Hasen und Experten bei AltaVista keine Zukunft für Suchmaschinen und lehnten ab! Heute googelt jeder und kaum einer nutzt AltaVista. Die Experten lagen total daneben. Dieses Beispiel zeigt nochmals die Erfahrungsfalle, von der ich im dritten Kapitel berichtet hatte.

Bei den bereits etablierten Unternehmen spielt etwas anderes eine wichtige Rolle. Die Entdeckung Blauer Ozeane ist wesentlich gewinnbringender als die Optimierung altbekannter Roter Ozeane, in denen jemand Experte ist und auf langjährige Erfahrung zurückblicken kann. Wenn wir unternehmerisches Neuland betreten, sind wir immer Anfänger. Würden wir auf den zitierten Ratschlag achten, dürften und könnten wir weder Unternehmen gründen noch Blaue

Ozeane erschließen. Die Wirtschaft wäre tot, wenn Unternehmer und Manager nur als Experten intuitiv entscheiden würden!

Ein anderes Kapitel sind Esoteriker. Intuition wird da plötzlich zur »Superintuition«[6], die zu übersinnlichen und außersinnlichen Wahrnehmungen führt und einen sicher durch alle Stürme des Lebens leitet. Sogenannte »parapsychologische« Phänomene lassen sich tatsächlich beobachten. Das ist von wissenschaftlicher Seite aus mittlerweile anerkannt. Indes lassen sich Fähigkeiten jenseits unserer üblichen Möglichkeiten nicht willentlich erzeugen.

Einer der wenigen seriösen Wissenschaftler auf diesem Gebiet in Deutschland ist Professor Dr. Dr. Walter von Lucadou. Als promovierter Physiker und Psychologe leitet er die Parapsychologische Beratungsstelle in Freiburg und hat diese Beschränkung paranormaler Fähigkeiten durch eine umfassende Auswertung der vorliegenden Studien herausgearbeitet. Auf der Homepage der Beratungsstelle trifft Lucadou eine eindeutige Aussage: »Die scheinbaren ›übersinnlichen Fähigkeiten‹ versagen aber gerade in dem Augenblick, da sie zielgerichtet eingesetzt werden sollen.« Genau dasselbe gilt, wenn wir versuchen, jetzt und sofort eine intuitive Lösung für ein Problem zu ersinnen. Wäre dies jederzeit möglich, dürfte kein Mensch, der über derartige Fähigkeiten verfügt, noch länger als fünf Minuten anhaltende Probleme haben. Schließlich könnte er oder sie unmittelbar nach Eintreten der Schwierigkeiten die Lösung bei der eigenen Intuition im Premiumversand ordern und sie dann sofort umsetzen. Manche Anbieter gehen so weit, Intuition zu einem wahren Allmachtsinstrument zu verzerren. Wer an Seminaren teilnimmt, kann die Zukunft vorausdenken, Erfindungen und Kreativität per Knopfdruck erzeugen, seinem Alterungsprozess entgegenwirken und natürlich auch seinen Intelligenzquotienten steigern.

Wenn sich Privatpersonen auf derartig verlogene Versprechen und schräge Weltsichten einlassen und Hoffnung schöpfen, damit zukünftig vor Fehlschlägen und Misserfolgen gefeit zu sein, ist das bedauerlich. Aber es ist eine Privatangelegenheit. Sobald jedoch Mitarbeiter von Firmen aus Eigeninitiative dort teilnehmen und sich ihres kritischen Verstandes entledigen und anschließend noch Kollegen oder ihnen selbst untergeordnete Mitarbeiter dorthin schicken, sieht die Sache anders aus. Dann ist Vorsicht geboten. Das immer noch anhaltende Programm der Aufklärung, unsere Rationalität zum Alleinherrscher zu machen, fordert an dieser Stelle seinen Tribut. Das Pendel schwingt ins andere Extrem.

Schlagen Sie an dieser Stelle einen zweiten Pflock ein und prüfen Sie nach dem Umfeld-Check genau, wem Sie Glauben schenken und wen Sie in Ihr Unternehmen einladen. Wenn Sie ernsthaft an Ihrer Entscheidungskultur arbeiten wollen, empfiehlt sich ein selbstkritischer Ansatz. Die Super- oder demnächst sicher auch Megaintuition ist das gleiche leere Versprechen wie die Superunternehmen, denen wir nacheifern sollen. In beiden Fällen handelt es sich um eine mehr oder weniger geschickte Verkaufstaktik, die mit unseren Sehnsüchten nach Sicherheit und Stabilität spielt.

Wie Sie sich den eigenen Strick drehen

Es ist eigentlich ganz einfach. Wenn Sie davon überzeugt sind, dass Intuition in Ihrem Unternehmen nützlich sein kann, gibt es eine Menge, was Sie falsch machen können. Sie müssen nur ein paar Dinge strikt verfolgen und andere genauso konsequent außer Acht lassen. Dann erzeugen Sie schnell ein herzerfrischend ineffizientes und ineffektives Arbeitsklima. Schließlich werden Sie lange Freude daran haben, die Arbeit an Ihrer Intuition und der Ihrer Mitarbeiter zum Auslöser für Ärger, Fehlentscheidungen und sinkende Umsätze gemacht zu haben. Ihnen jetzt viel Spaß bei der folgenden satirischen Tour de Force durch die fünf wichtigsten Regeln, um Misserfolg sicher zu provozieren.

Regel 1: Instrumentalisieren Sie die professionelle Intuition!

Wir leben in einer monetären Gesellschaft, richtig? Wir haben die Gewinnmaximierung und das Wirtschaftswachstum zum goldenen Kalb gemacht, um das wir, in Ekstase verfallen, manisch-depressiv herumtanzen. Da sind wir dankbar für jedes neue Tool im Werkzeugkasten unserer Selbstvergoldung. Dank Frederick Taylor, Henry Ford, Alfred Sloan und Peter Drucker verfügen wir über ein großartiges Pandämonium an Managementmethoden, die immer noch nützlich sind, um das Tempo dieses Tanzes weiter anzuziehen. Wir waren kreativ und haben eine Menge ebenso brauchbarer Werkzeuge geschaffen, die im täglichen Kampf um die Steigerung von Effizienz und Produktivität echte Meilensteine waren. Zu Recht haben wir bisher alles, was sich nicht messen und in eine Schublade packen lässt, außer Acht gelassen. Aber wir leben jetzt im dritten Jahrtausend. Da wird es Zeit, ein paar Dinge zu ändern und uns allmählich auch den subtileren Aspekten der Unternehmensführung zuzuwenden.

Kommunikation – schon ein alter Hut der Weiterbildung. Klar, wer erfolgreich sein will, muss möglichst gewandt kommunizieren können. Am besten bewaffnet mit vielen rasiermesserscharfen rhetorischen Schwertern, mit denen wir unsere lästigen Zweifler und Gegner schnell verbal einen Kopf kürzer machen können.

Selbstmanagement – na logisch. Denn wenn wir keine ordentliche Work-Life-Balance hinkriegen, sind wir zu schnell ausgebrannt. Und das heißt für die Firma schließlich: Kosten, Kosten, Kosten. Am Ende muss für uns noch Ersatz gesucht und eingearbeitet werden. Also dann doch lieber gleich ab und an ein kurzes Päuschen und nicht mehr Sprinten bis zum Kollaps.

Teamentwicklung – ja, ... nun ja. Schließlich wissen wir alle: T.E.A.M. = toll, ein anderer macht's. Die Renaissance der Einzelkämpfer steht irgendwie gerade an, aber andererseits ist doch ein bisschen klar, dass niemand alleine die nächste iPod-Generation designen, produzieren und vertreiben kann. Also zeigen wir notgedrungen Einsicht und bieten unseren Arbeitsgruppen und Teams ab und an eine Teamentwicklung. Schaden wird es sicher nicht.

Intuition – hey, das ist gerade hip. Und mal ehrlich: Wär das nicht ungemein nützlich, wenn wir endlich ein Instrument hätten, das in jedem von uns schlummert und das eine großartige und doch billige Humanressource ist, um die Datenflut endlich zu beherrschen, um sich in all dem Nichtwissen und der Unsicherheit unserer Zeit schnell, präzise und effizient bewegen zu können? Und überhaupt: Erfindungen auf Knopfdruck! Kein Weg führt daran vorbei. Wir müssen nur lernen, diese verflixte selbstorganisierte Informationsverarbeitung unter Kontrolle zu bekommen. Also: klar, Daumen hoch. Wir vergolden alles.

Regel 2: Beschränken Sie Intuition auf eintägige Trainings!

Es ist wunderbar. Es gibt zunehmend mehr Anbieter, die versprechen, die Intuition unserer Mitarbeiter aufzupolieren. Die stehen langsam unter Konkurrenz und machen sich gegenseitig Druck. Da können wir sicher an den Preisen was drehen. Gewusst wie. Ein kurzes, knackiges Training – in der Kürze liegt die Würze –, dann muss das Gelernte nur noch im Job umgesetzt werden. Transferlücke? Was? Rund 80 Prozent des Lerneffektes sollen in der Woche nach dem Training wieder verschwinden? Humbug. Ist nur was für Pessimisten. Bei uns investieren wir selbstredend in Fort- und Weiterbildung. Wir wissen doch, was uns unsere Leute wert sind. Bei uns fällt das alles nicht unter die Guillotine des Cost-Cutting, wie bei den Konkurrenten, die die Zeichen der Zeit verpassen. Neben der steil ansteigenden Lernkurve in so einem Seminar (ist fast so wie die linearen Wachstumskurven unserer Firma) kriegen die Mitarbeiter sogar noch einen Tapetenwechsel gratis dazu.

Intuition, so haben wir ja immer wieder gehört und gelesen, ist eine menschliche Fähigkeit, die jeder hat. Also müssen wir nur die Intuition der wichtigsten Entscheider auf Vordermann bringen, dann den Rest der Truppe fit machen. Fertig. OK, wenn wir es richtig gründlich machen wollen, dann investieren wir in die oberen Führungskräfte noch ein paar Coachings-on-the-Job. Soll ja die Trainings sehr gut unterstützen. Lernen im echten Arbeitsumfeld, nicht einfach bloß in nem schicken Seminarhotel – apropos: Zur Intuition passen Klöster unheimlich gut. Und die sind meistens ziemlich preiswert. Die dürfen ja nicht so viel Gewinn machen, wäre etwas widersprüchlich, dem schnöden Mammon so zuzusprechen. Also können wir an der Stelle doch noch ein paar Tausender sparen pro Jahr, bis wir alle durchhaben.

Bloß eines, um Gottes Willen, dürfen wir niemals tun: Intuition über den einzelnen Mitarbeiter oder eine Führungskraft hinaus als Kulturthema sehen. Die Entscheidungsbefugnisse sind so, wie sie sind, bestens verteilt. Da gibt es nichts zu rütteln. Wenn da was nicht funktioniert, hängt das ausschließlich mit der Entscheidungsfähigkeit des jeweils Verantwortlichen zusammen. Oder etwa nicht? Wir wissen doch: Intuition basiert auf Erfahrungswissen. Also brauchen wir für die wichtigsten Entscheidungen auch die besten Experten.

War for Talents, weiß doch jeder. Wir können doch nicht irgendwelche Laien in unsere Strategieentwicklung einbeziehen. Wo kämen wir denn da hin?! Und noch mehr Geld ausgeben für weitere Instrumente wie Entscheidungsmärkte – niemals! Da wollen bloß wieder ein paar geschickte IT-Trickser und Berater reich werden. Wir haben das durchschaut! Intuition ist und bleibt eine individuelle Kompetenz. Punkt.

Regel 3: Bleiben Sie bei Ihrer Hierarchie, bei Weisung und Kontrolle!

Ganz ehrlich – so unter uns – Sie und ich – wir zwei allein – in diesem Moment – hier und jetzt: Wer von uns beiden glaubt denn, dass alle Menschen wirklich schöpferische Wesen sind? Eine angeborene Lust auf Gestaltung haben? Interesse, Neues zu entdecken? Freude an Leistung? Dass man *denen* vertrauen kann, am besten ohne vorherige Gegenleistung? Ja, wir dürfen ehrlich sein, nein, besser noch: Wir müssen ehrlich sein! Es ist unsere Pflicht. Das alles ist doch totaler Quatsch. Gutmenschentum. Naiv. Wir sind da anders. Wir sind Realisten. Wir sehen die Welt und die Menschen, wie sie wirklich sind.

Also bitte! Die Konsequenz schmeckt uns selbst doch auch nicht. Wie gerne würden wir etwas von unserer lästigen Macht abgeben? Frei werden von all diesen vielen fordernden Entscheidungen und deren Konsequenzen, die wir uns aufbürden müssen, damit der Laden läuft. Frei werden von den unzähligen täglichen Anweisungen und, noch viel schlimmer, der damit verbundenen unentbehrlichen Kontrolle, damit auch alles so umgesetzt wird, wie wir das weitblickend im Voraus schon richtig erkannt haben.

Ach ja, eines noch: Mitarbeiter müssen straff geführt werden. Sie dürfen keine Freiräume haben, sonst hängen sie nur ab und verplempern wertvolle Zeit. Werden hingerissen von privaten Leidenschaften. Wenn wir nur kurz innehalten für einen Augenblick, dann müssen wir uns eingestehen: Eben sind *selbst bei uns* die Pferde etwas durchgegangen. Das ist der beste Beweis. Mitarbeiter brauchen klare Strukturen, eindeutige Ziele, am besten fixiert im Ritual der jährlichen Zielvereinbarungsgespräche. Unternehmen wie W. L. Gore mit seiner albernen »Steckenpferdzeit« oder Google mit seiner verträumten 70-20-10-Regel[7], all diese anarchische Selbstorganisation – die haben doch nicht etwa deshalb Erfolg, weil sie ihren Mitarbeitern Freiraum geben, sondern trotzdem! Auf wundersame Weise. Außerdem läuft das in unserer Branche sowieso alles ganz anders. Die haben doch keine Ahnung. Wir sehen klar. Wir müssen prinzipientreu unterscheiden: Möglichkeitssinn – ja! Möglichkeitsräume – nein!

Regel 4: Bewahren Sie unbedingt Ihre Expertenkultur!

Erinnern wir uns kurz mal an Roman Herzog, einen unserer ehemaligen Bundespräsidenten. Der war doch wirklich mal so blauäuig – oder war es eher frech? –, eine Rede zu halten: »Demokratie darf nicht zur Expertokratie verkommen.« Ach herrje, das glaubt der doch wohl selbst nicht, oder? Will der etwa, dass der nächste Müllmann ein Atomkraftwerk steuert? Ja gut, wir müssen jetzt nicht so abfällig sein. Schließlich kann auch kein Kardiologe Norman Foster ersetzen. Das ist doch glasklar. Kristallklar. Wir müssen uns spezialisieren. Und dann Experten werden. Auch wenn uns das nicht passt. Schließlich ist die Zeit der Universalgenies längst vorbei. Niemand kann mehr alles wissen oder gar können. Das zeigt doch nur unsere Bescheidenheit!

Es geht schon in der Schule los: altsprachliches Gymnasium, neusprachliches Gymnasium, naturwissenschaftliches Gymnasium, Sportgymnasium. Und dann die ganzen Leistungskurse. Später an der Uni können wir die verschiedenen Fakultäten am Outfit erkennen. Diese Uniformierung ist übrigens extrem hilfreich. Besonders auf Partys. Am perfektesten haben diese Spezialisierung die Ärzte drauf. Nach dem Studium noch mal ein paar Jahre Facharzt. Dagegen ist der Fachanwalt ein Witz. Also: Was sollen wir denn daran ändern? Die ganze Gesellschaft umkrempeln? Nein, wir brauchen unsere Experten, weil es Sinn macht.

Außerdem dürfen wir doch nur dann intuitiv sein im Job, wenn wir Experten sind. Und um dahin zu kommen, müssen wir mindestens 10 000 Stunden in einer Domäne gearbeitet haben. Ist ein verdammt steiniger Weg. Viele Entbehrungen. Aber dann sind auch unsere Geistesblitze willkommen. Erhellen das Dunkel täglicher Niederungen. Am meisten, wenn sie aus dem obersten Stock der Zentrale kommen. Ist logisch: Je höher, desto weiter sichtbar.

Wir kennen sie doch alle. Die ganzen Praktikanten, Hospitanten, Quereinsteiger. Diese neunmalklugen Vorschläge. Keine Ahnung von nix, aber Hauptsache die eigene Meinung ablassen. Manche von denen kommen sich besonders schlau vor. Maskieren ihre Ideen dann als Fragen. Hatten wohl anderswo auch mal ein Rhetorik-Training besucht. Das ist übrigens schon wieder ein Beweis: kurze, pointierte Trainings wirken.

Regel 5: Vermeiden Sie jeden Fehler!

Wir tragen Verantwortung. Wir stellen Produkte her, die lebenswichtig sind: ABS, Armprothesen, Autopiloten, Beatmungsmaschinen, Bordcomputer – das waren jetzt nur ein paar Beispiele aus dem Alphabet unserer Präzision und Qualität. Da ist es doch menschenverachtend, etwas von Fehlertoleranz zu erzählen. Und so zu tun, als würden wir schlauer durch unsere Fehler. Will das wirklich jemand: dass wir ins Stauende rasen, weil die Bremsen einen kleinen Aussetzer hatten? Für einen Augenblick? Fehlertoleranz? Nur damit der Hersteller den Zeitgeist bedienen kann? Sind wir das Fähnlein im Wind?

Nein, im Gegenteil. Wir müssen auch mal Flagge zeigen. Auch, wenn es uns manche Kritik einbringt. Das erfordert Mut. Stärke. Und Durchhaltevermögen. Die Stimme erheben gegen den Apostelchor der neuesten Management-Mode. Hand aufs Herz: Wer von uns ärgert sich nicht, wenn sich ein Programm auf unserem Rechner mal wieder aufgehängt hat? Fehlertoleranz? Das ist eine der größten Lügen unserer Zeit. Wir fahren immer schneller, fliegen immer höher, tauchen immer tiefer. Das erfordert unsere höchste Anstrengung. Gemeinsam. Zur Sicherheit aller. Wir meinen es gut.

Aber es sind nicht nur die großen Fehler, die wir ausmerzen müssen, sondern ebenso die alltäglichen. Kleinvieh macht auch Mist. Wir optimieren unsere Routinearbeit nur, wenn wir kompromisslos sind. Ja, gut. Ab und an, da passiert halt mal ein Missgeschick. Wir sind schließlich auch nur Menschen. Aber wir arbeiten hart daran, das zu ändern.

Liebe Unternehmer und Manager, wenn Sie entgegen der hier dargestellten Regeln wissen wollen, was Sie tun sollten, um dann doch lieber erfolgreich zu sein, können Sie sich insbesondere auf die Kapitel 6 und 7 freuen. Dort erläutere ich mit dem nötigen Ernst, wie Sie sowohl Ihre eigene Intuition und die Ihrer Mitarbeiter als auch eine effektive Entscheidungskultur entwickeln können. Außerdem kennen Sie jetzt den dritten Pflock, den es einzuschlagen gilt: Drehen Sie sich ganz einfach keinen eigenen Strick.

5
Wann ist Intuition effektiv?

Keep it simple. Intuition ist immer dann wichtig, wenn Entscheidungen getroffen werden. Von Experten genauso wie von Anfängern. Und das passiert in allen möglichen Bereichen. Es ergibt keinen Sinn, Intuition unternehmerischen Aufgaben und Funktionen zuzuordnen wie Controlling, Forschung & Entwicklung, Führung, Vertrieb und so weiter und so fort. Üblicherweise werden die Daumen gehoben, wenn es um Personalfragen geht, denn dann betreten wir ja den schwer vermessbaren Bereich menschlicher Gefilde. Dort, schön artig ausgelagert, sauber als Claim abgesteckt, darf Mann und Frau auch mal intuitiv sein. Das ist, wie ich bis hierher gezeigt habe, Blödsinn. Unsere Intuition ist immer mit im Boot und ist in allen anderen Entscheidungen genauso nützlich oder schädlich. Also schließt sich die Frage an, was Entscheiden überhaupt bedeutet. Jedes

- Wahrnehmen,
- Denken,
- Handeln

heißt entscheiden, denn es erfordert eine Wahl aus einer schier unendlichen Menge möglicher Optionen. Vielleicht stutzen Sie jetzt und fragen sich, wieso Wahrnehmen und auch Denken eine Entscheidung sein soll. Beim Handeln sind Sie vermutlich sofort einverstanden. Die Antwort ist denkbar einfach: Wenn wir etwas bewusst wahrnehmen, also etwas sehen, hören, fühlen, riechen oder schmecken, dann wählen wir aus unserer Umgebung etwas aus, worauf wir unseren Wahrnehmungsfokus richten. Wir können nicht gleichzeitig nach vorne und nach hinten blicken, nach rechts oder nach links. Wenn wir einen Gegenstand fokussieren, nehmen wir den Rest des Umfeldes nicht mehr exakt wahr. Es gibt dazu ein wunderbares Experiment: Gehen

Sie zu Ihrem Computer oder Ihrem Laptop, besuchen Sie YouTube und rufen Sie das Video »funny ad awareness test« auf. Machen Sie den Test, die Probe aufs Exempel. Dann wird Ihnen schnell klar: Was wir wahrnehmen, ist unsere Entscheidung – aber nur teilweise! Denn wie der »funny ad awareness test« zeigt, nehmen wir selektiv wahr. Aber nicht jede Wahl ist bewusst von uns gesteuert.

Beim bewussten Denken ist es genauso. Haben Sie schon mal zwei Gedanken zur selben Zeit gedacht? Es würde mich wundern. Wir können immer nur einen Gedanken nach dem anderen denken, immer schön der Reihe nach. Wir können zwischen Gedanken hin und her springen, aber niemals gleichzeitig zwei Argumentationslinien verfolgen. Es ist also auch eine Entscheidung, welchen Gedanken wir zuerst denken, welchen danach und welchen wir ausblenden. Auch das hat Konsequenzen. Wenn wir einen Gedankengang schlüssig finden, sparen wir uns möglicherweise, einen Sachverhalt nochmals anders zu durchdenken, und prellen uns selbst eventuell um ein besseres Ergebnis. Darüber hinaus sind wir auch bei dieser Wahl von unserem Unbewussten mitgesteuert, sind nicht der alleinige Herr im Hause unserer Entscheidungen. Das vergessen wir leider gerne. Denn das bedeutet, dass unsere Entscheidungen grundsätzlich auch einen gewissen nicht kontrollierbaren Anteil enthalten, auf den wir keinen Zugriff haben. Das ist in der Tat ein großes Problem. Eines, das wir nicht vollumfänglich lösen können. Uns bleibt nur, unser Wahrnehmen, Denken und Handeln durch Achtsamkeit zu filtern. Und diese Achtsamkeit können wir nicht schnell zwischen Tür und Angel trainieren, so wie wir uns eine Instantsuppe machen. Achtsamkeit ist eine Lebensaufgabe.

Natürlich gibt es immer wieder Menschen, die diese Definition der Entscheidung für nutzlos halten, weil sie angeblich nicht präzise sei. Es verhält sich aber tatsächlich umgekehrt. Wenn wir uns nicht darüber bewusst sind, dass wir andauernd entscheiden, ist das ein erster Schritt hin zu einer ineffektiven und ineffizienten Entscheidungskultur. Denn dann beginnen wir sofort damit, nachlässig zu werden. Wir ignorieren im täglichen Handeln die Achtsamkeit und die Geistesgegenwart, die es braucht, um eine gute Entscheidungskultur zu entwickeln und aufrecht zu erhalten. Es ist genau die Achtsamkeit, die den Unterschied zwischen den besonders zuverlässigen High-Reliability-Organizations und herkömmlichen Unternehmen ausmacht.

Und es ist die Haltung und das Bewusstsein darüber, dass wir in jeder Sekunde unseres professionellen Handelns Mikroentscheidungen treffen, die große Auswirkungen haben können. Zum Guten und zum Schlechten. Wer davon ausgeht, dass nur die »großen« Entscheidungen wichtig seien, am besten nur die der Vorstandsetage und der ersten Führungsebene darunter, der läuft immer noch mit einem illusionären linearen Kausalitätsmodell durch die Welt. In der Folge wundert man sich darüber, dass plötzlich eine Kleinigkeit etwas Großes zu Fall gebracht hat. Genau dazu finden Sie in diesem Kapitel im letzten Abschnitt »Wenn es einfach ist« ein aussagekräftiges Fallbeispiel.

Nun kommt noch ein weiterer wichtiger Aspekt hinzu. Wir können nicht nicht entscheiden! Es ist unmöglich, aus dem Raum der Entscheidungen herauszutreten. Selbst eine Entscheidung aufzuschieben oder zu delegieren, ist auch eine Entscheidung. Denn wir haben wiederum zwischen verschiedenen Optionen gewählt. Außerdem erfolgen aus dem Vertagen oder Delegieren der Entscheidung Konsequenzen. Intuition spielt dabei immer eine Rolle. Mal mehr, mal weniger. Die kürzest mögliche Antwort auf die Frage, wann Intuition effektiv ist, lautet somit: immer, wenn Sie sorgsam mit ihr umgehen. Natürlich lässt sich das noch etwas genauer darstellen.

Als Anfänger

Berufsanfänger sind keine Tabula rasa. Das ganze Gerede darum, dass wir nur als Experten auf unsere Intuition vertrauen dürfen, ist wenig durchdacht. Wieso eigentlich sollte ein 28-Jähriger oder eine 25-Jährige, die neu im Beruf einsteigt, nicht auf ihre Intuition achten dürfen? Haben wir als frisch gebackene Studienabgänger nicht häufig sogar das aktuellere Wissen parat als der alte Hase? Wir haben, wenn wir engagiert waren, jahrelang geackert, gelernt, gelesen, geforscht. Und dann sollen wir all dieses Wissen, das zu einem guten Teil eben auch schon zu unbewusstem Wissen verdichtet ist und unserer Intuition als Informationspool zur Verfügung steht, einfach ignorieren?

Zweitens geht es im Beruf nicht nur um fachliche Expertise, sondern wie wir in den letzten Jahren immer mehr einsehen, auch um die Kompetenz in zwischenmenschlichen Bereichen. »Sozialkompetenz« nennen wir das dann und meinen all das, worin wir schon 20 bis 30 Jahre Erfahrung haben, wenn wir anfangen zu arbeiten! Wieso lassen das Intuitionsratgeber immer wieder unter den Tisch fallen? Drittens wissen wir seit über 30 Jahren, dass Intuition nicht nur auf Erfahrungswissen beruht, sondern auch durch unbewusste Wahrnehmung und Informationsverarbeitung ermöglicht wird. Dies zeigten viele Experimente, wie zum Beispiel die Aufgaben mit den künstlichen Grammatiken, bei denen die Versuchspersonen korrekt beurteilen konnten, ob ein Satz richtig oder falsch ist – und zwar ohne jahrelanges Studium der »grammatikalischen« Regeln, die der Zeichenfolge zugrunde lagen. Es war nicht mal ein Tag der Einarbeitung nötig, um weit überzufällig häufig die korrekten Antworten zu geben. Damit nicht genug. Es gibt auch noch einen vierten zentralen Aspekt, den die Apologeten der Expertise aus mir schleierhaften Gründen immer wieder übersehen. Georgios Paparas, Marketing Direktor bei CHANEL Deutschland, bringt diesen Zusammenhang zwischen Anfängerdasein, Expertise aufbauen und Intuition wunderbar auf den Punkt:

Ich nehme Intuition jetzt ernster. Als Neuling im Job gibt es eine gewisse Ehrfurcht, dann kommt eine Erfahrungskurve dazu. Da ist man unerfahren mit Intuition und fragt sich, ob das jetzt etwas im Job zu suchen hat? Man muss sich dabei selber sehr treu sein. Ich definiere mich als Individuum, das der Marke CHANEL helfen möchte. Ich bin nicht CHANEL, weiß Gott nicht, aber ich möchte dem Unternehmen helfen. Das kann ich nur als Individuum, so wie ich bin. Und als Jobanfänger geht es um Identitätsfindung, welche Rolle man im Unternehmen spielt. Ich glaube, je mehr Erfahrung man hat und je mehr Erfolgsgeschichten, auf die man stolz zurückblicken kann, desto eher sagt man sich: Ich probiere es einfach mal aus und folge meiner Intuition. Ich habe jetzt diese Erfahrung im Job, mein Bauchgefühl sagt mir das und nimmt eine wichtigere Rolle ein und ich gehe auch diesen Weg. Man darf dabei nicht zu risikoavers sein. Aber ich glaube auch, dass man diese Art des Agierens lernen kann, mehr auf seine innere Stimme zu hören. Und das tue ich auch.[1]

Das heißt: Die Intuition eines Berufsanfängers ist keineswegs zwingend unzuverlässiger, sondern es ist vielmehr eine Frage der *Erfahrung mit* und des *Vertrauens in die eigene Intuition!* Wir alle sammeln nicht nur im Fachwissen, sondern in vier Bereichen Erfahrung und verwandeln sie in Expertise:

- Fachwissen,
- Sozialkompetenz,
- Methodenkompetenz,
- professionelle Intuition.

Dabei durchdringt die professionelle Intuition sowohl das Fachwissen als auch unsere Sozial- und Methodenkompetenz. Wir brauchen in allen Bereichen unsere Intuition, um erfolgreich zu sein. Unsere professionelle Intuition ist die Metakompetenz, die die drei anderen Kompetenzbereiche unterstützt und umgekehrt von ihnen genährt wird. Genau deshalb ist die professionelle Intuition so wichtig. Weil sie in allen Bereichen den Unterschied ausmacht zwischen Erfolg und Misserfolg. Und zwar durch richtige wie falsche Intuitionen.

Daraus folgt, dass der Berufsanfänger für seine professionelle Intuition zweierlei lernen muss: erstens, dass Intuition im Beruf durchaus willkommen ist (was natürlich je nach Arbeitgeber auch ganz anders sein kann). Zweitens, dass die Intuition genauso erfolgreich sein kann wie fehlleitend. Es ist keineswegs die Erfahrung mit dem Fachgebiet, die die Voraussetzung professioneller Intuition ist, sondern der reflektierte Umgang mit der Intuition selbst. Die Facherfahrung wird dann eher zur *Legitimation,* auch intuitiv entscheiden zu dürfen. Weil wir es als Kinder der Aufklärung im Namen der Wissenschaft gewohnt sind, jedes Hü oder Hott durchzudeklinieren, zu begründen und mit Zahlen, Daten und Fakten zu untermauern, bis wir das Gefühl (!) haben, einen logisch unangreifbaren Argumentationsbunker errichtet zu haben, in dem wir uns bei etwaigen Angriffen verschanzen können.

Darin steckt ein wichtiger Beitrag für die Zukunft professioneller Intuition: Wir sollten endlich damit aufhören, nur den alten Hasen ihre intuitiven Eingebungen zu gestatten. Es ist eine irrationale Verschwendung von Verbesserungen, Innovationen, Blauen Ozeanen und dergleichen mehr, die wir auch durch unsere Berufsanfänger erreichen könnten – wenn wir sie nur einladen würden, bereits von Anfang an auf ihre Intuition zu achten. Niemand hat gesagt, dass wir diese Geistesblitze der Anfänger zwanghaft bis zum bitteren Ende, bis zum Scheitern verfolgen müssen. Im Gegenteil: Professionelle Intuition bedeutet die anschließende kritische Prüfung. Wenn wir bereits die Intuition der Novizen im Beruf von Anfang an beachten würden, hätte dies noch einen positiven Effekt auf die Professionalisierung der Intuition: Je mehr wir unsere Intuition nutzen und je früher wir damit beginnen, umso früher können wir auch darin zur Meisterschaft gelangen. Wenn jemand erst mit 45 anfängt, seine Intuition ernst zu nehmen, und lernt, sie von anderen psychischen Mechanismen wie seinem Instinkt, Übertragungen, Projektionen, Halo- oder Teufelseffekt zu unterscheiden, kann er erst mit Mitte 50 auf ein gerütteltes Maß an bewusst eingesetzter Intuition zurückblicken. Wir brauchen nicht nur Facherfahrung und Sozial- und Methodenkompetenz, sondern auch Intuitionserfahrung! Meister werden heißt üben, üben, üben!

Und es geht doch

Die Brüder Ulf und Lars Lunge sind Profis. 1979 eröffneten sie ihren ersten Lunge Laufladen in Hamburg und sind damit seit über 30 Jahren im Geschäft. Seitdem kamen fünf weitere Filialen in der Hansestadt und in Berlin dazu. Als Verkäufer von Sportartikeln im Bereich Laufen haben sie eine fundierte Expertise aufgebaut. Im Jahr 2005 entschieden sie sich jedoch, etwas völlig Neues auszuprobieren. Etwas, das alle für unmöglich gehalten haben: hochwertige technische Laufschuhe im Hochlohnland Deutschland zu produzieren. In diesem Bereich hatten die beiden Brüder keine Expertise. Genau genommen hatte damit niemand Erfahrung. Sie mussten gewissermaßen bei Null anfangen. Sie waren Anfänger. Ulf Lunge beschreibt die Ausgangssituation wie folgt:

> Unser gedankliches Ziel war, bessere Laufschuhe zu bekommen, für uns und für andere Händler. Die Frage war, ob wir das in Deutschland unter eigener Regie machen können. Im ersten Moment dachten wir: Ja, warum sollen wir das nicht können? Das wird

hier natürlich etwas teurer sein, aber ich konnte mir nicht vorstellen, dass das hier nicht möglich ist. Klar, es war so, dass wir keine Ahnung davon hatten. Überhaupt keine Ahnung, wie man einen Schuh baut. Aber wir haben uns gesagt, dass es sich dabei auch nur um ein endliches Wissen handelt, das man erwerben kann.[2]

Auf dieser Entdeckungsreise ins Neuland der Lunge Laufschuhmanufaktur spielte Intuition für die beiden Brüder eine wichtige Rolle: »Intuition ist das A und O, wenn Entscheidungen getroffen werden müssen.« Ulf Lunge vertritt die Meinung, dass Intuition eben nicht allein von Erfahrung abhängt:

> Ich muss Intuition nicht durch jahrelange Erfahrung entwickeln. Es hängt vielmehr damit zusammen, wie meine Einstellung dabei ist. Ich kenne viele Leute, die schon seit 30 oder 40 Jahren mit derselben Sache beschäftigt sind, aber diese Intuition nicht erworben haben. Also liegt es nicht daran, wie lange man etwas macht, sondern wie *und* wie lange. Die Frage war: Trauen wir uns zu, eine bessere Qualität zu bauen zu verkaufbaren Mehrkosten? Die Antwort hängt dabei mehr von den Prämissen der Frage ab als vom Fachwissen zum Schuhbau. Was heißt besser und was ist verkaufbar? Unsere Intuition sagte uns von Anfang an: Die Qualität ist deutlich besser, der Nutzen für den Läufer signifikant höher, da werden 50 Prozent Mehrpreis schon zu verkaufen sein.

Ende 2009 produzierte die Lunge Laufschuhmanufaktur drei verschiedene Modelle. Das Unternehmen ist so erfolgreich, dass Interessenten mittlerweile auf ihren Laufschuh warten müssen, denn die Nachfrage übersteigt die bisherigen Produktionskapazitäten.

Im Grunde ist mit diesem einen Beispiel die Scheinregel der Voraussetzung von Expertise für erfolgreiche Intuition widerlegt (zusätzlich zu den im ersten Kapitel schon aufgeführten wissenschaftlichen Gegenargumenten[3]). Aber es gibt noch ein paar weitere schöne Beispiele, die ich Ihnen nicht vorenthalten will. Eine amüsante Geschichte ist der unglaublich erfolgreiche Werbegag der amerikanischen Firma Blendtec. Auch in diesem Fall empfehle ich Ihnen für den größeren Genuss, erst einmal eine Lesepause einzulegen und wieder YouTube zu besuchen. Rufen Sie das Video »Will It Blend? – iPhone« auf, lehnen Sie sich zurück und amüsieren Sie sich.

Dieses Video ist das Ergebnis eines blutigen Anfängers in Sachen Social Web und Viralmarketing. Ein Marketingmann von Blendtec ließ für lächerliche 50 Dollar die ersten fünf Videoclips produzieren, stellte sie auf die Firmenwebsite und verlinkte sie noch mit dem Tagging-Dienst »Digg«. Innerhalb der ersten Woche führte diese intuitive Werbekampagne zu satten sechs Millionen Besuchern. Im Laufe der Zeit sprach sich die Sache rum und es wurden 60 Millionen Besucher der Website! Blendtec machte in der Folge ein Umsatzplus von 20 Prozent. Der nette Herr im Laborkittel, der im breiten Tonfall fragt: »Will it blend?«, ist übrigens der Gründer und Geschäftsführer Tom Dickson höchstselbst. Als ihm erzählt wurde, dass die Videos mit ihm jetzt ein richtiger Knaller bei YouTube seien, lautete seine lakonische Frage nur: »WhoTube?« Und der Boom geht weiter. Mittlerweile bietet Blendtec den »Tom Dickson Signature Series© Blender« für 999,95 Dollar an, bezugnehmend auf die Videos, inklusive von ihm unterschriebenen Rezeptbooklet.

Weniger spektakulär, viel leiser und subtiler, aber auch faszinierend ist die Geschichte der Greyston Bakery in Yonkers, New York City. Gegründet wurde diese ungewöhnliche Bäckerei 1982 von dem Ingenieur für Flugzeugbau und ehemaligen Projektmanager bei McDonnell-Douglas und jetzigen Zen-Meister Bernard Tetsugen Glassman. Als er mit seiner Familie von Los Angeles nach New York zog, um dort eine Zen-Gemeinschaft zu gründen, wollte er nicht alleine von Spenden leben, sondern sich selbst finanzieren. Dazu gab es verschiedene Optionen und seine Wahl fiel auf eine Bäckerei. Von den Gemeinschafts-Mitgliedern hatte niemand Ahnung davon, wie man eine professionelle Bäckerei aufzieht. Aber sie kannten eine andere Zen-Gruppe, die eine Bäckerei betrieb, bei der vier der zukünftigen Greyston-Mitarbeiter eine Zeit lang lernen konnten.

Als Startkapital liehen sie sich 300 000 US-Dollar, die natürlich nicht ausreichten. Aber Glassman und seine Mitarbeiter ließen nicht locker. Sie kamen von ihrer ursprünglichen Idee, eine reine Brotbäckerei zu betreiben ab, und begannen, mit Gebäck und Süßwaren zu experimentieren. Im November 1982 fingen sie an, Restaurants, Spezialitätengeschäfte, Catering-Firmen und Kaufhäuser als Kunden zu akquirieren. Nach etwas mehr als einem halben Jahr hatten sie bereits

45 Kunden, im August 1984 waren es 100 und sie verkauften pro Woche Waren im Wert von 12 bis 15 Tausend Dollar. Später veröffentlichten sie noch das *Greyston Bakery Cookbook* und irgendwann hatten sie ihre eigenen Lastwagen.

Eines Tages änderten sie das Rezept einer Schokoladentorte, weil ein ausgebildeter Bäcker, der helfen sollte, die Produktion effizienter zu organisieren, ein paar Änderungen bei der Torte empfahl. Sofort kam von dem Kunden, für den diese Torte hergestellt wurde, die Nachfrage, ob etwas am Rezept geändert worden sei. Sie würde immer noch gut schmecken, wäre aber nur noch eine gewöhnliche Torte ohne jegliche Originalität. Also wurde das alte Rezept wieder aktiviert. Glassman beschreibt selbst den Wert des intuitiven Anfängergeistes:

> Natürlich war die Zusammenarbeit mit den ausgebildeten Bäckern nützlich, aber es stellt sich auch heraus, dass einer der Gründe für unseren Erfolg gerade darauf beruhte, dass wir keine richtige Ausbildung als Bäcker hatten. Da uns fundierte Kenntnisse über das Backen fehlten, hatten wir Dinge erfunden, die Fachleuten nie in den Sinn gekommen wären. So war es uns gelungen, einige Dinge neu zu entwickeln, die bisher in der Branche völlig unüblich gewesen waren. Darauf beruhte unser Erfolg.[4]

Also, scheuen Sie sich nicht, auch die Intuition der Berufsanfänger in Ihrem Unternehmen ernst zu nehmen und zu fördern. Und wenn Sie selbst Berufsanfänger sein sollten – lassen Sie sich Ihre Intuition nicht ausreden. Gehen Sie professionell vor, indem Sie bezüglich Ihrer Intuition drei Schritte machen: wahrnehmen, respektieren, prüfen. Wer heute beginnt, ist morgen auf dem Weg zur Meisterschaft.

Als Experte

> Es war heiß an diesem 5. August 1949. Es wurde mit 36 Grad Celsius die bis dahin höchste Temperatur in Helena, Montana, gemessen, einem Ort auf 1237 Meter Höhe. Rund 40 Kilometer nördlich befinden sich die »Gates of the Mountains«, die nach Westen hin in die Rocky Mountains führen. Dort in einem der

Täler, der Mann Gulch, waren es sogar 38 Grad bei einer Luftfeuchtigkeit von drei Prozent. Die eigentlich traumhaft schöne Landschaft wurde für dreizehn Männer zur Hölle, der sie nicht mehr entrinnen konnten.

Unter der Leitung des erfahrenen Robert Wagner »Wag« Dodge waren insgesamt sechzehn Feuerspringer in einem Flugzeug auf dem Weg in ein Brandgebiet, das eigentlich nichts Besonderes war. Es hatte als Feuer der Kategorie C nur ein paar Morgen Ausbreitung. Nach ihrem Absprung aus dem Flugzeug war das Feuer jedoch außer Kontrolle geraten. Dodge ahnte schnell, dass dieses Feuer längst nicht so harmlos war, wie es zu Beginn noch schien. Er bewegte sich mit seiner Truppe in östlicher Richtung auf den Missouri zu, der sich ungefähr zwei Kilometer von der Absprungstelle entfernt befand. Ihm erschien es sicherer, in der Nähe von Wasser zu sein.

Ihre Situation war tatsächlich alles andere als sicher. Sie hatten keine Landkarte von der Mann Gulch und ihr Funkgerät war zerstört, da sich beim Abwurf aus dem Flugzeug der Fallschirm nicht geöffnet hatte und es beim Aufschlag zerstört wurde. Dodge entschied, das Feuer zu beobachten. Gegen 17 Uhr entstand eine Kombination von Winden, die das ursprünglich eher harmlose Feuer in ein Inferno verwandelte. Es entstanden Feuerwirbel, die brennende Äste und Tannenzapfen in die Luft schleuderten und so mehrere neue Brandherde zwischen dem Missouri und den Feuerspringern entfachten. Diese Brandherde waren noch nicht das Problem, sondern erst der sogenannte »Blow-up«, der danach folgte. Das Gebiet zwischen dem Hauptfeuer und den sich verbindenden neuen Brandherden erhitzte sich über den Brennpunkt. Umschlagende Winde oder der sogenannte Konvektionseffekt (heiße Luft steigt auf, kalte und sauerstoffreiche Luft stürzt ab und tritt an ihre Stelle) führen dann zu einer Feuerexplosion von unvorstellbaren Ausmaßen. Später wurde geschätzt, dass eine Fläche von über acht Quadratkilometern in weniger als zehn Minuten abbrannte.

Wag Dodge und seine Männern sahen sich einer Feuerwalze gegenüber, die ungefähr 90 Meter tief war und bis zu 12 Meter hoch brannte. Die Winde trieben sie genau in ihre Richtung, sodass dieses Monster, wie Dodge es im Nachhinein nannte, mit anfänglich 2,1 Kilometer pro Stunde auf sie zukam. Dodge ließ alles Gepäck ablegen und befahl den sofortigen Rückzug. Dabei zeigte sich aber ein weiteres Problem, das mit zu der Tragödie führte. Das anfängliche Tempo des Feuers klingt noch nicht so bedrohlich. Aber bergauf rennen Menschen langsamer als bergab, während für Feuer Steigungen ein Brandbeschleuniger sind. Schon eine 50-prozentige Steigung vergrößert das Tempo des Feuers um ein Vielfaches. In Mann Gulch betrug die Steigung an der Stelle, wo sich die Männer befanden, über 70 Prozent. So beschleunigte sich die Feuerwand auf fast 12 Kilometer pro Stunde, mit der sie die Männer am Ende verfolgte.

Die Feuerspringer liefen um ihr Leben, sprinteten mit aller Kraft den Berghang hoch und versuchten den Kamm der Schlucht zu erreichen, in der Hoffnung, dass auf der anderen Seite nicht mehr so viel brennbares Material wäre und der Feuersturm dort abflaute. Aber es war unmöglich. Das Feuer war bei Weitem schneller als die Männer und verkohlte bei Temperaturen von mehr als 1 000 Grad alles auf dem Weg zu ihnen und verkürzte die ursprüngliche Distanz von knapp 200 Metern auf 50 Meter. Wag Dodge und sein Team spürten bereits die Hitze in ihrem Rücken und wie der Sauerstoff vom Feuer gierig aufgesogen wurde. In diesem Moment blieb Wag Dodge plötzlich stehen, während alle anderen von schierer Panik getrieben um ihr Leben rannten. Er brüllte, sie sollten auch stehen bleiben, aber vermutlich konnten sie ihn nicht hören, denn ein solches Feuer bedeutet einen tosenden Lärm. Und selbst wenn sie ihn gehört hätten – wer bleibt in solch einer Situation stehen? Dodge nahm ein Streichholz, zündete das Gras vor sich an, wartete noch ein paar ewig während Sekunden und stieg dann in die abgebrannte Stelle, machte sein Taschentuch nass, hielt es sich vor den Mund und legte sich mit dem Gesicht nach unten in die noch glühenden Grasreste. Während die Feuerwalze über ihn hinweg auf die anderen Männer zuraste, atmete er so gut wie möglich den wenigen verbliebenen Sauerstoff direkt über dem Boden ein. Das Feuer war so stark, dass die entstehenden Konvektionen ihn mehrere Male vom Boden in die Höhe sogen. Als das Inferno vorüber war, stand Wag Dodge auf, ohne ernsthaften Schaden, ohne Verbrennungen. Dreizehn der anderen Feuerspringer hatten keine Chance; nur zwei weitere hatten Glück und fanden bei ihrer Flucht bergauf eine Felsspalte, in die sie sich retten konnten. Selbst wenn die anderen es bis über den Kamm geschafft hätten, wären sie verloren gewesen. Dort stand überall hohes, strohtrockenes Gras.

In dieser Situation gab es keine Zeit, lange zu überlegen, Optionen bewusst durchzuspielen, Chancen auszurechnen. Der Instinkt half ebenso wenig, denn er jagte die Männer den Hang hinauf, weg vom Feuer und damit in den Tod. Es gab zu dem Zeitpunkt auch keine Anweisungen oder Pläne, was in einer derartigen Situation zu tun sei. Selbst zwei der damals angesehensten Experten des Forstdienstes für Feuer, Bud Moore und Edward Heilman, hatten noch nie zuvor von einem derartigen Fluchtfeuer gehört. So wie es Wag Dodge gelegt und genutzt hatte, wurde es erst nach der Tragödie von Mann Gulch Teil des Standardrepertoires der Feuerspringer. Auf die Frage der anschließenden Untersuchungskommission, ob er je Anweisungen zum Entfachen eines Fluchtfeuers bekommen habe, antwortete Wag Dodge nur lakonisch, dass er das nicht wüsste und es ihm nur logisch erschien.

Diese Geschichte ist ebenso eindrücklich wie lehrreich. Da ist erstens die Unterscheidung zwischen unserem Instinkt einerseits und unserer Intuition andererseits. Vielleicht halten Sie das jetzt für Haarspalterei, aber dem ist keineswegs so. Wir müssen lernen, Intuition nicht mit Instinkt zu verwechseln, denn wenn wir unserem Instinkt folgen, vergrößern wir möglicherweise nur unser Problem, anstatt es zu lösen. Ein Instinkt ist ein angeborener Reflex auf eine auslösende Situation in der Umwelt. Dieser Reflex spult dann ein festes Programm ab. Instinkte sind *nicht kreativ*! Sie haben uns über einen evolutionär relevanten Zeitraum hinweg einen Überlebensvorteil verschafft, indem sie in eng begrenzten Situationen das individuelle Überleben sicherten. Gewissermaßen ist das Wirkungsspektrum von Instinkten äußerst eingeschränkt. Wenn eine aktuelle Situation von einer Standardsituation abweicht, ist unser Instinkt nicht in der Lage, darauf angemessen zu reagieren und sein Programm schnell zu verändern. Jeder von uns wird verstehen, dass die Feuerspringer irgendwann panisch wurden und nur noch um ihr Leben rannten. Ihre Angst aktivierte zwar noch unglaubliche Leistungen, aber es half trotzdem nichts. Ihr Instinkt hindert sie sogar daran, einen Ausweg zu finden – ihr Instinkt brachte sie um.

Zweitens lehrt uns Wag Dodge das perfekte Zusammenspiel von Intuition und Rationalität. Ihm *schien* sein Fluchtfeuer nur logisch zu sein, wie er der Kommission sagte. Er mag beim Laufen zuvor nachgedacht haben, wie er und seine Männer dem drohenden Tod entrinnen könnten. Aber er stellte keine logische Argumentationskette her, was nur zu verständlich ist, wenn wir uns vorstellen, einen über 70 Grad steilen Hang bei fast 40 Grad hinaufzusprinten mit einer Feuerwand im Rücken, die die Distanz zu uns gnadenlos auffrisst. Er rannte und rannte. Und plötzlich blieb er in seinem genialen Moment stehen. Seine Vernunft besiegte die dysfunktionale Panik und eröffnete ihm die Möglichkeit, den kreativen Raum seines Einfalls mit dem Fluchtfeuer zu betreten. Er musste mit seiner Vernunft die anschwellende Panik zur Seite zu drängen, während das Feuer immer weiter auf ihn zukam. Er spürte längst die ausströmende Hitze, den schwindenden Sauerstoff. Er musste die Streichhölzer aus der Tasche holen, eines anzünden und dann noch warten, bis eine genügend große Fläche abgebrannt war.

Drittens und letztens macht diese dramatische Episode den Unterschied zwischen den verschiedenen Quellen der Intuition klar und zeigt, dass wir uns zu schnell auf eine scheinbare Lösung fokussieren und im Geist nicht offen bleiben. Die fast zehnjährige Erfahrung, die Dodge als Feuerspringer gesammelt hatte, kam ihm im richtigen Moment zu Hilfe, während sie den anderen, jüngeren und weniger erfahrenen Männern nicht zur Verfügung stand. Sie konnten keine kreative, problemlösende Intuition auf der Basis eines Erfahrungsschatzes entwickeln. Bei Anfängern greift das Erklärungsmodell der unbewussten Wahrnehmung, wenn sie im jeweils erforderlichen Fachbereich noch keine Expertise haben. Aber unter Panik bekommen wir – wortwörtlich – einen Tunnelblick. Wir können nur unter großer Willensanstrengung unseren Blick wieder weiten. Wir haben eine Lösung im Kopf und die lassen wir nicht mehr los. Das gilt für Anfänger genauso wie für Experten. Der amerikanische Schriftsteller Norman Maclean, der das Feuer von Mann Gulch in seinem Buch *Junge Männer im Feuer* ausgiebig analysiert und beschrieben hatte, bringt diesen Tunnelblick exakt auf den Punkt: »Die Welt schrumpft zusammen auf eine Spalte im Fels.«

Spätestens jetzt, wenn Sie mit dem Lesen hier angelangt sind, wissen Sie, dass Sie als Experte ebenso wie als Anfänger auf Ihre Intuition achten sollten. Glücklicherweise haben wir es in Unternehmen meistens nicht mit Fragen über Leben oder Tod zu tun. Wir können unsere intuitiven Einfälle in Ruhe prüfen und diskutieren. Und sollte es mal wirklich eilig sein, besteht das Drama meistens nur in finanziellem Verlust. Außerdem kennen Sie jetzt den immer wieder ignorierten Unterschied zwischen unserer Intuition und unseren Instinkten, die nicht schöpferisch sind. Und Sie wissen, dass wir in angst- oder stressauslösenden Situationen Gefahr laufen, uns zu schnell auf eine einzige Lösungsvariante zu konzentrieren. Die große Kunst liegt darin, den Geist so lange wie nur irgend möglich für unsere Kreativität offen zu halten. Die wirkliche Lösung ergibt sich manchmal erst in den letzten Sekunden.

Wenn es komplex ist

Komplexität heißt: Unvorhersehbarkeit, Unplanbarkeit, Unsicherheit. Kurz: Risiko. Komplex ist etwas, wenn wir den Input kennen, aber nicht wissen, was am Ende dabei herauskommt, wenn der Output also nicht vorhersehbar ist. In der Systemtheorie spricht man dann von nicht-trivialen im Gegensatz zu trivialen Maschinen. Bei Letzteren können wir den Output exakt aus dem Input vorhersagen. Diese Unterscheidung ist sehr hilfreich. Wir können eine Aufgabe, ein Problem, einen Prozess oder sonst etwas schnell als nur kompliziert (Output ist vorhersehbar) oder eben komplex (Output bleibt unbekannt) identifizieren – in Abhängigkeit davon, wie genau wir hinschauen. Ob wir etwas als komplex oder kompliziert interpretieren, hängt auch von der Auflösung ab, mit der wir etwas wahrnehmen. Es kann uns schnell passieren, dass wir eine komplexe Situation als nur kompliziert einordnen, weil wir viele verschiedene Wechselwirkungen und Einflussvariablen unbewusst ausblenden oder etwas fälschlicherweise doch für vorhersagbar halten. Letzteres ist schnell passiert. Wenn beispielsweise ein Mensch als nicht-triviale »Maschine« auf eine bestimmte Verhaltensweise ein paar Mal hintereinander in derselben Art und Weise reagiert hat, neigen wir dazu, daraus eine Regel abzuleiten. Und diese Regel verführt uns zu der Annahme, wir würden zukünftige Ergebnisse vorhersehen können. Dies ist aber nur ein Induktionsschluss. Wir folgern aus einem oder mehreren Einzelfällen eine allgemeine Gesetzmäßigkeit, die keinerlei Gewissheit bietet, sondern nur eine Wahrscheinlichkeit, die mit der Anzahl der beobachteten Einzelfälle steigt. Ein gutes Beispiel für die Fehleranfälligkeit dieser Schlussfolgerung bietet folgende Ableitung: Gold, Silber und Eisen sind Metalle. Gold, Silber und Eisen sind schwerer als Wasser. Also sind Metalle schwerer als Wasser. Das war so lange korrekt, bis Kalium als Alkalimetall entdeckt wurde, das pro Kubikzentimeter rund 0,1 Gramm weniger wiegt als Wasser.

Je nachdem, welche Brille wir aufsetzen, ist es entweder eine Provokation oder ein alter Hut, unsere Intuition bei Komplexität zu Rate zu ziehen. Aus betriebswirtschaftlicher Sicht sollten wir in komplexen Situationen unbedingt alle Register der Rationalität in Form von faktenbasierten Entscheidungsmethoden ziehen. Dafür wurde in den letzten Jahrzehnten die Trickkiste der rationalen Entscheidungsfindung mächtig aufgeblasen:[5] Entscheidungsregeln wie Bayes-Prinzip, Bernoulli-Prinzip, Hurwicz-Regel, Laplace-Regel, Maximax-Regel, Minimax-Regel, Savage-Niehans-Regel und natürlich Entscheidungsinstrumente wie ABC-Analyse, Entscheidungsbäume, Nutzwertanalyse, Pareto-Methode ... Wenn wir entscheiden, dann brauchen wir erst einmal ein weiteres Entscheidungsinstrument, das uns hilft, auch ja die richtige Regel und das richtige Instrument zu finden.

Aus Sicht der Intuitionsforschung stellt sich die Sache umgekehrt dar. Da stoßen wir schnell auf die Begrenztheit unserer Rationalität und erkennen, dass unser reichlich überschätzter bewusster, rationaler und schlussfolgernder Verstand ziemlich begrenzt ist. Im Vergleich dazu kann unser Unbewusstes wesentlich mehr Daten wahrnehmen und zu Informationen verarbeiten, weil es Informationen parallel in vielen verschiedenen Subsystemen unseres Gehirns verwertet. Demgegenüber erfolgt die bewusste Informationsverarbeitung nur nacheinander, also seriell, was das Tempo drastisch senkt. Es gelten die einfachen Gleichungen: unbewusste Informationsverarbeitung = schnell, bewusste Informationsverarbeitung = langsam. Viele unserer unternehmerischen Entscheidungen sind komplex. Einfach deshalb, weil Entscheidungen meistens eine mehr oder weniger weit reichende Prognose beinhalten. Und die Zukunft ist komplex. Weil sie viele oder sehr viele Einflussvariablen umfasst, die ihrerseits hochdynamisch sind und morgen schon anders sein können als heute. Zudem sind die Kausalitäten und Wechselwirkungen zwischen diesen Variablen nicht einfach lineare Abhängigkeiten im Sinne von wenn-dann, sondern meistens zirkuläre positive oder negative Rückkopplungseffekte. Außerdem können kleine Ursachen große Wirkungen erzeugen und umgekehrt, und das auch noch über sehr kurze oder lange Zeiträume. Schließlich kommt noch die steigende Dynamik hinzu. Das alles zusammengenommen ist eine der großen Herausforderungen, vor denen wir stehen. Mir ist bis heute jedoch nicht bekannt, dass wir eine zuverlässige Kristallkugel erfunden hätten oder das sie auch nur in greifbarer Nähe wäre. Die Konsequenz: Wir müssen lernen, mit Unvorhersehbarkeit und Unsicherheit umzugehen, anstatt immer wieder zu versuchen, sie durch Prognosen in trügerische Sicherheit zu verwandeln.

In engem Zusammenhang zu Prognosen steht die unternehmerische Planung. Gescheiterte Pläne, ins Rollen gekommene Meilensteine und in die Tonne getretene Gantt-Diagramme sind die Regel, die früher oder später in jedem Unternehmen auftritt. Also sollten wir darüber nachdenken, welche Alternativen oder Ergänzungen es dazu gibt. Der Begriff der Improvisation wird dann plötzlich wichtig. Ulf Lunge und sein Bruder haben in ihren Laufläden und der Laufschuhmanufaktur diesbezüglich eine klare Haltung entwickelt.

Pläne haben kurze Beine

Planung ist bei uns eher ein Gedankenmodell, das wir so nebenbei ein wenig pflegen. Schließlich wissen wir nicht, wie die Zukunft wird. Warum sollten wir jetzt lange Pläne machen, was wir wann machen, hin und her überlegen und dem Ganzen dann noch Namen geben? Wir versuchen stattdessen, die Entscheidungssituation immer wieder neu aufzustellen. Was können wir jetzt tun? Wir wissen dabei natürlich genau, was wir für Zyklen haben, wie lange es braucht, bis eine Schuhproduktion umgestellt ist usw. Was machen wir dann als Nächstes? Was haben wir alles auf dem Tisch, was wollen wir machen? Da halten wir uns einen gewissen Vorrat und pflücken dann die reife Frucht, die uns am geeignetsten erscheint. Aber da lange Pläne machen, welche Pflaume wohl als Nächstes dran ist und dann eine Reihenfolge machen, zu einem Zeitpunkt, wo man noch gar nicht weiß, wie die sich entwickeln? Das funktioniert nicht. Für uns haben Pläne nicht den Stellenwert, nach dem wir gefragt werden. Die Standardfrage von Journalisten lautet: »Wie sehen Ihre Pläne aus?« Haben wir nicht. Wir sehen einfach ein Potenzial und suchen einen Weg, um dieses Potenzial möglichst gut zu nutzen. Wo wir da landen, weiß ich auch nicht genau, weil wir eben flexibel sind. Das ist die große Chance.

Lunge und sein Bruder ziehen aus der Unvorhersehbarkeit klare Konsequenzen. Eigentlich müssten sie damit aus der konservativen Sicht der Unternehmenssteuerung scheitern. Tun sie aber nicht. Im Gegenteil. Das Beste an dieser im Zitat erläuterten Haltung ist der Schluss. Da wird das Nichtwissen, die Unvorhersehbarkeit und Unsicherheit plötzlich zur »Chance«. Wenn das Meiste in der Zukunft unsicher ist, wird vieles möglich! Sobald wir uns diese Haltung zu eigen machen und unsere Unternehmen danach ausrichten, werden wir äußerst flexibel. Wir können auf der Welle der Möglichkeiten surfen, anstatt in der Unsicherheit zu ersaufen. Es ist unsere Entscheidung.

Aber es ist nicht nur so, dass Pläne scheitern. Manches ist gar nicht geplant und darf eigentlich gar nicht passieren. Vor allem nicht im Rahmen unserer häufig geforderten Null-Fehler-Kultur. Die Hohepriester der Fehlerabstinenz kommen aber nicht auf die Idee, ihre Forderung kritisch zu hinterfragen, sondern drängen stattdessen auf immer drastischere Perfektionskonzepte. Ja, viele Fehler sollten nicht passieren. Das ist korrekt. Aber sie tun es doch. Egal welche oder wie viele Null-Fehler-Programme aufwändig eingeführt und umgesetzt werden. Die Welt um uns herum entwickelt sich auch nicht immer so, wie wir uns das wünschen. Das Problem der Hohepriester und ihrer Sekten liegt darin, dass sie kein Konzept dafür haben, wie wir professionell vorgehen, wenn wir das Ziel nicht erreichen oder das Unerwünschte wider unseren Willen doch eintritt. Wir müssen Achtsamkeit und Geistesgegenwart zeigen. Aber derartige Begriffe sind verpönt und tauchen fast nur bei den bereits erwähnten High Reliability Organizations auf.

In manchen Momenten können wir unsere intuitiven Entscheidungen, unsere Improvisation, das Handeln aus dem Hier und Jetzt, nicht lange diskutieren und abwägen. Das konnte Wag Dodge auch nicht. Deshalb ist es so wichtig, auf das Unwägbare vorbereitet zu sein. Wir müssen lernen, zu improvisieren und schnell intuitiv zu entscheiden. Die Qualitätssicherung, die wir im Moment des Handelns nicht mehr leisten können, müssen wir vorziehen, indem wir Improvisation und Intuition im Vorfeld professionalisieren. Wir können besser werden, wenn wir nicht stumpf darauf warten, dass irgendwann ein tragisches Ereignis eintritt. Oder noch schlimmer, einfach naiv und kindlich so tun, als würde sich die Welt um unseren Willen drehen. Demzufolge müssen wir intuitive Improvisation als professionellen Handlungsmodus verstehen und in unseren Unternehmen kultivieren, wenn wir weniger häufig auf die Nase fallen wollen. Was genau unterscheidet nun eigentlich die Planung von der Improvisation?

In Kasten 4 finden Sie pointiert die fundamentalen Unterschiede zwischen dem planenden und improvisierenden Handlungsmodus. Die Grundeigenschaften sind klar und verweisen auf die längst vergangene Blütezeit der Planung. Starre Unternehmen sind fast schon Totgeburten, sie werden heute nicht mehr lange überleben. Flexible Unternehmen hingegen sind genau das, was wir in der dynamischkomplexen Wirtschaft brauchen. Planung heißt, die unbekannte wilde Zukunft dadurch zu bändigen, dass wir sie in einen Käfig sperren, aus dem sie meistens doch wieder ausbricht. Und wenn nicht, heißt das noch lange nicht, dass wir nicht erfolgreicher hätten sein können, wenn wir flexibel improvisierend auf die Möglichkeiten eingegangen wären, die wir in unserer Planung nicht vorausgesehen haben.

Die unterschiedlichen zugrunde liegenden mentalen Modelle sprechen ebenso Bände. Die Planung ist verschweißt mit der trivialen Maschine. Wir schmieden Pläne. Hammer auf Amboss. Gut geölte Zahnräder greifen ineinander und treiben Fließbänder wohlgetaktet pausenlos vorwärts ohne Rücksicht auf menschliche Bedürfnisse.[6]

	PLANUNG	IMPROVISATION
Grundeigenschaften	starr	flexibel
Mentales Modell	Unternehmen als (triviale) Maschine	Unternehmen als Organismus (= nicht-triviale Maschine)
Innere Haltung	versucht Überraschungen zu vermeiden, weil sie den Plan stören	lebt von Überraschungen, weil darin der Mehrwert liegt
	Ablehnung: »Ja, aber ...« = Aktives Steuern	Akzeptanz: »Ja, und ...« = Aktives Zulassen
	Misstrauen & Kontrolle Fehler sind Zeichen mangelnder Qualität und/oder Ohnmacht gegenüber unkontrollierbaren Faktoren	Vertrauen & Durchlässigkeit Fehler passieren und sind Lern- oder sogar Innovations-Chancen
Wahrnehmungsstil	fokussiertes Sehen: dadurch Reduktion der Wirklichkeit	peripheres Sehen: dadurch Blick aufs Ganze
Problemlösungsstil	sucht die Wahrheit, die eine richtige Lösung	sucht die Machbarkeit, die jetzt mögliche Lösung, ohne daran festzuhalten
Entscheidungsstil	möglichst rational – wer nicht rationalisiert, fliegt raus	möglichst intuitiv – wer nicht auf seine Intuition achtet, fliegt raus

Kasten 4 Gegenüberstellung Planung – Improvisation

Wir beherrschen alles in diesem Modell, es gibt keine Unwägbarkeiten, die wir nicht bezwingen könnten. Wir haben das Unkontrollierbare und Unwahrscheinliche besiegt. Es ist das Land der vertriebenen schwarzen Schwäne. Ganz anders verhält es sich, wenn wir unsere Unternehmen als Organismus denken. Dann stehen wir vor einem Lebewesen. Und das Leben folgt Gesetzen, die wir längst noch nicht alle kennen. Wenn wir uns und andere nicht zerstören wollen, bleibt nur Respekt und Bescheidenheit vor dem, was wir in letzter Instanz nicht verstehen.[7] Maschine oder Organismus – das sind zwei fundamental verschiedene mentale Modelle und damit Haltungen unseren Unternehmen gegenüber. Sie und ich, wir alle entscheiden darüber, was wir für Wirklichkeit halten, und vor allem, welche Wirklichkeit wir erschaffen.

Wenn die Zukunft als Chance wahrgenommen wird, liegt in Überraschungen ein Mehrwert. Man versucht nicht mehr zwanghaft, die Überraschungen auszumerzen oder wieder aus der Realität zu vertreiben. Diese Überraschungen werden entweder abgelehnt oder aktiv zugelassen – »aktiv«, weil sie eben erwünscht sind. Der Unterschied wird mit am deutlichsten bei Misstrauen und Kontrolle auf der einen Seite und Vertrauen und Durchlässigkeit auf der anderen. Wer plant und anschließend den Plan umsetzen will, muss Soll-Ist-Vergleiche anstellen. Er muss kontrollieren. Und er misstraut dem Frieden, denn häufig genug ist ja schon ein Plan gescheitert. Ganz anders der improvisierende Modus: Hier gibt es vor allem ein Vertrauen in sich und die anderen, dass man gemeinsam mit Überraschungen klarkommt oder sie vielleicht sogar produktiv nutzen kann. In der Improvisation hängt man sich nicht auf an den Überraschungen und versucht das Unerwartete zu domestizieren, sondern nimmt es auf, handelt spontan aus der Situation heraus mit allen Risiken und lässt so die Überraschung wieder los. Das ist die erste Facette von Durchlässigkeit.

Ähnlich prägnant ist der Unterschied in der Fehlerkultur. Planung bedeutet in der Konsequenz eine Null-Fehler-Kultur, denn jeder Fehler bedroht den Plan und stellt die zuvor geleistete Arbeit der Planung selbst in Frage. Eine weitere Konsequenz daraus: Wir müssen den oder die Schuldigen suchen, damit wir für die Zukunft diese Fehlerquelle eliminieren können. Ganz anders in der Improvisation. Wo das Unternehmen als Organismus gesehen wird, sind Fehler natürlich.

Und sie werden vor allem als Lernchance gesehen – eben so, wie es sich bei uns Menschen tatsächlich verhält. Wir müssen sogar ab und an Fehler machen, um zu lernen.

Die Wahrnehmung unterscheidet sich dergestalt, dass der Planende auf sein Ziel fokussiert ist und dazu neigt, neue Entwicklungen erst und nur dann wahrzunehmen, wenn sie den Plan durchkreuzen. Der Tunnelblick wird zum Programm. Anders der Improvisierende. Er oder sie hat einen peripheren Blick. Auch scheinbar nichtige Kleinigkeiten werden wahrgenommen und können in der Improvisation nutzbringend umgesetzt werden. Allerdings hat der periphere Blick den Preis möglicher Ablenkung. Und genau da wird unsere Intuition wichtig, um bedeutsame von unbedeutenden Kleinigkeiten zu unterscheiden. Wir brauchen unsere Intuition, um die richtigen, nur scheinbar unwichtigen Aspekte wahrzunehmen und die anderen gleich wieder zu vergessen. Das ist der zweite Aspekt von Durchlässigkeit.

Beim Problemlösungsstil suchen wir im planenden Modus die eine wahre und richtige Lösung, denn sie ist durch das Planungsziel vorgegeben. Wir bemühen uns mit aller Energie, diese Lösung zu realisieren, und halten so lange als möglich an ihr fest. Alles was diese Lösung in Frage stellt oder bedrohen könnte, wird zur Seite geschoben oder bekämpft. In der Improvisation geht es dagegen einfach nur um machbare Lösungen, und wir verschwenden keine Zeit und Energie darauf, das Ziel auf Biegen und Brechen zu verfolgen. Vielleicht kommt am Ende etwas ganz anderes dabei heraus als geplant. Bei 3M wurde zum Beispiel eine besonders haltbare Folie für Baustellenschilder entwickelt, die das Ergebnis von drei Fehlern ist, die drei Leuten etwa gleichzeitig passiert sind. Randall Erickson, Chef von 340 Forschern bei 3M, meinte zum fertigen Produkt sinnmäß, dass sich so etwas nicht steuern ließe. Man müsse nur aufpassen, die Chance zu nutzen. Kein schlechtes Ergebnis.

Der Entscheidungsstil unterscheidet sich dadurch, dass im planenden Handeln möglichst viele Zahlen, Daten und Fakten (ZDF) gesucht werden, um daraus rational Argumente zu entwickeln. Natürlich spielt, wie ich schon gezeigt habe, Intuition immer eine Rolle, aber sie wird einfach ausgeblendet und zur Seite geschoben. Ein ungutes Gefühl beim Projekt-Kickoff wird nicht ernst genommen, weil man nicht begründen kann, warum die Meilensteine unrealistisch sind. In der Improvisation haben wir hingegen keine Zeit, lange Fakten zu suchen und Argumentationen aufzubauen. Wir müssen handeln. Jetzt und sofort. Deshalb müssen wir in der Improvisation noch mehr auf unsere Intuition achten als beim planenden Entscheidungsstil. Weil das Handeln in Echtzeit abläuft. Auf die Spitze getrieben könnte man es so formulieren: Wer denkt, fliegt raus. Im Gegensatz zum Beuysschen Bonmot liegt hier die Sache genau umgekehrt, weil das ausführliche »ZDF-Denken« viel zu langsam ist. Wobei noch anzumerken wäre: Diese Form des Denkens verdient diesen Namen eigentlich gar nicht. Wer wirklich denkt, erkundet auch gedankliches Neuland. Wer wirklich denkt, bestellt nicht nur seinen eigenen geistigen Schrebergarten. Wer wirklich denkt und dem Denken Ehre macht, denkt auch über sein eigenes Denken nach. Wir sind nur dann rationale Denker, wenn wir unsere eigenen mentalen Modelle reflektieren!

Komplexität erfordert intuitive Improvisation. Wir können die Zukunft nicht vorhersagen und deshalb werden unsere detaillierten Pläne immer wieder scheitern. Wir sollten darauf vorbereitet sein, indem wir unsere Intuition und unser Improvisationsvermögen professionalisieren. Dann können wir gelassener in die Zukunft schreiten. Wenn wir das beherzigen und noch ein professionelles Gespür für unsere Zukunft entwickeln, für zukünftige Möglichkeiten, dann wird wie bei den Lunge-Brüdern die Unsicherheit zur Chance, zu einem Tanz mit den Möglichkeiten.

Eine Illustration dieses Gespürs für die Zukunft ist die Erfindung des Walkie-Talkie. 1928 gründeten Paul Galvin und sein Bruder Joseph in Chicago die Galvin Manufacturing Corporation, den Grundstein zum heutigen Unternehmen Motorola. Anfänglich wurden vor allem Autoradios in einer winzigen Werkstatt von rund einem Dutzend Techniker hergestellt. Lange mussten sich die beiden Brüder durchbeißen und auf vieles verzichten. 1936 hatte Paul Galvin dann das erste Mal das Gefühl, Urlaub machen zu können. Zusammen mit seiner Familie besuchte er auf einer Europareise auch Deutschland. Er bekam schnell den Eindruck, Hitler würde einen Krieg beginnen wollen. Als er wieder in Chicago war, schickte er einen seiner Mitarbeiter ins Camp McCoy in Wisconsin, um in Erfahrung zu bringen, wie die amerikanische Armee zwischen den verschiedenen Einheiten kommunizierte. Es stellte sich heraus, dass sich die Technik seit dem

Ersten Weltkrieg nicht groß weiterentwickelt hatte. Es wurde immer noch ein Telefondraht von der Frontlinie in die hinteren Schützengräben gezogen.

Als Paul Galvin das erfuhr, kam er auf die Idee, das Autoradio weiterzuentwickeln. Zum Empfänger musste noch ein Sender und eine Batterie hinzugefügt werden, um fortan drahtlos kommunizieren zu können. 1940, kurz nach Hitlers Angriff auf Polen, war das tragbare AM-Zweiwege-Funkgerät SCR536 einsatzbereit. 1943 kam dann mit dem SCR300 das erste tragbare FM-Zweiwege-Funkgerät auf den Markt.

Paul Galvin hatte eine diffuse Stimmung auf seiner Reise intuitiv richtig gedeutet, seine Intuition ernst genommen und sie für sein Unternehmen produktiv genutzt. Der heutige Motorola-Vorstand würde vermutlich erst einmal eine ordentliche Marktanalyse machen lassen. Allerdings ist für die Verfolgung vieler Ziele dann der Zug bereits abgefahren. Wenn etwas komplex ist, spielt die Entscheidungsgeschwindigkeit oft eine wichtige Rolle, so wie es Andreas Hartleif, der Vorstandsvorsitzende der VEKA AG im ersten Kapitel geschildert hat. Intuition bietet dann den Wettbewerbsvorteil der schnelleren Entscheidung.

Wenn es einfach ist

Die *Herald of Free Enterprise* war der Stolz der Reederei Townsend Thoresen. Mit fast 132 Metern Länge war diese Passagier- und Fahrzeug-Fähre Rekordhalterin bei ihrem Stapellauf im Jahr 1980. Sie konnte ungewöhnlich schnell ihre Spitzengeschwindigkeit von 22 Knoten, also knapp 41 Kilometer pro Stunde, erreichen und bot Platz für 1 400 Personen.

Kurz vor dem Einlaufen in den Hafen von Zeebrügge am 06. März 1987 wurden die Ballasttanks der Fähre zum Teil geflutet, um das Ent- und Beladen an der niedrig liegenden Rampe zu ermöglichen. Nachdem die Fähre im Hafen war, öffnete der Bootsmann Stanley ordnungsgemäß die Bugtore, damit die Fahrzeuge an Land fahren konnten. Er beaufsichtigte dann einige Wartungsarbeiten und die Reinigung des Decks. Danach wurde er vom Oberbootsmann Ayling zu einer Pause entlassen. Stanley ging in seine Kajüte, machte es sich auf seinem Bett bequem und schlief dort ein. Damit nahm die Katastrophe ihren Lauf. Während Stanley sich schlafend von der Arbeit erholte, wurde die Fähre beladen. 81 Personenkraftwagen, 47 Lastkraftwagen und drei Busse fuhren langsam in den Schiffsbauch. Die Fahrer und Beifahrer verließen die Fahrzeuge und gingen zu den für die Passagiere vorgesehenen Decks. Um kurz nach 18 Uhr legte die *Herald of Free Enterprise* ab. Aus Zeit- und Kostengründen war es damals üblich, dass dieser Fährtyp die Bugklappen erst nach dem Ablegen schloss.

Als die Fähre gegen 19 Uhr bei ruhiger See die Hafeneinfahrt passierte, waren 543 Passagiere und 80 Besatzungsmitglieder an Bord. Aus der Sicht des Kapitäns David Lewry und des Oberbootsmanns Ayling, die sich zu diesem Zeitpunkt auf der Kommandobrücke befanden, verlief alles korrekt. Weder Lewry noch Ayling konnten von der Brücke aus sehen, ob die Bugklappen geschlossen waren, da sie horizontal zur Seite geöffnet und nicht wie bei anderen Fähren nach oben geklappt wurden. Es gab weder Kontrollleuchten noch akustische Kontrollsignale, sodass sie sich alleine darauf verlassen mussten, dass der Bootsmann Stanley nach der Abfahrt der Fähre die Klappen schloss. Aber Stanley schlief noch immer.

Eigentlich wäre auch das kein zwingendes Problem gewesen, da die Bugwelle normalerweise nicht an die Kante des Autodecks heranreicht. Aber die Ballasttanks waren noch nicht leergepumpt, wodurch das Schiff um knapp einen Meter tiefer lag. Außerdem führte das niedrige Hafengewässer zum Flachwasser-Effekt, durch den die Fähre nach unten gezogen wurde, da die Einengung zwischen Grund und Rumpf die dortige Strömung beschleunigt und so einen Unterdruck erzeugt, der seinerseits durch den Sog der Schiffsschraube nochmals verstärkt wird. Die unglückliche Verkettung aus befüllten Ballasttanks und dem Flachwasser-Effekt führte dazu, dass schließlich doch Wasser in das Autodeck eindrang. Von da an ging alles sehr schnell. Bei einer Geschwindigkeit von knapp 30 Kilometern pro Stunde schoss das Wasser mit 200 Tonnen pro Minute in den Rumpf. Da die *Herald* wie andere Fähren mit Roll-on-Roll-off-Verkehr keine das Deck unterteilenden Schottwände hatte, konnte das Wasser ungehindert das gesamte Fahrzeugdeck fluten. Innerhalb von 90 Sekunden kenterte die Fähre: Es kam erst zu einer Schlagseite links, wodurch das Wasser zunehmend mehr in die Backbordseite strömte, so dass die *Herald* schließlich vollends auf die linke Seite kippte, bis die Steuerbordseite ganz aus dem Wasser gehoben wurde. Glücklicherweise war die Fahrrinne dort flach, sodass die havarierte Fähre auf einer Sandbank zum Liegen kam und nicht ganz unterging. Allerdings blieb keine Zeit mehr, die Rettungsboote zu Wasser zu lassen. Obwohl sich der erste Rettungshubschrauber bereits 19 Minuten nach dem Vorfall über der Fähre befand und kurz darauf auch das erste Schiff eintraf, starben 193 Menschen in dem eiskalten Märzwasser. Es war in der Geschichte der britischen zivilen Schifffahrt seit dem Untergang der Titanic die schlimmste Katastrophe.

Sind Sie bis hierher so wie viele andere auch der Meinung, dass wir den Übeltäter in der Geschichte identifiziert haben? Schütteln Sie auch den Kopf darüber, wie Bootsmann Stanley durch sein Verschlafen ungewollt, aber dennoch das Leben vieler Menschen beendete? Schließlich war er es und niemand sonst, der die Regeln missachtete. Alle anderen hatten sich absolut korrekt verhalten. Oder etwa nicht?

Die Antwort darauf und die Bedeutung für professionelle Intuition finden wir in der Order »01.09, Fertig zum Auslaufen«. Sie wurde vom Management von Townsend Thoresen erlassen. Sie besagte, dass der Kapitän die Fahrt zum festgesetzten Zeitpunkt beginnen wird, wenn von keinem der jeweiligen Abteilungsleiter eine gegenteilige Nachricht übermittelt wird. Die Abteilungsleiter wiederum hatten die Aufgabe, an den Kapitän zu berichten, wenn etwas nicht ordnungsgemäß lief. Im ersten Moment mag das sinnvoll klingen, denn so wird überflüssige Kommunikation vermieden. Wenn man aber kurz nachdenkt, ist diese Order ziemlich dumm, gleichwohl wir alle schon den Satz gehört haben: »OK, wenn Sie sich nicht mehr melden, gehe ich davon aus, dass alles in Ordnung ist.« Das Problem dabei ist simpel:

Wenn wir nichts hören, wissen wir noch lange nicht, ob alles plangemäß läuft. Wir wissen nur, dass wir nichts wissen. Möglichkeit eins: Alles ist in Ordnung. Möglichkeit zwei: Wir hören nichts, weil gerade etwas aus dem Ruder läuft und der Berichterstatter genau mit dem Problem kämpft, das auch für uns relevant ist und das ihn davon abhält, uns zu benachrichtigen. Möglichkeit drei: Der Berichterstatter ist aus welchen Gründen auch immer nicht in der Lage zu berichten und weiß möglicherweise selbst nicht, ob alles seinen korrekten Gang geht. Bootsmann Stanley hätte auch mit einem Herzinfarkt in seiner Kajüte liegen können. Und selbst wenn er sich halbtot noch bis zu der Schließ- und Öffnungsvorrichtung der Bugtore geschleppt hätte und dort zusammengebrochen wäre, würden der Kapitän und der Oberbootsmann glauben, alles wäre in bester Ordnung. Lewry und Ayling waren in der Situation, gar nicht wissen zu können, ob sie den Hafen verlassen durften oder nicht. Die trügerische Order 01.09 hat die beiden aber genau zu der Annahme verleitet, sie wüssten, was Sache sei. Wir glauben alle an die erste Möglichkeit, wenn wir nicht notorische Pessimisten sind, denn es ist die Erwartung, die uns am meisten zusagt: dass es keine ärgerlichen Abweichungen vom Plan gibt. Schließlich wurden die Bugtore auch erst nach dem Ablegen geschlossen, weil es im Fährgeschäft am Kanal einen hohen Zeit- und Kostendruck gab. Lewrys Aufgabe bestand unter anderem sachgemäß darin, die Fähre und die Mannschaft so zu steuern, dass möglichst keine Verspätungen und dadurch Zusatzkosten entstanden. Wenn er nach dem Ablegen nichts hörte, war das genau das, was er hören *wollte*.

Exakt an dieser Stelle, in einem Zeitfenster von wenigen Minuten, hatten sowohl Lewry als auch Ayling die Möglichkeit einer einfachen Entscheidung. Sie hätten damit zwar gegen ihre Gewohnheit und gegen die Order 01.09 gehandelt, aber mit dieser Zuwiderhandlung überhaupt erst die Ziele des Managements sicherstellen können. Diese Option bestand darin, aktiv nachzufragen. Die Situation war zum Zeitpunkt des Ablegens weder komplex noch unlösbar gewesen. Im Gegenteil: Es war vielmehr eine einfach Frage nach digitalem Muster mit einem ebenso einfachen Lösungsschema. Wenn der Input bekannt war, konnte der Output vorhergesagt werden. Waren die Bugtore offen oder geschlossen? Durfte der Hafen verlassen werden oder nicht?

Aus der Tragödie um die *Herald of Free Enterprise* sollten wir drei Dinge lernen. Erstens, niemals das Prinzip der Order 01.09 zu verwenden, wenn es um etwas Wichtiges geht. Es erzeugt aktiv Nichtwissen. Und je nachdem, in welchem Umfeld wir arbeiten, kann dieses Nichtwissen tödliche Konsequenzen haben. Beide Seiten, Mitarbeiter und Vorgesetzte, sind in der Pflicht, auf jeden Fall aktiv zu werden. Mitarbeiter müssen sowohl im Falle des Erfolgs als auch des Misserfolgs die Lage kommunizieren, um Zwei- oder Mehrdeutigkeiten auszuschließen. Und der Berichtsempfänger ist zusätzlich in der Verantwortung, nachzufragen. Er ist – jenseits von formalen Regeln – dazu verpflichtet, selber zu denken. So wie ich es oben beschrieben habe. Wir müssen auch das durchdenken, was uns andere vorsetzen. Wenn wir intelligent und rational sein wollen, müssen wir kritisch denken und Regeln und Anordnungen hinterfragen. Viele entpuppen sich dann als ziemlich sinnfrei. Einfach dumm, willenlos, ohne wirklich durchdacht zu sein.

Die Verantwortung für die dargestellte Katastrophe ruht auf vier verschiedenen Schulterpaaren. Da ist erstens der Hersteller der *Herald* und ihrer drei Schwesterschiffe. Es ist schon eine gewisse Leistung, Bugklappen zu bauen, ohne sie mit Kontrollelementen wie Zustandsanzeigen oder Warnsignalen zu verbinden. Das Perverse dabei: Vermutlich war diese Konstruktion absolut regelgemäß, sonst hätten diese Fähren so nicht gebaut werden dürfen. Zweitens ist das Management von Townsend Thoresen verantwortlich, das eine an Fahrlässigkeit nicht zu überbietende Order auch noch schriftlich fixiert hatte. Drittens der Kapitän, der sich unkritisch an eine unsinnige Order hielt, die man auch im Vorfeld dieser Katastrophe als untauglich identifizieren konnte, und der zudem mit Überzeugung in die Erfolgsfalle tappte. Viertens der Bootsmann, der sich keinen eigenen Wecker gestellt hat, um seiner alles andere als geringfügigen Aufgabe korrekt nachgehen zu können. In allen vier Fällen kann man problemlos mangelhaftes Denken diagnostizieren – ohne dass wir gleich wieder der Intuition die Schuld in die Schuhe schieben können. Das ist die erste Lehre.

Zweitens wird hier noch etwas anderes deutlich. Dazu bedarf es eines Rückgriffs auf das erste Kapitel und den Ausgangspunkt der Legitimation von Management. Die Mitarbeiter sind laut Taylor zu dumm, um selbst die Ausführung zu steuern und sich selbst zu führen. In der Logik der wissenschaftlichen Betriebsführung braucht es deshalb zur Steuerung das intelligente Management. Also ist das Management seiner formalen Verantwortung nicht nachgekommen. Es hat versagt. Damit nicht genug. Es hat darüber hinaus gleich nochmals versagt. Denn der Kapitän war offensichtlich tatsächlich zu denkfaul oder zu nachlässig oder beides auf einmal. Schließlich hätte er die Besonderheiten des Hafens von Zeebrügge parat haben müssen. Und das bedeutete: geflutete Ballasttanks und Flachwasser-Effekt. Wer dann nicht aktiv sicherstellt, dass die Bugtore geschlossen sind, handelt fahrlässig. Das ist kein Beweis dafür, dass Taylor mit seiner Beurteilung der Mitarbeiter richtig lag, denn es ist unstrittig, dass es intelligente und weniger intelligente Menschen gibt. Es zeigt vielmehr, dass das Management entweder nicht in der Lage war, einen intelligenten Mitarbeiter einzustellen, da die Personalsuche und -einstellung schließlich Managementaufgabe ist. Oder aber, wenn es glaubte, denkfaule oder nachlässige Mitarbeiter einstellen zu müssen, um nicht hinterfragt zu werden, hätte es niemals die Order 01.09 ersinnen dürfen. Es hätte vielmehr idiotensichere Regeln erstellen müssen. Das Management von Townsend Thoresen ist – stellvertretend für so manch andere Unternehmensführung – gefangen in diesem Dilemma des Versagens. Es müsste sich konsequenterweise selbst fristlos entlassen. Das ist die zweite Lehre.

Drittens sollten wir eine grundsätzliche Achtsamkeit und Intuition entwickeln für richtige oder falsche Abweichungen von Regeln und standardisierten Prozeduren. Jede Regel kennt ihre Ausnahme; und jede Regel ist dafür da, im richtigen Moment gebrochen zu werden. Die Kunst erfolgreichen Verhaltens besteht darin, zu wissen oder zu erspüren, wann das der Fall ist und wann nicht. Beides, Regeln zu befolgen und Regeln zu brechen, kann richtig oder falsch sein. Es ist eine einfache Frage. Folgen wir der Regel oder brechen wir sie?

Sophia von Rundstedt ist gemeinsam mit Eberhard von Rundstedt und Heike Cohausz Geschäftsführerin bei der von Rundstedt & Partner GmbH. Dieses Düsseldorfer Unternehmen mit 10 Niederlassungen in Deutschland und Österreich hat ein umfassendes Beratungsportfolio für Unternehmen und Einzelpersonen unter anderem in den Bereichen Outplacement- und Karriere-Beratung, Coaching, Management-Diagnostik und Recruitment. Frau von Rundstedt sagt zum Thema Regelbrüche Folgendes:

Ich überlege mir, welche Situation das beträfe. Wir haben zum Beispiel die Regel, dass Niederlassungsleiter maximal 10 Prozent unter die Mindestbeträge gehen dürfen, die wir in der Preisliste definiert haben. Wenn da jemand weiter abweicht, muss er sich mit der Geschäftsführung abstimmen. Wenn mir dann jemand aus dem Vertrieb, der dafür verantwortlich ist, Kundenverträge zu machen, erzählt: »Ich hab da intuitiv einen Preis gesagt«, würde ich antworten: »Falscher Job.« Das kann nicht sein. Wenn mir aber ein Berater sagt, er musste in einer Beratungssituation spontan eine Entscheidung treffen, wie wir dem Klienten entgegenkommen können, und er hat etwas angeboten, was schlecht angekommen ist oder was wir üblicherweise so nicht anbieten würden, dann würde ich sagen: »OK, das ist zwar blöd gelaufen, aber so jemand hat als Berater auch eine Berechtigung, sich stärker intuitiv zu verhalten. Da gibt es unterschiedliche Situationen.[8]

Mit anderen Worten: Es gibt keine feste Regel zu Regelbrüchen. Das macht Sinn. Wichtig ist beim Umgang mit Regeln auch, dass wir nicht zu selbstsicher werden sollten. Ein schlechtes Vorbild waren die Ingenieure von Tschernobyl. Sie überschätzten sich selbst maßlos und wurden zu einem traurigen Sinnbild für mangelnde professionelle Selbstreflexion und Bescheidenheit, als sie die Vorschriften zur Steuerung des Reaktors missachteten.[9] Kapitän Lewry hat dasselbe mit umgekehrten Vorzeichen getan, als er die Order 01.09 vollkommen korrekt befolgte. In diesem Zusammenhang ist unsere Intuition äußerst hilfreich und effektiv. Eine gefühlte felsenfeste Sicherheit – egal ob regelkonform oder regelbrechend – kann ein Warnsignal sein, das uns auf eine mögliche Selbstüberschätzung hinweist. Das ist die dritte und letzte Lehre.

Wie zu Beginn dieses Kapitels erläutert, wird die Entscheidungskultur durch tägliche kleine Entscheidungen mindestens genauso geprägt wie durch die »großen« Management-Entscheidungen. Lewry hatte die tägliche Entscheidung zu treffen, ob die Fähre den Hafen verlassen darf oder nicht. Es war weder eine komplexe Entscheidungssituation noch eine seltene, alle paar Jahre eintretende Herausforderung wie die Entwicklung einer neuen Unternehmensvision oder -strategie. Trotzdem hatte diese Entscheidung einen maßgeblichen Einfluss auf den Erfolg und Misserfolg der *Herald of Free Enterprise* und deren Reederei.

Lesetipps

Briggs, J. (1995): *Die Entdeckung des Chaos. Eine Reise durch die Chaos-Theorie,* Dtv.

Weick, K./Sutcliffe, K. (2006): *Das Unerwartete managen. Wie Unternehmen aus Extremsituationen lernen,* Klett-Cotta.

6
Wie Sie Ihre Intuition und die Ihrer Mitarbeiter professionalisieren

Am 27. Januar 1756 wurde Wolfgang Amadeus Mozart geboren. Ob wir seine Musik mögen oder nicht, spielt keine Rolle. Aber wir sollten ihm Respekt zollen für seine großen Leistungen als Komponist. Zweifelsfrei gehört er zu den Großen in der Musikgeschichte und hat einen unstrittigen Ehrenplatz verdient. Seine musikalische Ausbildung begann mit vier Jahren. Mit fünf notierte sein Vater bereits die ersten Kompositionen von ihm und mit sechs Jahren erfolgten seine ersten öffentlichen Auftritte, die ihn auf Konzertreisen nach München, Passau und Wien führten. In den Jahren bis 1766 tourte er durch Belgien, Deutschland, England, Frankreich, Holland und die Schweiz. Vielleicht war er so etwas wie der erste internationale Musikstar. Es dürfte klar sein, dass er ein ungeheures Maß an Talent in die Wiege gelegt bekommen hatte, aber er begann auch früh damit, seine Meisterschaft zu entwickeln. Auch er musste dafür arbeiten.

Bei großen Jazzmusikern ist es nicht anders. So einer meiner Lieblingspianisten Keith Jarrett. Am 8. Mai 1945 geboren, begann er bereits mit drei Jahren Klavierunterricht zu nehmen. Mit 17 Jahren gab er ein zweistündiges, selbst komponiertes Soloklavierkonzert, obwohl er niemals Kompositionsunterricht erhalten hatte. Später spielte er mit vielen Größen des Jazz zusammen: Chet Baker, Art Blakey, Miles Davis und Jan Garbarek, bis er sich mit Gary Peacock und Jack DeJohnette zu seinem legendären Trio zusammenfand.

Diesen und allen anderen großen Künstlern ist eines gemeinsam: Sie waren überaus talentiert, haben früh angefangen zu üben und haben über viele Jahre immer weiter geübt, geübt und nochmals geübt. Bei aller Begabung wären sie nicht so weit gekommen, wenn sie faul und nachlässig in ihrem Streben nach handwerklicher Vervollkommnung gewesen wären.

Alle, die in irgendeiner Domäne Meisterschaft erlangt haben, seien es Künste wie Musik, Tanz oder Schriftstellerei; Wissenschaften wie Physik, Chemie oder Medizin; Kampfkünste wie Aikido, Karate oder Taekwondo – immer wieder zeigen uns diejenigen, die ihre Domäne ein Stück weiterentwickelt haben, dass es Engagement, Fleiß, Frustrationstoleranz, Geduld und nicht zuletzt Zeit braucht, um ein Meister zu werden. Und wenn wir erst einmal auf hohem oder höchstem Niveau spielen, dann müssen wir am Ball bleiben. Wenn wir unsere Fähigkeiten jahrelang einfach wieder verkommen lassen, brauchen wir keine Meisterleistung mehr zu erwarten. Wer rastet, der rostet. Das gilt genauso und kein bisschen anders für unsere professionelle Intuition. Sie ist ein Lebensweg.

Das Konzept der professionellen Intuition

Wer ein Haus bauen will, das lange hält und ein Zuhause bis zum Lebensende sein soll, braucht einen guten Grund an der richtigen Stelle. Das beste Fundament ist nutzlos, wenn es auf Sand gebaut ist oder man sich in der Umgebung nicht wirklich wohlfühlt. Deshalb beginnt die professionelle Intuition genau damit, einen guten Grund zu finden: die eigenen Einstellungen zur professionellen Intuition zu erkunden und gegebenenfalls zu korrigieren.

Wenn erst einmal ein passendes Grundstück da ist, braucht das Haus ein solides Fundament. Je höher es gebaut werden soll, umso stabiler muss es sein. Es hat keinen Zweck, viel Arbeit in die darüberliegenden Stockwerke zu investieren, wenn es diese nicht trägt. Eine solche Investition bedeutete nicht nur verschwendete Zeit und verschwendetes Geld, sie ist sogar gefährlich. Wenn der Überbau zu ehrgeizig im Vergleich zum Fundament ist, bricht das Haus eines Tages zusammen. Die Folgen können wir vorher nicht absehen.

Erst dann, wenn der gute Grund gefunden und das stabile Fundament gesetzt ist, können wir mit den darüber liegenden Stockwerken beginnen. Naturgemäß folgt das Erdgeschoss. Die erste Aufgabe besteht darin, intuitive Fehler zu minimieren. Bereits dadurch wird sich die Entscheidungsqualität verbessern.

Der nächste Schritt ist die Maximierung der erfolgreichen Entscheidungen. Stellen Sie sich vor, das erste Obergeschoss hat drei

Räume. Zunächst geht es um alle Entscheidungen, die innerhalb der jeweils bestehenden unternehmerischen Regeln stattfinden und keine Improvisation erfordern. Im zweiten Raum geht es um die wichtige Frage, wann es Erfolg versprechend ist, eine Regel zu befolgen oder zu brechen. Der dritte Raum beherbergt die Improvisation als Handlungsmodus im Gegensatz zur Planung.

Die Fenster in jeder Etage sind die Kommunikation intuitiver Entscheidungen. Hier finden Sie folgende Fragen und ihre Antworten: Wie kommuniziere ich Intuition in einem intuitionsfeindlichen Umfeld? Wie kommuniziere ich Intuition in einem intuitionsfreundlichen Umfeld?

Mit dieser Metapher ist es wie mit allen anderen auch: Sie hat Vor- und Nachteile. So wie jeder Vergleich immer auch ein bisschen hinkt. Intuition können wir nicht in eine Schubkarre legen. Wir können keine Wahrnehmungsbausteine nehmen und sie mit Achtsamkeit zementieren. Beim Hausbau wird niemals ein oberes Geschoss vor dem darunterliegenden gebaut. Wenn Sie jedoch beginnen, Ihre Achtsamkeit und Wahrnehmung zu verfeinern, arbeiten Sie bereits automatisch an Ihren intuitiven Fehlern und Ihren erfolgreichen Entscheidungen. Die strikte Reihenfolge ist nicht vergleichbar, wohl aber die Wertigkeit. Sie können gleich damit beginnen, die intuitiven Fehler zu minimieren, und werden auf diese Weise auch gleichzeitig an Ihrer Achtsamkeit arbeiten. Aber wenn Sie sich am Anfang auf die Achtsamkeit konzentrieren und sie dann immer weiter verfeinern, schaffen Sie wesentlich bessere Voraussetzung für alles Folgende.

Einen guten Grund finden – Einstellung erkunden und korrigieren

Mit der Intuition ist es wie mit allen anderen natürlichen Fähigkeiten auch. Ihre Qualität hängt maßgeblich von unserer Einstellung ihr gegenüber ab. Aus der Einstellung resultieren unsere persönlichen Erwartungen, von denen ich im dritten Kapitel berichtet habe. Positive Erwartungen beeinflussen unsere Selbst- und Fremdwahrnehmung und unser Verhalten hin zum Erfolg, während negative Erwartungen eine entsprechende selbsterfüllende Prophezeiung hin zum Misserfolg hervorrufen. Und zwar bei uns selbst *und* bei anderen Menschen. Eine negative Erwartungshaltung gegenüber der Nützlichkeit und wirtschaftlichen Sinnhaftigkeit der Intuition Ihrer Mitarbeiter beeinflusst auch deren intuitive Leistung. Es ist also eine bedeutsame Frage, wie wir der Intuition gegenüber eingestellt sind, wenn wir uns hinsichtlich subtiler Ursache-Wirkungs-Gefüge nicht als Keulen schwingende Neandertaler outen wollen. Blicken wir eher positiv auf Intuition oder eher negativ? Glauben wir an ihre Nützlichkeit und ihren Wert? Unsere Einstellung setzt sich vor allem aus unseren Glaubenssätzen und unserem Wertesystem zusammen. In den Bereich der Glaubenssätze gehören folgende fünf Fragen: Ist Intuition eine natürliche, bei jedem gesunden Menschen vorhandene Fähigkeit? Ist Intuition eine professionelle Fähigkeit? Führt Intuition zu erfolgreichen und/oder nicht erfolgreichen Entscheidungen? Ist Intuition ein Nice-to-have oder ein Must-have? Kann Intuition weiterentwickelt werden?

Wenn Ihnen der Begriff Glaubenssätze zu weichgespült klingt, können Sie ihn sofort durch den wissenschaftlichen und rationalen Begriff der »subjektiven Theorie« ersetzen. Wir brauchen in unserem Leben subjektive Theorien, um überhaupt handlungsfähig zu sein. Wenn wir kein Modell darüber haben, wie die Welt und die Menschen »funktionieren« und was wir tun müssen, um etwas zu erreichen, wissen wir nicht, wie wir zu unserem Ziel gelangen. Wir brauchen eine Vorstellung davon, wie wir die Wirkung erzeugen können, die wir erreichen wollen.

Im ersten Moment könnte Ihnen verständlicherweise der Begriff »Glaubenssatz« als eine nicht angemessene Übersetzung des Begriffs »subjektive Theorie« erscheinen. Es ist aber tatsächlich dasselbe. Eine subjektive Theorie ist in vielen Fällen eine ungeprüfte Hypothese über Wirkungszusammenhänge. Wir *glauben,* etwas verhalte sich so oder so. Wir wissen es noch nicht. Infolge dieser Glaubenssätze oder subjektiven Theorien nehmen wir selektiv wahr, weil wir unser Modell unbewusst bestätigen wollen. Wir alle erliegen der Gefahr des Bestätigungsfehlers, dem auch Ori und Rom Brafman mit ihrem Buch *Kopflos* aufgesessen sind. Es ist menschlich. Wir sollten uns aber dazu erziehen, unsere Glaubenssätze als das zu sehen, was sie meistens sind: nämlich ungeprüfte Hypothesen. Sie können genauso richtig wie falsch sein. Infolgedessen sollten wir uns bemühen, unsere subjektiven Theorien zu *widerlegen.* Das ist das einzig vernünftige

Vorgehen. Wir sollten nach dem Ausschau halten, was unseren Glaubenssätzen widerspricht. Wir haben an dieser wichtigen Stelle die Chance, den Bestätigungsfehler, den ich im ersten Kapitel erwähnte, auszuschließen.

Auf diese Weise verwandeln wir langsam, aber sicher unsere subjektiven Theorien in intersubjektive Theorien, die wir mit anderen Menschen teilen und denen wir nicht alleine verhaftet sind. Wichtig bleibt dabei noch eines: Selbst wenn wir über objektive Theorien also solche reden, die durch wissenschaftliche Prozesse geprüft wurden, handelt es sich häufig immer noch um kollektive Glaubenssätze. Denn im Laufe der Zeit, es mögen Jahrzehnte oder auch Jahrhunderte sein, verändern sich auch diese objektiven Theorien. Sie werden irgendwann widerlegt – falsifiziert, wie es wissenschaftlich heißt – und dann gilt wieder ein neues wissenschaftliches Paradigma. Berühmte Paradigmenwechsel waren die Veränderung vom geozentrischen zum heliozentrischen Weltbild oder der Wandel des Verständnisses von der Erde als Scheibe zur Erde als Kugel. Ein wirtschaftlicher Fall, den ich im ersten Kapitel aufgegriffen habe, waren die Theorien des wissenschaftlichen Managements, zum Beispiel der Homo oeconomicus. Wir sollten also alle vorsichtig sein, mit dem, was wir für »Wissen« halten und was für »Glauben«. Tatsächlich wissen wir viel weniger als wir glauben.

Wenn Sie dieses Buch gekauft und bis hierher gelesen haben und nicht gerade in einem Buchladen stehen und zufällig an diese Stelle geblättert haben, dann gehe ich davon aus, dass Sie Intuition zumindest nicht als irrationalen, wirtschaftsschädigenden Nonsens ansehen. Aber wie genau steht es um Ihre Glaubenssätze hinsichtlich Ihrer Intuition und der Ihrer Mitarbeiter und aller anderen internen und externen Stakeholder? Um dies zu prüfen, lade ich Sie hiermit zu einer Reise durch Ihre Glaubenssätze ein. Sie finden in den folgenden Absätzen die Antworten auf die oben erwähnten Fragen nach dem augenblicklichen wissenschaftlichen Wissensstand. Daraus ergeben sich dann die idealen Glaubenssätze für die Professionalisierung Ihrer Intuition und der Ihrer Mitarbeiter. Es geht für Sie jetzt darum, bei allen fünf Fragen einen Gegencheck zu machen: Einverstanden oder nicht? Gleichen Sie meine Glaubenssätze mit Ihren ab! Überall da, wo Sie den Argumenten und Fakten nicht folgen können oder wollen, sollten Sie für sich klären, welche Gegenargumente oder

Gegenbeweise Sie anführen. Sollte Ihnen dies nicht möglich sein, besteht Ihre Aufgabe darin, zumindest für sich herauszuarbeiten, was Sie daran hindert, sich die idealen Glaubenssätze zu eigen zu machen. Die Professionalisierung der Intuition beginnt also erst einmal damit, Ihre subjektiven Theorien zu erkunden und gegebenenfalls zu widerlegen.

Neben Ihrer persönlichen Einstellung ist natürlich auch die Einstellung der Stakeholder, insbesondere Ihrer Mitarbeiter, wichtig. Wenn Sie selbst in führender Position tätig sind können Sie diesen Glaubenssatz-Check im Downloadbereich meiner Homepage kostenfrei für Ihr Unternehmen herunterladen. Das Dokument können Sie dann in Ihrem Unternehmen verbreiten. Dann können auch Ihre Mitarbeiter ihre eigenen Theorien prüfen. Lassen Sie uns beginnen.

Erstens: Ist Intuition eine natürliche, bei jedem gesunden Menschen vorhandene Fähigkeit?

Intuition wird nach momentanem Wissensstand durch drei Mechanismen erklärt:

Unbewusste Wahrnehmung und Informationsverarbeitung: Wir nehmen Daten nicht nur bewusst, sondern vor allem unbewusst wahr und verarbeiten den größten Teil von ihnen zudem unbewusst. Dabei ist die Verarbeitungskapazität und -geschwindigkeit im Unbewussten wesentlich höher als im Bewusstsein. Hinweise darauf finden sich in den folgenden Experimenten: Versuche mit künstlichen Grammatiken (Seite 38), Steuerung komplexer Systeme wie der Jeansfabrik oder das Löschen von Waldbränden (Seite 33) und der Iowa Gambling Task (Seite 39).

Erfahrungswissen: Wir bauen im Laufe unseres Berufslebens eine Expertise auf, aus der sich unsere Intuition bei Aufgabenstellungen bedienen kann. Experten entscheiden in vielen Situationen intuitiv schneller und gleichzeitig mit größerem Erfolg, als Anfänger. Hinweise darauf finden sich in den folgenden Experimenten: Golfexperimente (Seite 32), Handballexperiment (Seite 32), Schachspiel Kasparow – Deep Blue (Seite 209).

Spiegelneurone: Die erwähne ich hier explizit zum ersten Mal. Giacomo Rizzolatti, der Chef des physiologischen Instituts der Universität Parma, entdeckte in einer Reihe von Experimenten seit den 1980ern mit Menschenaffen zufällig (!) die Spiegelneurone: Affen, die andere Affen beim Essen von Nüssen lediglich beobachten, aktivierten dieselben *Handlungs*neurone wie die essenden Affen. Sie spiegelten gewissermaßen die Handlungen der beobachteten Affen. Weitere Experimente zeigten, dass Spiegelneurone auch bei uns Menschen vorhanden sind. Das Bahnbrechende daran bestand in der Erkenntnis einer neurobiologischen Resonanz zwischen zwei oder mehreren Individuen. Damit wurden die Spiegelneurone zur bislang überzeugendsten Erklärung für intuitive Empathie. Wir spüren schnell, wie es jemandem geht, ohne es erklären zu können.[1]

Diese drei Erklärungsmodelle sind im Kern unser aktueller, wissenschaftlich fundierter Wissensstand über die Funktionsweise von Intuition. Daraus lässt sich nur eine Schlussfolgerung zu der ersten Frage ableiten: Ja, Intuition ist eine natürliche, bei jedem gesunden Menschen vorhandene Fähigkeit.

Zweitens: Ist Intuition eine professionelle Fähigkeit?

Wenn Intuition eine natürliche, bei jedem gesunden Menschen vorhandene Fähigkeit ist, heißt das noch lange nicht, dass sie automatisch eine *professionelle* Fähigkeit ist. Wir könnten unsere Intuition auf unser Privatleben beschränken. Aber dem ist nicht so. Es gibt zahlreiche empirische Studien, die zeigen, dass Intuition auch eine professionelle Fähigkeit ist.

Management, allgemein: Eine weltweite Befragung von 3 200 Managern kam zu dem Ergebnis, dass Intuition häufig erfolgreich professionell genutzt wird. Eine andere globale Studie mit 1 312 Managern zeigte, dass Intuition vor allem in den Bereichen Strategie und Planung (76,9 Prozent), Human Resources Development (78,6 Prozent), Marketing (76,8 Prozent) und F&E (71,6 Prozent) eingesetzt wird.

Management, spezifisch: Des Weiteren fand sich die Bedeutung der Intuition im Zusammenhang mit Innovationsmanagement, Personaleinstellung, kreativem Problemlösen und Controlling.

Weitere Berufe: Intuition wurde auch in verschiedenen anderen beruflichen Domänen wie Börsenhandel, Chirurgie, Erwachsenenbildung, Notfallmedizin, Pflege, Rechtsprechung und Unternehmensberatung untersucht und als wichtige Kompetenz erkannt.

Diese Arbeiten sind ein Ausschnitt aus den Ergebnissen der Forschungslandschaft rund um Intuition als professionelle Fähigkeit.[2] Damit nicht genug. Unsere Intuition spielt in allen unseren Entscheidungen eine wichtige Rolle. Ohne Intuition und Emotion keine Rationalität, wie Antonio Damasio herausgefunden hat (Seite 23). Alle unsere Entscheidungen, die täglichen kleinen wie die großen seltenen, sind von unserer Intuition und von unseren Emotionen durchdrungen. Die logische Konsequenz daraus: Intuition ist auch eine professionelle Kompetenz, weil wir sie gar nicht vermeiden können. Wir können unsere Intuition, die auch ungefragt kommt, nur ignorieren und wieder verdrängen. Aber wir können sie nicht daran hindern, bei uns anzuklopfen. Die Antwort auf die zweite Frage lautet somit: Ja, Intuition ist eine professionelle Fähigkeit.

Drittens: Führt Intuition zu erfolgreichen und/oder nicht erfolgreichen Entscheidungen?

Für die professionelle Anwendung von Intuition in Unternehmen ist diese Frage zentral. Wenn uns bei intuitiven Entscheidungen Fehler unterlaufen, hat das wichtige Folgen. Wie gehen wir mit intuitiven Fehlentscheidungen um? Und was tun wir, um die Quote der intuitiven Fehler zu minimieren? Wenn wir intuitiv auch erfolgreich sind, hat das ebenfalls Konsequenzen. Wie gehen wir dann zukünftig mit unseren Unternehmen um? Was tun wir, um die intuitiven Erfolge zu maximieren?

Für die Beantwortung dieser Frage sind Ihre Annahmen zur ersten Frage entscheidend. Wenn Sie den ersten beiden der oben erwähnten Erklärungsmodelle der Intuition zustimmen, also der unbewussten Wahrnehmung und Informationsverarbeitung sowie dem Erfahrungswissen, ergibt sich daraus, dass wir genauso intuitiv erfolgreich sein können wie nicht erfolgreich. Neben den eben kurz zusammengefassten Argumenten für erfolgreiche Intuition gibt es auch Argumente dafür und Hinweise darauf, dass wir intuitiv falsch entscheiden.

Wir begehen auch in unserer unbewussten Wahrnehmung und Informationsverarbeitung Fehler. Dadurch werden fehlerhafte Daten, Informationen und Wissensbestände zur Grundlage intuitiver Entscheidungen, die zu falschen oder nicht zieldienlichen Ergebnissen führen. Außerdem laufen wir durch unsere Expertise Gefahr, eine aktuelle Aufgabenstellung mit nicht angemessenen Vorgehensweisen entsprechend früherer Erfahrungen lösen zu wollen. Letztlich sind alle in Kapitel 3 aufgeführten Fehlerquellen dafür verantwortlich, dass wir uns falsch entscheiden: so zum Beispiel der Ankereffekt im Vereinte-Nationen-Spiel (Seite 87) oder in der Versteigerung anhand der Sozialversicherungsnummer (Seite 87) oder die Repräsentativitäts- und Verfügbarkeitsheuristik in der ärztlichen Diagnostik (Seite 84).

Die Ergebnisse sind eindeutig: Ja, Intuition kann gleichermaßen zu erfolgreichen und nicht erfolgreichen Entscheidungen führen. Wenn Sie diese Grundannahme teilen, müssten sie eine Sowohl-als-auch-Haltung der Intuition gegenüber einnehmen. Sie müssten sie einerseits als professionelle Fähigkeit wertschätzen und andererseits ihre Gefahren kennen. Ihre erste Konsequenz bestünde dann darin, Intuition zuzulassen, gleichzeitig aber achtsam gegenüber möglichen Fehlern zu sein. Die daraus resultierenden Konsequenzen werden wir im siebten Kapitel betrachten, denn Intuition ist im Falle Ihrer Zustimmung zwangsläufig auch eine Aufgabe für die Unternehmensentwicklung.

Viertens: Ist Intuition ein Nice-to-have oder ein Must-have?

Wenn Intuition eine professionelle Fähigkeit ist, heißt das keineswegs, dass sie im unternehmerischen Handeln wichtig ist. Sie könnte ebenso ein Nice-to-have sein wie ein Must-have. Aus der Antwort folgen unterschiedliche Konsequenzen. Die augenblickliche Lage ist eindeutig. Die Argumentationskette verläuft folgendermaßen: 1. Intuition ist eine bei jedem Menschen natürlich vorhandene Fähigkeit. 2. Intuition ist im Zusammenspiel mit unseren Emotionen sogar die Voraussetzung erfolgreichen Denkens und Entscheidens und kann nicht willentlich abgeschaltet werden. Wird sie durch Hirnläsionen zerstört, sind wir nicht mehr in der Lage effektiv zu entscheiden (Seite 23) 3. Deshalb ist Intuition zwangsläufig auch eine professionelle

Fähigkeit. Wir können sie nicht an der Pforte abgeben. 4. Intuition kann zu erfolgreichen Entscheidungen und zu Fehlentscheidungen führen. Umgekehrt ermöglichen intuitive Sternstunden und die tägliche, kontinuierliche intuitiv-rationale Mitarbeiterintelligenz dem Unternehmen Gewinn.

Deshalb ist die bewusste Auseinandersetzung mit Intuition ein »Must-have«. Professionelle Intuition ist alles andere als ein Luxusthema, das wir uns irgendwann zwischen zwei scheinbar wichtigeren Themen leisten können. Ihre Entscheidungskompetenz und die Ihrer Mitarbeiter hängt von einem intelligenten Umgang mit Intuition ab. Und die Effektivität und Effizienz Ihrer Entscheidungskultur ist ebenfalls unlösbar damit verbunden. Die Antwort lautet also: Intuition ist ein Must-have.

Fünftens: Kann Intuition weiterentwickelt werden?

Wenn Sie annehmen, dass Intuition eine professionelle Fähigkeit und ein Must-have ist, wäre es wünschenswert, wenn wir sie weiterentwickeln könnten. Die Professionalisierung der Intuition würde dann zweierlei bedeuten: die Minimierung der intuitiven Fehler und die Maximierung der intuitiven Treffer. Sie würden bei den kleinen täglichen und den großen, selteneren Entscheidungen weiterhin überflüssige Misserfolge in Kauf nehmen, wenn Sie intuitive Fehler nicht minimieren. Auf der anderen Seite würden Sie Chancen, Potenziale und weiteren Unternehmensgewinn verschwenden, wenn Sie die intuitiven Erfolge nicht maximieren.

Es gibt einige Unternehmer und Manager, die glauben, dass Intuition nicht entwickelt werden kann. Sie halten Intuition für eine unveränderliche Eigenschaft. Wenn Sie jedoch schon zugestimmt haben, dass Intuition in unbewusster Wahrnehmung und Informationsverarbeitung sowie Erfahrungswissen wurzelt und außerdem eine natürliche Fähigkeit ist, dann können wir doch einiges tun – nämlich all das, was ich in diesem Kapitel zeigen werde. Wir können unsere Einstellungen erkunden und gegebenenfalls ändern (woran Sie in diesem Moment bereits arbeiten), wir können Achtsamkeit entwickeln, intuitive Techniken erlernen, Intuition kritisch reflektieren und schließlich lernen, unsere Intuition erfolgreicher zu kommunizieren.

Diverse Forschungsarbeiten konnten verschiedene Facetten dieser Möglichkeiten untermauern.[3]
Die klare Antwort auf die fünfte Frage ist daher: Ja, Intuition kann weiterentwickelt werden.

So. Und jetzt kommt die Gretchenfrage, von deren Beantwortung abhängt, ob ich mit diesem Buch Ihre Erwartungen erfüllen kann: Stimmen Sie den Grundannahmen und Glaubenssätzen Nummer eins bis fünf zu, oder nicht? Alles, was in den verbleibenden Kapiteln folgt, basiert darauf, dass meine Argumentationskette stimmt. Wenn Sie widersprechen, sei es rational begründet oder gefühlt, kann das nur eine Konsequenz haben: Legen Sie das Buch zur Seite. Es ist Zeitverschwendung, weil ich Ihre Erwartungen nicht erfüllen kann. Dann können Sie noch entscheiden, ob Sie das Buch weiterverschenken, es bei eBay zum Wiederverkauf anbieten oder einfach wegschmeißen. Lesen Sie weiter?

Der zweite wichtige Aspekt Ihrer Einstellung liegt in Ihrem Wertesystem. Was ist Ihnen in Ihrem Leben und in Ihrer Arbeit wichtig? Welche Werte stehen ganz oben auf Ihrer Rangliste und welche unten? Zu viele Details führen uns hier nicht weiter. Es gibt im Zusammenhang mit professioneller Intuition nur eine wirklich wichtige Unterscheidung in Ihrem Wertesystem und den daraus entstehenden Präferenzen und Konsequenzen: Ist es Ihnen wichtiger, Ihr Unternehmen zur Sache oder zum Menschen hin auszurichten? Was heißt das?

Das Management, so wie wir es kennen, und die bislang übliche Form der Unternehmensführung lenkt Unternehmen zur Sache hin. Schwarz-weiß skizziert äußert sich das folgendermaßen: Unternehmen verstehen ihre Mitarbeiter als Rohstoff und behandeln sie auch so. Der Sinn solcher Unternehmen ist reduziert auf die Gewinnmaximierung, der alles pseudorational untergeordnet wird. Es herrscht ein sozialdarwinistischer Krieg[4] aller gegen alle, in dem die Spreu vom Weizen getrennt wird. Eine Konsequenz besteht in der Notwendigkeit einer strikten Hierarchie mit Weisung und Kontrolle, denn die meisten von uns sind schließlich dumm, faul und unselbstständig (Gorillas eben). In diesem Bild leben wir in der Informations- und Wissensgesellschaft, können Wissen managen und sind deshalb in der Lage, immer genug zu wissen, um zu planen und zu steuern. Entscheidungen werden in diesen Unternehmen dann selbstverständlich rein rational getroffen, denn Gefühle und wolkige Intuition sind der Feind professioneller Handlungskompetenz.

Andere Unternehmen richten sich zum Menschen hin aus. Ausgehend von einer anderen Grundannahme, dass Menschen gestalten wollen und sich begeistern können, hat sich die Zentrale von ihrem überflüssigen Fett getrennt, ihre Arroganz abgelegt und sorgt dafür, schlank zu bleiben. Der Sinn und Zweck eines Unternehmens besteht bei Weitem nicht nur darin, Gewinn zu maximieren, sondern vor allem in anderen Zielen, wie das Leben der Kunden lebenswerter zu machen oder einen sicheren und befriedigenden Arbeitsplatz anzubieten. Denn Geld ist ein Tausch*mittel* und damit immer nur Mittel zum Zweck. Grundsätzlich wird dort Menschen vertraut, weil intuitiv erspürt wird, dass wir Vertrauen fast so nötig brauchen wie Luft und weil vertrauensvolles Arbeiten einfach mehr Freude macht und auf Dauer mehr Energie entfaltet. In diesem Unternehmen sind Gefühle und Intuition sehr wohl erwünscht, denn es ist Teil des Welt- und Menschenbildes, dass wir erstens immer wieder in Situationen kommen, in denen wir nicht genug wissen, um rein rational zu entscheiden, und zweitens sowieso immer auch von unserem Unbewussten beeinflusst werden.

Das ist nur eine äußerst grobe Skizze. Aber sie macht die Konturen sichtbar. Der ersten Gattung, den Managern und Unternehmern, die zur Sache hin denken, lässt sich beispielhaft folgende Wertewolke zuschreiben: Geld (auch als Selbstzweck), Eigennutzen, Rationalität und Gerechtigkeit im Sinne formaler Rechtssysteme zur Schuldbestimmung. Bei der anderen Gattung finden wir andere Werte vor: Freiheit, Offenheit, Bescheidenheit, gesunder Menschenverstand, Gemeinschaft und Solidarität. Dabei spielt das Ranking der Werte keine Rolle; es weicht individuell voneinander ab und ist im Detail nicht erheblich. Die hier vorgestellte Unterscheidung soll Ihnen zur Anregung dienen, sich selbst besser verorten zu können. Wo stehen Sie jetzt? Wo wollen Sie hin? Und noch weiter gedacht: Welches Bild von sich selbst wollen Sie am Ende Ihres Lebens verwirklicht wissen?

Dazu gibt es eine schlichte, aber sehr kraftvolle Methode, mit der Sie diese Fragen beantworten können: Schreiben Sie Ihre eigene Grabrede! Und zwar aus der Sicht der Menschen, die Ihnen am meisten bedeuten. Was würden Sie gerne aus dem Mund Ihrer Frau oder Ihres Mannes hören? Was von Ihren Kindern? Ihren besten Freunden? Was von Menschen aus Ihrem beruflichen Umfeld? Damit Sie möglichst intensiv daran arbeiten können, sollten Sie für einen Tag und eine Nacht raus aus Ihrem Alltag. Buchen Sie sich in einem Hotel oder besser noch in einer Hütte, in der Sie ganz allein sind, in schöner Umgebung ein, wo Sie wandern oder spazieren gehen können. Nehmen Sie ein Diktiergerät mit, um Gedanken, Formulierungen, Assoziationen oder was auch immer festhalten zu können, während Sie unterwegs sind. Setzen Sie sich dann abends hin und beginnen Sie zu schreiben. Das Ergebnis ist das, was zählt. Alles andere können Sie vergessen. Es ist Zeitverschwendung. Und danach sollten Sie Ihr Leben und Ihr Unternehmen ausrichten. Wenn Sie sich hinterher sicher sind, zur Sache hin zu denken und zu handeln, können Sie das Buch an dieser Stelle aus der Hand legen, in die Hände spucken und in der bekannten Art und Weise weitermachen. Wenn Sie sich zum Menschen hin ausrichten, haben Sie eine spannende Reise vor sich: die Konsequenzen aus Ihren Werten zu verwirklichen.

Das Fundament – Achtsamkeit verfeinern

Wozu braucht es Achtsamkeit, um Intuition zu professionalisieren? Antwort: Weil die Wahrnehmung eine wichtige Rolle spielt. Und Achtsamkeit ist eine besondere Form der Wahrnehmung und als solche das Fundament einer effektiven Entscheidungskultur. Ohne eine weit entwickelte Achtsamkeit werden Sie weder Intuition effektiv nutzen, noch eine erfolgreiche Entscheidungskultur aufbauen. Achtsamkeit ist

- die ungeteilte Wahrnehmung im Hier und Jetzt,
- die Wahrnehmung der Wahrnehmung.

Bei der ungeteilten Wahrnehmung geht es darum zu lernen, möglichst präsent zu sein und nicht immer zwei, drei oder vier Dinge gleichzeitig zu tun. Es geht darum, nicht in die Multitasking-Falle zu tappen. Unsere Wahrnehmung ist aber bereits eingeschränkt und wesentlich unpräziser, wenn wir gleichzeitig nachdenken, während wir etwas sehen. Das beobachtete Objekt kann regelrecht vor unseren Augen verschwinden. Wir nehmen es nicht mehr wahr, obwohl es noch da ist. Wir sind mit unserer Wahrnehmung eigentlich in der Innenwelt. Häufig belassen wir es nicht einmal bei zwei Dingen gleichzeitig. Gerne krönen wir unsere scheinbare Fähigkeit der gleichzeitigen Aufgabenbewältigung, indem wir noch mehr machen. Wir telefonieren, arbeiten in einer Excel-Tabelle und schreiben noch eine SMS zwischen jedem Schluck Kaffee. Jetzt können Sie mir entgegenhalten, dass ich doch selbst mit den Golfexperimenten in Kapitel 1 gezeigt habe, dass Ablenkung die Leistung verbessern kann (Sie erinnern sich? Die erfahrenen Golfer putteten besser, als sie über einen Kopfhörer eingespielte Töne zählen sollten.). Das ist korrekt, gilt aber nur für einen ziemlich eingeschränkten Aufgabenbereich und nur dann, wenn man bereits Experte auf einem Gebiet ist. Die Anfänger waren eben hoffnungslos verloren, als sie beides gleichzeitig machen sollten. Außerdem sind sensomotorische Fähigkeiten etwas ganz anderes als beispielsweise ein wichtiges Gespräch mit einem Kunden oder einem Mitarbeiter.

Testen Sie es selbst mit folgendem Experiment: Bitten Sie einen Freund, eine Freundin oder sonst jemanden, Ihnen einen längeren Artikel aus einer Zeitung oder einer Zeitschrift vorzulesen (besonders geeignet: das Dossier der *Zeit*). Sie bemühen sich aufrichtig zuzuhören, subtrahieren aber gleichzeitig von 10 000 ausgehend immer wieder die Zahl 21 (10 000, 9979, 9958 und so weiter). Natürlich verraten Sie das Ihrem Gegenüber nicht, sondern versuchen vielmehr, möglichst aufmerksam zu wirken. Danach erzählen Sie Ihrem Versuchspartner, was sie gehört und verstanden haben. Im dritten Schritt lesen Sie dann selbst den Artikel. Sollte Ihnen Subtrahieren in die Wiege gelegt worden sein, dann lenken Sie sich anders ab. Erzählen Sie sich beispielsweise einen Witz nach dem anderen oder rezitieren Sie ein Gedicht.

Das, was ich Ihnen mit diesem kleinen Experiment verdeutlichen will, passiert uns allen täglich. Während wir jemandem zuhören, beginnen wir bereits mit der Entwicklung unserer Gegenargumente. Je nachdem, wie erbittert die argumentative Auseinandersetzung ist oder wie leidenschaftlich wir unsere Sicht vertreten, werden wir besonders gründlich vorausdenken, so wie ein Schachanfänger alle möglichen Konstellationen Schritt für Schritt und Gegenzug für Gegenzug durchrechnet. Während wir das tun, hören wir gar nicht mehr, was der andere wortwörtlich sagt und was er damit meinen könnte. Wir beschäftigen uns mit dem, was wir *glauben*, was der andere sagt und meint. Achten Sie in den nächsten Wochen bei der Arbeit darauf. Versuchen Sie, wirklich zuzuhören und dabei auf all die Nuancen zu achten, die Teil der Kommunikation sind. Die Mimik, der Blickkontakt, die Blickqualität, die Gestik, die Körpersprache, die Wortwahl, der Satzbau, das Sprechtempo, der Tonfall ... Sie merken, das ist eine ganze Menge an Daten, die da auf uns einströmen, selbst im einfachen Fall einer Kommunikation zwischen zwei Personen.

Wenn Sie in einem wichtigen Gespräch sind mit Ihrem Hauptlieferanten, Geschäftspartner oder Vorstandskollegen, dann brauchen Sie sowieso schon zwei Wahrnehmungsfokusse: erstens den jeweiligen Gesprächspartner mit allen Daten, die er sendet, zweitens Ihre Innenwelt. Ihre Aufgabe besteht darin, möglichst gut zuzuhören und gleichzeitig darauf zu achten, welche intuitiven Impulse oder Signale Sie beim Zuhören erhalten:

- Körperempfindungen,
- Gefühle oder Stimmungen,
- innere Bilder oder Stimmen.

Das ist wahrlich genug Multitasking. Denn all diese Signale können ein Hinweis auf eine wertvolle Intuition sein. Körpergefühle sind häufig exakte Start- oder Stoppsignale. Einer der Berater, die ich für meine Doktorarbeit zum Training professioneller Intuition interviewte, konnte deutlich solche Signale unterscheiden. Wenn er in einer Auftragsklärung eine angenehme Aufregung verspürte (erhöhter Herzschlag, erhöhter Blutdruck), war das überzufällig häufig ein treffendes Startsignal. Er wusste, dass er den Auftrag erfolgreich abwickeln kann. Wenn er jedoch beim Kunden eine Rückenverspannung bekam, war das meist ein Stoppsignal: Achtung, hier stimmt etwas noch nicht! So kann er den Auftrag nicht annehmen. Damit illustrierte dieser Berater nahezu perfekt, was der Neurologe Antonio Damasio mit seinem Konzept der somatischen Marker meinte. Jegliche körperlichen Signale, die wir wahrnehmen, können Markierungen sein, die eine Entscheidungshilfe sind. Das »Bauchgefühl« kommt also nicht von ungefähr. Es kann ein somatischer Marker sein, der uns grünes Licht gibt. Allerdings sind diese somatischen Marker höchst individuell. Achten Sie ab jetzt auf Muster bei Ihren Körperempfindungen. Meldet sich Ihr Körper in bestimmten Situationen auf bestimmte Art und Weise? Welche Körperempfindungen könnten ein bedeutsames Signal sein?

Gefühle und Stimmungen sind genauso wie Körperempfindungen häufig das Bindeglied zwischen unserer unbewussten Informationsverarbeitung, die über diesen Weg in unser Bewusstsein dringt und damit zur Intuition wird. Gefühle sind konkret, während Stimmungen vage oder vielschichtig bleiben. Ein Gefühl können Sie klar mitteilen, Sie können es benennen als Freude, Wut, Angst, Trauer oder Ekel. Stimmungen können sonderbare Mischungen aus den grundlegenderen Gefühlen sein. Sie sind häufig nicht klar zu fassen. Aber gerade dieses Vage kann ein wertvoller Hinweis sein. So hatten die gesunden Versuchspersonen bei dem in Kapitel 1 geschilderten Iowa Gambling Task schon nach 10 Spielzügen ein ungutes Gefühl, wenn sie eine Karte von den blauen Kartenstapeln nahmen, die objektiv die schlechteren Karten enthielten. Bewusst konnten sie das aber erst nach 50 Spielzügen formulieren! Somatische Marker in Reinform.

Innere Bilder oder Stimmen sind nichts, weshalb Sie zum Arzt müssen. Höchstens, wenn Ihre Stimmen imperativ werden und Sie glauben, unmöglich nein sagen zu können. Aber das ist eine andere Geschichte. Ansonsten gilt das Gegenteil: Sie müssten sich Sorgen machen, wenn Sie keine inneren Bilder oder Stimmen wahrnehmen. Diese aus unserem Unbewussten auftauchenden Bilder oder Stimmen sind normal und Teil unseres täglichen Lebens. Und oft bringen sie uns eine Intuition mit aus den Tiefen unseres Selbst, hinein in unser viel begrenzteres Ich. Eines der bekanntesten Beispiele dafür ist August Kekulé, den ich bereits einmal kurz in einer Fußnote erwähnte. Der deutsche Chemiker war auf der Suche nach der Strukturformel des Benzols. Irgendwann saß er vor seinem Kamin, so die Geschichte, döste ein und sah vor seinem inneren Auge einen Ourobourus, eine Schlange, die sich in den Schwanz beißt und ein Rad bildet. Kekulé wachte auf und bezog dieses Bild auf seine Lösungssuche: Benzol hat eine Ringstruktur. Kekulé wurde zwar schon zuvor vom österreichischen Physiker und Chemiker Johann Loschmidt auf die mögliche Ringstruktur aufmerksam gemacht, brauchte aber offensichtlich noch den intuitiv bildlichen Anstoß aus seinem eigenen Unbewussten, um diese Möglichkeit ernsthaft in Erwägung zu ziehen.

Im nächsten Schritt prüfte Kekulé diese intuitive Erinnerung und siehe da – sie war richtig.

Sie sehen also: Die Wahrnehmung achtsam auf das Hier und Jetzt zu lenken, indem Sie möglichst präsent sind, ist die Voraussetzung, um die Sie umgebende Außenwelt und gleichzeitig Ihre Innenwelt präzise wahrzunehmen. Mehr Wahrnehmung dürfte jeden normalen Menschen überfordern. Es gilt im wahrsten Sinne des Wortes: Weniger ist mehr. Je weniger Sie sich selbst durch sinnfreie Tätigkeiten von diesen beiden Wahrnehmungsfokussen ablenken, desto mehr werden Sie wahrnehmen. Und umso effektiver wird Ihre Intuition.

Achtsamkeit bedeutet aber nicht nur die ungeteilte Wahrnehmung im Hier und Jetzt. Achtsamkeit meint auch einen selbstbezüglichen Prozess, der für die meisten von uns äußerst ungewohnt ist: Die Wahrnehmung der Wahrnehmung. Präziser gesagt: Die Wahrnehmung, wie wir gerade wahrnehmen, welche Filter wir gerade vor unsere Wahrnehmung geschoben haben und welche Zensoren uns beeinflussen. Haben Sie in Kapitel 5 den »funny ad awareness test« gemacht? Wenn ja, wissen Sie jetzt, was ich meine. Wenn Sie sich das Video noch nicht angeschaut haben, sollten Sie das jetzt tun.

Die Aufgabe, die wir am Anfang des Videos erhalten, fokussiert unsere Wahrnehmung und lenkt uns von anderen objektiv vorhandenen Daten ab. Wir können immer nur selektiv wahrnehmen, das ist normal und gesund, denn sonst würden wir von den uns umgebenden Reizen schnell überflutet werden. Aber wir sollten uns bewusst sein, worauf wir gerade achten und dass wir deshalb möglicherweise etwas anderes Wichtiges übersehen. Dieser grundlegende Mechanismus in unserer Wahrnehmung ist auch ein Grund, warum Wissen immer Nichtwissen erzeugt. Wir produzieren durch unseren Wahrnehmungsfokus Daten in unserem Unterbewussten und Bewusstsein, verarbeiten sie zu Informationen und machen schließlich Wissen daraus. Aber wir blenden zwangsläufig andere Daten dafür aus und generieren so Nichtwissen. Es ist wie mit einem Spot in einem abgedunkelten Theater. Wir können immer nur das sehen, was gerade im Lichtkegel ist. Der Rest verschwindet in der Dunkelheit. Und so geht es uns schnell wie dem Betrunkenen, der unter der Laterne nach seinem Schlüssel sucht, weil nur dort Licht ist, obwohl er ihn anderswo verloren hat. Wer achtsam ist, sucht nicht nur dort, wo zufällig Licht ist.

Jetzt erkläre ich Ihnen zwei hervorragende Möglichkeiten, Ihre Achtsamkeit und Wahrnehmung weiterzuentwickeln. Die erste Technik ist eine Einzelarbeit, die zweite dient dem Wahrnehmungstraining in der Gruppe. Sie können beide Techniken in verschiedenen Varianten einsetzen. Es gibt diesbezüglich keine Regel, wie Sie genau vorzugehen haben. Das, was wichtig ist, erfahren Sie innerhalb der folgenden Beschreibung. Der Rest ist dem geschuldet, was Sie für nützlich halten und womit Sie sich wohlfühlen.

Einzelarbeit: Meditation

Mit dieser Einführung in die Meditation wende ich mich an alle Leser und Leserinnen, die noch keine oder nur geringe Erfahrung mit Meditation haben. Sollten Sie bereits über einen gewissen Erfahrungsschatz in puncto Meditation verfügen, können Sie einfach zur nächsten Methode, dem Dialog, springen. Sollten Sie noch keine oder nur äußerst spärliche Meditationserfahrung gesammelt haben, lohnt die Lektüre der nächsten Absätze. Ganz besonders dann, wenn Sie bislang gewisse Vorurteile über das Meditieren gepflegt haben sollten. Dann haben Sie jetzt die Möglichkeit, Ihr Wissen zu erweitern und hoffentlich einen neuen, positiven Blick auf diese Methode zu entwickeln.

Meditation ist schon ziemlich lange erprobt. Vermutlich wurde sie in verschiedenen Kulturen unabhängig voneinander lange vor Beginn unserer Zeitrechnung entwickelt. Erschrecken Sie nicht angesichts der ursprünglich spirituellen Wurzeln der verschiedenen Meditationsformen in fernöstlichen und christlichen Traditionen. Jeder Mensch kann auch unabhängig von einem entsprechenden Glaubensbekenntnis diese Technik für sich nutzen. Sie müssen weder Buddhist werden noch Ihre möglicherweise christliche Religionszugehörigkeit aktiv ausleben. Wenn Sie das tun wollen, spricht nichts dagegen. Aber die Technik wirkt auch durch sich selbst. Interessant ist an dieser Stelle, dass Intuition auch begriffsgeschichtlich eine große Nähe zu spirituellen Systemen aufweist. Intuition wird in diesem Zusammenhang häufig als die »unmittelbare Anschauung« verstanden, die unseren rationalen Verstand weit hinter sich lässt. Und so spielt Intuition beispielsweise im Buddhismus und in verschiedenen fernöstlichen Kampfkünsten wie Aikido, Karate oder Taekwondo eine große Rolle. Letzteres ist auch aus einer weltlichen Sicht verständlich und sinnvoll. Gerade in den Kampfkünsten wird sofort deutlich, dass niemand im Vorfeld planen kann, wie er den Gegner besiegen wird. Es erfordert eine intuitive Improvisation auf der Basis einer möglichst vollkommenen Technik. Es gilt, durchlässig zu werden für die eigenen intuitiven Impulse. Nur dann können Angriffe des Gegners vorzeitig erahnt und abgewehrt werden und die eigenen Angriffe erfolgreich durch erspürte Lücken des Gegners erfolgen.

Heute wissen wir, dass Meditationstechniken viele positive Effekte auslösen können.[5] Wer meditiert, vertieft seinen Atem, senkt seine Herzfrequenz und reduziert Muskelanspannungen, sodass ein mittlerweile durchgehend nachgewiesener Entspannungs-Effekt eintritt. Außerdem konnte mithilfe von Studien mit Elektroenzephalogrammen (EEG) gezeigt werden, dass sich die Hirnstromwellen je nach Tiefe, Dauer, Regelmäßigkeit und Erfahrung mit Meditation zum Teil deutlich verändern. Mittlerweile wird die Wirkung von Meditation auch mit bildgebenden Verfahren wie Magnetresonanztomografie (MRT) erforscht und es werden Verbindungen zwischen Meditation und einer Stärkung des Immunsystems untersucht und diskutiert. Die Forschung ist noch am Anfang, aber es zeichnet sich ab, was Meditierende aller Schulen und spirituellen Systeme subjektiv längst erleben: eine deutliche Verbesserung der Achtsamkeit und Wahrnehmung.

Unabhängig von den positiven körperlichen Wirkungen bieten sich diverse Meditationstechniken an, um die Achtsamkeit und Wahrnehmung weiterzuentwickeln und damit Intuition zu professionalisieren.[6] Eine gut nachvollziehbare Unterscheidung ist zunächst die in Meditationen in Bewegung und in Bewegungslosigkeit, also Formen der Sitzmeditation. Letztere können wir nochmals unterscheiden in:

- konzentrative Meditation und
- Achtsamkeitsmeditation.

Bei der Ersteren ist die Aufmerksamkeit ausschließlich auf ein bestimmtes Objekt gerichtet. Das können körperliche Reize sein, wie die Atembewegung oder einzelne Körperregionen. Ebenso möglich sind akustische Reize wie innerlich gesprochene Silben oder visuelle

Reize, die in der Außenwelt vorhanden sein können (eine Kerzenflamme, ein Stein etc.) oder nur in der Innenwelt als Vorstellung existieren. Demgegenüber wird in der Achtsamkeitsmeditation kein Fokus gesetzt, sondern alle Wahrnehmungen werden gleichwertig beachtet. Es gibt also eine große Variationsbreite an Meditationsformen. Soweit der Überblick und die Einführung in diese Methode.

Übungsanleitung Sitzmeditation

Nehmen Sie sich nicht zu viel vor. Beginnen Sie zum Beispiel damit, sich einmal pro Woche eine Viertelstunde Zeit zu nehmen. Es ist wesentlich besser, bescheiden anzufangen, als nach vier Wochen frustriert wieder aufzuhören, weil Sie es einfach nicht geschafft haben, vier Mal wöchentlich 30 Minuten zu sitzen. Hilfreich ist ein Wecker oder ein Countdown-Zähler, sodass Sie sich nicht um die verstrichene Zeit zu kümmern brauchen, sondern sich auf Ihre Meditation konzentrieren können. Nach einiger Übung ist es möglich, die eigene Atemfrequenz als Uhr zu benutzen. Sie wissen dann beispielsweise: 70 oder 80 Atemzüge entsprechen einer halben Stunde. Die Genauigkeit, die Sie dabei erreichen können, ist erstaunlich.

Schaffen Sie sich ein Umfeld, in dem Sie ungestört sind. Wenn möglich, empfiehlt sich der Schneidersitz auf einem stabilen Kissen, so dass Ihre Beine auf dem Boden ruhen.[7] Der Grund für diese Haltung ist einfach und überzeugend: Sie ermöglicht Ihnen die bestmögliche Stabilität. Wenn dies aus körperlichen Gründen nicht geht, beispielsweise weil Sie Knieprobleme haben, können Sie sich auch auf einen Stuhl setzen. Wichtig ist nur, dass Sie in einer aktiven Entspannung bleiben. Das heißt: nicht irgendwo anlehnen oder sich hinlegen. Gerade bei Letzterem passiert es schnell, dass Sie einschlafen.

Halten Sie Ihren Rücken aufrecht und korrigieren Sie ihn, sobald Sie merken, dass Sie mit einem Rundrücken dasitzen (genau das kann am Anfang häufig passieren). Ihre Hände können Sie entweder auf Ihre Knie legen (rechte Hand aufs rechte Knie, analog dazu links) oder Sie positionieren sie ineinandergelegt in der Mitte des Körpers. Den Kopf halten sie ebenfalls aufrecht, sodass Ihre Halswirbelsäule mit dem Rückgrat eine Linie bildet. Die Augen können Sie geschlossen oder offen lassen, wie es für Sie angenehmer ist. Wenn Sie die Augen offen halten, suchen Sie sich einen Fixpunkt ungefähr einen bis anderthalb Meter vor sich und versuchen, diesen Fixpunkt während der Meditation nicht aus den Augen zu verlieren.

Sobald Sie Ihre Sitzposition eingenommen haben, beginnen sie einfach damit, Ihren Atem zu zählen. Sie können jedes Ein- oder Ausatmen zählen oder jeden Zyklus von Ein- und Ausatmen. Zählen Sie immer bis zehn und beginnen dann wieder von vorne. Betrachten Sie jeden Atemzug als das, was er objektiv und faktisch ist – einzigartig. Er kommt nie wieder. Und die mit ihm verstrichene Zeit auch nicht. Erscheint Ihnen das irgendwie komisch? Genau an diesem Punkt der Fähigkeit, jeden unserer Atemzüge als einzigartig wahrzunehmen, wird deutlich, wie achtsam wir sind. Wir können ohne Atem keine zehn Minuten überleben. Wir können aber wesentlich länger nichts trinken oder noch länger nichts essen, ohne Schaden zu nehmen. Ist es nicht erstaunlich, dass wir das, was derart lebenswichtig ist, im täglichen Leben übersehen und darüber hinweghuschen? Deshalb ist die achtsame Wahrnehmung des Atems in einer Meditation die beste mir bekannte Methode, um Achtsamkeit und Wahrnehmung in unserem weiteren Leben immer weiter zu verfeinern.

Wenn Sie sitzen, haben Sie also eine scheinbar an Banalität nicht zu überbietende Aufgabe. Aber dieses scheinbar tatenlose Rumsitzen hat es in sich. Sie werden schnell die eine oder andere Reaktion bei sich feststellen: Sie werden unruhig und fragen sich, was der ganze Blödsinn eigentlich soll; sie schweifen ab vom Zählen und gehen noch die To-do-Liste des morgigen Tages durch; Sie erinnern sich an ein ärgerliches Gespräch mit einem Geschäftspartner; Sie verfallen in einen Zählautomatismus und wachen plötzlich beim 47. Atemzug auf; Ihre Beine tun weh oder sind eingeschlafen ... Die Kunst besteht darin, immer wieder zum Anfang zurückzukehren. Finden Sie zurück zur Ausgangsposition und beginnen Sie wieder, ab eins zu zählen (sofern Sie nicht noch zwischen eins und zehn sind).

Mit der Zeit werden Sie feststellen, dass sich zum Beispiel Ihre Atemfrequenz deutlich senkt. Sie brauchen pro Minute weniger Atemzüge als noch eine Weile zuvor. Sie kommen zunehmend schneller in einen entspannten Zustand. Und schließlich gelingt Ihnen in Ihrem beruflichen Umfeld eine achtsame Wahrnehmung immer besser. Sie werden Dinge wahrnehmen, die Sie zuvor nicht gesehen oder gehört haben.

Die Meditation ist ein Labor. Wir können eintreten und uns selbst unter das Mikroskop legen. Wir erkennen dann schnell, wes Geistes Kind wir sind. Und wenn wir es wirklich wollen, können wir es ändern. Wir sind für uns selbst verantwortlich.

Gruppenarbeit: Dialog

Genauso wirksam wie Meditation ist die Dialog-Methode für Gruppen. Sie hat verschiedene Wurzeln und wurde in der Art, wie ich sie Ihnen vorstelle vor allem durch den Physiker David Bohm entwickelt und an der Sloan School of Management in die jetzige Form gebracht. Der amerikanische Managementberater Peter Senge hat diese Methode häufig bei Change-Prozessen eingesetzt, auch und gerade dann, wenn es hoch herging.[8]

Der Dialog setzt bei dem Phänomen an, das ich vorhin kurz geschildert habe. Wenn wir jemand zuhören, neigen wir dazu, selbst schon wieder unsere nächsten Redebeiträge zu planen. Das ist die Seite des Zuhörens. Die andere Seite ist aber auch noch ausbaufähig. Das Denken und Reden. Jeder von uns redet täglich, morgens, mittags, abends und nachts. Reden scheint uns selbstverständlich. Wir machen uns dabei kaum Gedanken über die Art, wie wir miteinander reden und wie wir auf die Kommunikation der anderen reagieren. Und wir erforschen nur selten in der Tiefe, wie wir zu bestimmten Meinungen und Argumenten gekommen sind. Wenn wir uns privat unterhalten, geht es manchmal darum, ein Ergebnis zu erreichen, ein anderes Mal reden wir einfach nur so, um uns zu unterhalten und uns Geschichten zu erzählen. Wenn wir im Rahmen unseres Berufslebens sprechen, geht es eigentlich immer darum, Ergebnisse zu erzielen. Diese Ergebnisse – egal ob im privaten oder beruflichen Gespräch – sind unsere Denk*inhalte*. Demgegenüber stehen die Denk*prozesse*, die zu den jeweiligen Inhalten führen, also die Art und Weise unseres Denkens und Redens.

Die Dialog-Methode bietet die Möglichkeit, sich auf eine wesentlich gründlichere Art mit Denk*inhalten* und *-prozessen* zu beschäftigen als in anderen Kommunikationsformen wie Diskussionen oder gar Debatten, die meist nur zu einer relativ oberflächlichen Auseinandersetzung mit einem Thema reichen. Schauen Sie sich unter diesem Blickwinkel ein paar politische Debatten an oder beobachten Sie aufmerksam die üblichen Talkshows. Im Dialog geht es nicht um ein Nullsummenspiel, in dem es einen Gewinner und einen Verlierer gibt. Der Dialog unterscheidet sich in den »strategischen« und den »generativen« Dialog. Der *strategische Dialog* dient normalerweise der Lösung einer konkreten Aufgabe unter Einbezug tiefer liegender Werte, Annahmen, Glaubenssätze und dergleichen mehr: Wie kommen eigentlich unsere Meinungen und Ansichten zustande? Worin wurzeln sie? Weshalb sehen wir die Welt so und nicht anders? Hier bietet der Dialog die kraftvolle Möglichkeit, diese eigenen Meinungen und die anderer zu erkunden und verstehen zu lernen, was mit unseren vordergründigen Meinungen verbunden ist. Welche Werte, welche Identitäten sind damit verknüpft? Erst dann kommen wir in schwierigen Situationen auch inhaltlich weiter. Ansonsten verstricken wir uns im Wurzelwerk von Meinungen und Argumenten, deren Entstehung und Ursachen wir oft selbst nicht kennen und verstehen. Deshalb reagieren wir schnell gereizt oder verletzt – und das Ergebnis oder die Lösung bleibt auf der Strecke.

Der *generative Dialog* dient vor allem der Entwicklung von Achtsamkeit und damit der Entwicklung einer äußerst effektiven Kommunikationskultur. Deshalb gibt es im generativen Dialog kein Thema. Die Teilnehmer finden sich zusammen und es entsteht, was entsteht, ganz ungeplant. Als Einstieg kann vom Dialogbegleiter noch ein Text vorgelesen werden, ein Aphorismus, ein Gedicht, ein Zitat. Dies dient aber nur der Anregung der Assoziation. Es geht dann nicht darum, diesen anfänglichen Input zu analysieren oder ihn gleich auf die eigene Arbeit zu beziehen. Das kann geschehen, muss aber nicht. Im Zentrum der Beobachtung und der Erkundung stehen dann diejenigen Ereignisse, die während unserer Gespräche ablaufen, wenn wir anderen zuhören. Was ärgert oder verletzt oder langweilt uns, wenn wir einer anderen Person zuhören? Wann schalten wir einfach ab, wann verstehen wir etwas nicht? Wann möchten wir am liebsten sofort etwas sagen, wann schweigen, wann den Raum verlassen? Normalerweise machen wir uns über genau diese Reaktionen keine Gedanken, sondern führen sie einfach aus: Ohne es groß zu merken, sind wir gelangweilt oder gereizt und so weiter. Wenn wir aber flexibler werden, ohne wie ein Automat immer wieder durch dieselben Reizpunkte getriggert aggressiv oder verletzt zu reagieren, dann können wir auch in allen möglichen kommunikativen Situationen bessere Ergebnisse erzielen.

Der strategische und ganz besonders der generative Dialog ist eine künstliche kommunikative Situation, die es erfordert, erst einmal einen Schritt zurück zu machen: Bisher haben wir immer Schlag auf Schlag miteinander geredet, hatten immer gleich Antworten oder Gegenfragen bereit, mit denen wir auf die Gedanken und Argumente der anderen reagierten. Jetzt geht es darum, genau diesen Prozess zu verlangsamen, um uns zu verdeutlichen, was eigentlich (immer wieder) passiert, wenn wir miteinander Gespräche führen. Da kein Unternehmen ohne Kommunikation existieren kann, ist eine achtsame Wahrnehmung der Kommunikation, der Denk*prozesse* und *-inhalte* ein effektiver Hebel, Ihre intuitive Kommunikation zu professionalisieren.

Übungsanleitung generativer Dialog
Die mögliche Gruppengröße reicht von sechs bis ungefähr 30 Teilnehmern. Allerdings rate ich davon ab, Gruppen mit mehr als 12 Teilnehmern zu veranstalten, wenn Sie keine Erfahrung mit dem Begleiten von Dialogrunden haben. Die Teilnehmer sitzen im Stuhlkreis, die Mitte ist leer, bis auf einen »Talkingstick«. Das kann ein beliebiger Gegenstand sein, der immer von dem aufgenommen wird, der etwas sagen will. Dieser Talkingstick, der ein Stein sein kann, ein Stock oder notfalls auch ein Flipchart-Stift, dient der Disziplinierung. Er ist ein für jeden sichtbares Symbol, das markiert, wer reden darf und wer nicht. Die Zeiterfordernis für eine Dialogrunde beträgt zwischen 90 und 120 Minuten. Um Wirkung zu erzielen, sollten die Dialogrunden in einem Turnus von zwei bis sechs Wochen über einen Zeitraum von mindestens sechs Monaten durchgeführt werden. Es ist durchaus möglich und auch sinnvoll, die Dialogrunden zu einem festen Ritual in Ihrem Unternehmen zu machen.

Ablauf: Klassischerweise beginnt jede Dialogrunde mit einem Check-in, in dem jeder Teilnehmer kurz schildert, wo er oder sie gerade innerlich steht. Wie geht es jedem Teilnehmer, was beschäftigt ihn gerade, was ist gerade wichtig? Dazu gehört natürlich auch die Frage, ob man gerade Lust hat auf die Dialogrunde oder sie im Moment eher als lästig empfindet. Der Check-in ist nicht zwingend nötig, aber besonders am Anfang, wenn Sie mit Dialogrunden erst beginnen, durchaus nützlich. Vor allem dann, wenn in Ihrem Unternehmen großer Zeitdruck und viel Hektik herrscht. Der Check-in ist dann eine wichtige Musterunterbrechung der sonst üblichen Meetingroutinen. Danach beginnt die eigentliche Dialogrunde, die zwischen 60 und 90 Minuten Zeit in Anspruch nimmt. Wenn Sie diese Zeit nicht aufbringen wollen, sollten Sie es lassen. Am Ende der Dialogrunde kommt dann der Check-out, analog zum Check-in. Hat sich in der Befindlichkeit der Teilnehmer etwas geändert im Vergleich zum Anfang? Mit welcher Stimmungslage und welchen Gedanken verlassen die Teilnehmer die Dialogrunde?

Regeln: Es gibt einige Regeln, die im Verlauf einer Dialogrunde nützlich sind. Hier sind die wichtigsten:

(1) Es redet nur der, der den Talkingstick hat. Alle anderen hören zu. Eine Aufgabe des Dialog-Begleiters besteht darin, auf die Einhaltung dieser Regel zu achten, was in meiner Erfahrung aber so gut wie nie nötig ist. Die Gruppe kontrolliert sich normalerweise selbstorganisiert von alleine.

(2) Sprich von Herzen! Das mag etwas blumig klingen, ist aber eine äußerst klare Anweisung. Damit ist gemeint, nur dann etwas zu sagen, wenn es dem Sprecher wirklich wichtig ist. Diese Regel dient dazu, überflüssiges Geplapper zu vermeiden.

(3) Fasse dich kurz. Das ist die Konsequenz aus der ersten Regel, denn ansonsten nimmt sich der nächste Vielredner in Ihrer Gruppe den Stick, den Stein oder was auch immer und hält einen mehr oder weniger flammenden Monolog. Kurz ist dabei natürlich relativ. Es gibt keine Regel, die die Zeit definiert.

(4) Halte deine Meinung in der Schwebe. Es geht darum, nicht gleich wieder in den gewohnten Modus von Rechthaberei und Überzeugungswut zu verfallen. Jeder sagt, was er denkt, fühlt, wahrnimmt und was ihm oder ihr wichtig ist. Aber nicht als letztgültige Wahrheit, sondern als etwas, das zur gemeinsamen Erkundung freigegeben ist.

(5) Nimm die Haltung eines Lernenden ein. In den Dialogrunden haben Sie die Gelegenheit, Ihr Wissen und das anderer in Frage zu stellen. Sie haben die Chance, nicht gleich Antworten zu finden, sondern erst einmal zu suchen. Feiern Sie die Frage, anstatt sich der Antwort anzubiedern. Lernen und erfahren Sie, dass

Nichtwissen die Möglichkeit ist, gemeinsam Neuland zu entdecken.

(6) Last but not least: Beobachte den Beobachter. Damit sind wir genau bei der selbstbezüglichen Wahrnehmung, die ich anfangs erwähnte. Es ist die Wahrnehmung der Wahrnehmung. Es geht nicht darum, die anderen zu beobachten, sondern sich selbst. Wie reagieren Sie auf die Redebeiträge der anderen? Wie reagieren Sie auf Schweigephasen? Wann sind Sie genervt? Wann gelangweilt?

Mit dem Dialog ist es genauso wie mit der Meditation. Er erscheint simpel und banal. Aber genau in seiner Einfachheit liegt seine Kraft und sein Nutzen. Mit dem Redestein und der Regel, dass immer nur derjenige spricht, der den Talkingstick hat, entschleunigen Sie das Gesprächstempo. Viele Teilnehmer, mit denen ich in Dialogrunden gearbeitet habe, sind bereits nach dem ersten Dialog fasziniert von der Wirkung, die dadurch erreicht wird. Genau damit wird erst möglich, den anderen wirklich zu verstehen, weil man Zeit braucht, um zu merken, dass man den anderen noch nicht verstanden hat. Und nur dann können wir nachfragen und nachhaken. In vielen Gesprächen, Teamsitzungen und Meetings glauben wir nur, verstanden zu haben, und machen die Missverständnisse zur Grundlage weiterer Gedanken und Handlungen. Denn das Problem liegt nicht in dem, was wir bereits als missverständlich erkannt haben, sondern was wir ungeprüft für selbst-verständlich halten.

Der Dialog fordert und fördert die professionelle Intuition, weil es in den Dialogrunden ein achtsames Gespür braucht, wann unsere Redebeiträge wirklich wichtig sind. Je weiter Sie kommen, umso weniger Überflüssiges sagen Sie. Dadurch schälen Sie allmählich das Essenzielle heraus. Und Sie bekommen ein zunehmend besseres Gefühl dafür, was Ihnen wirklich wichtig ist und wie Ihre Gedanken und Werte und die der anderen mit Ihrer Identität verbunden sind – und was letztlich eine gemeinsame Identität in Ihrem Unternehmen ausmacht. Sie erspüren immer genauer, was Ihre wahren Leidenschaften sind und wofür Sie brennen und einstehen. Das klärt Ihre Wahrnehmung, denn die ist durch Ihre mentalen Modelle und Glaubenssätze genauso gefiltert wie durch das, was Sie wirklich bewegt.

In diesem Abschnitt haben Sie zwei Methoden kennengelernt, die hervorragend geeignet sind, das Fundament einer professionellen Intuition und effektiven Entscheidungskultur immer weiter zu entwickeln: Ihre Achtsamkeit. Ohne diese Fähigkeit steht alles, was Sie sich sonst erarbeiten, um in Ihrem Unternehmen erfolgreich zu entscheiden, auf tönernen Füßen. Meditation und Dialog sind einfach, keine trickreichen oder besonders überraschenden »Tools«, sondern lange erprobte Wege. Sie sind das Effektivste, das mir bekannt ist.

Das Erdgeschoss – intuitive Fehler minimieren

Es gibt eine Menge möglicher Fehlerquellen, wenn wir unserer Intuition folgen. Professionelle Intuition heißt deshalb, unsere Intuition alleine und gemeinsam mit anderen kritisch zu hinterfragen. Dabei müssen wir darauf achten, nicht das Kind mit dem Bade auszuschütten. Professionelle Intuition bedarf der Balance aus Vertrauen einerseits und kritischer Distanz andererseits. Uns nutzt weder blindes Vertrauen noch alles zersetzender Pseudorationalismus. Sie finden in den nächsten Absätzen zu den in Kapitel 3 dargestellten Fehlerquellen jeweils Möglichkeiten der Vorbeugung und anschließender kritischer Filter. Lassen Sie sich bei der Priorisierung, welche dieser Fehlerquellen für Sie am wichtigsten ist, einfach von Ihrem Gefühl leiten. Wo sollten Sie am dringlichsten beginnen? Sie können im Laufe der nächsten Wochen und Monate diese verschiedenen Fehlerquellen Stück für Stück bearbeiten.

Wahrnehmungsfehler

Die Professionalisierung beginnt, bevor wir überhaupt eine Intuition haben. Am Anfang des Prozesses steht immer die Wahrnehmung. Ohne Input kein Output. Genau deshalb ist der Abschnitt über die Weiterentwicklung der Achtsamkeit und damit der Wahrnehmung auch so gründlich ausgefallen. Wenn wir unsere Intuition einer Qualitätssicherung unterwerfen, dann beginnt sie zwangsläufig beim Input. Wenn Ihnen zu Beginn die Meditation oder der Dialog zu aufwändig erscheint oder unangenehm ist, können Sie dasselbe Prinzip auch in alltäglichen Situationen anwenden – was letztendlich ohnedies das Ziel ist: die Erfahrungen und das Erlernte aus dem Labor ins Leben zu tragen. Versuchen Sie so gut wie möglich, das aktive Nachdenken zu unterlassen, wenn Sie von einem Ort zum anderen ein paar Minuten zu Fuß unterwegs sind. Das ist das »Weg-von«: Unterbinden Sie das Denken. Unterbinden Sie innere Monologe. Stattdessen versuchen Sie so präzise und präsent wie möglich, das Gehen selbst und die Umgebung, durch die Sie gehen, wahrzunehmen. Das ist das »Hin-zu«: Schärfen Sie Ihre Wahrnehmung. Wie fühlen sich Ihre Füße in Ihren Schuhen an, wie ist der Boden beschaffen? Was hören Sie? Was sehen Sie? Was riechen Sie? Wie ist es um die Temperatur bestellt? Welche Parameter ändern sich auf Ihrem kleinen Fußweg? Werden Stimmen lauter oder leiser? Ist es erst warm, dann kühler, dann wieder warm? Und so weiter und so fort. Der Input, den Sie auf diese Weise bewusst wahrnehmen, tendiert gegen unendlich. Achtsam werden heißt auch zu begreifen, wie vielfältig die Welt ist, die uns umgibt. Wenn Sie wollen, können Sie daraus auch Wahrnehmungsspaziergänge machen. Anstatt am Wochenende einfach spazieren zu gehen, können Sie dieses Vergnügen nochmals intensivieren, indem Sie sich nicht mit jemandem unterhalten oder ausgiebig über etwas nachdenken, sondern stattdessen so bewusst wie möglich wahrnehmen.

Erfolgsfallen

In den nächsten Schritten geht es um die Vermeidung von Fehlern in der Informationsverarbeitung. Da ist zunächst die Erfolgsfalle relevant. Versuchen Sie, in Ihrer Arbeit dafür sensibel zu werden, wann Sie in neuen Situationen alte Erfahrungen hervorkramen, sei es zum Verständnis oder zur Handlungssteuerung. Stellen Sie sich ungefähr alle drei Monate immer wieder folgende Fragen:

- Wann und in welchen Bereichen sind meine Erfahrungen und die meiner Mitarbeiter in der letzten Zeit zur Erfolgsfalle geworden?

- Gab es Beispiele, in denen ich/wir ein neues Produkt oder einen neuen Prozess auf eine bereits bekannte Art behandelte(n) und damit Misserfolg hatte(n)?
- Wird für mich etwas wahrscheinlicher, wenn ich eine neue Situation schnell einordnen kann oder ich (scheinbar) vergleichbare Situationen schon häufig erlebt habe?

Sie können noch mehr tun, um die Erfolgsfalle zu vermeiden. Ziehen Sie »Laien« hinzu, Menschen, die mit unverstelltem Blick auf Ihr Expertenthema schauen. Das können Kollegen aus anderen Abteilungen sein, Kunden, Geschäftspartner, kurz: alle internen und externen Stakeholder Ihres Unternehmens, die nicht Ihre Erfahrung und Ihre Expertise haben. Kultivieren Sie in Ihrem Unternehmen die Anfängerfrage: »Warum macht ihr das so?« Idealerweise sind Sie irgendwann selbst in der Lage, nach Belieben die Rolle des Experten zu verlassen und aus Anfängeraugen auf Ihren Aufgabenbereich zu blicken und sich selbst zu fragen: »Warum machen wir das so? Welche anderen Lösungsmöglichkeiten gibt es? Woher weiß ich, dass die bekannte Lösung die beste ist?« Über die zentrale Bedeutung des Anfängergeistes erfahren Sie im ersten Abschnitt des siebten Kapitels noch mehr.

Anker-Effekt

Der Anker-Effekt ist eine fiese Angelegenheit. Erinnern Sie sich an den Ablauf der Experimente von Kahnemann und Ariely? In beiden Fällen gab es eine bewusste Prozedur, um einen zufallsgenerierten Wert zu Beginn des Experiments zu erzeugen (Roulette, Sozialversicherungsnummer), der trotzdem die nachfolgende Einschätzung der Versuchspersonen weit überzufällig beeinflusste. In diesem Fall reicht es also nicht, zuvor unbewusste Prozesse einfach nur bewusst zu machen. Bei Arielys Experiment wurden die letzten beiden Ziffern der Sozialversicherungsnummer ja sogar als Vergleichsmaßstab herangezogen. Waren die Probanden bereit, die letzten beiden Ziffern als Höchstbetrag in der Versteigerung zu bieten? Die Ergebnisse hätten kaum eindeutiger den Anker-Effekt zeigen können.

Um die Beeinflussung einer Entscheidung durch zufällig zuvor wahrgenommene Daten zu reduzieren, können Sie folgende Methode anwenden: Sorgen Sie dafür, ein paar Minuten ungestört zu sein. Stellen Sie Ihr Telefon auf Ruhemodus, bitten Sie Ihre Sekretärin, keine Anrufe durchzustellen oder entscheiden Sie einfach zuhause. Schalten Sie den Klingelton Ihres Handys aus. Nehmen Sie auf Ihrem Bürostuhl (oder wo auch immer) Platz, setzen Sie sich aufrecht hin und legen Sie Ihre Arme auf Ihren Beinen ab. Sobald Sie stabil und aktiv entspannt sitzen, schließen Sie die Augen. Achten Sie für ungefähr fünf Atemzüge auf Ihren Atem. Nehmen Sie danach kurz Ihren Körper wahr, angefangen bei den Füßen. Wenn noch irgendetwas unbequem ist, ändern Sie es, bis Sie bequem sitzen. Wandern Sie langsam durch Ihre Beine, die Hüfte, den Unterkörper, den Oberkörper, nehmen Sie Ihre Arme und Hände wahr, wie sie auf Ihren Oberschenkeln aufliegen. Zum Schluss wandern Sie kurz durch Ihren Kopf. Achten Sie nochmals auf ein paar Atemzüge.

Stellen Sie sich nun Ihr Kurzzeit-Gedächtnis als ein Whiteboard vor, das vor Ihnen steht und mit all den Daten vollgeschrieben ist, die Sie vor Kurzem wahrgenommen haben. Schauen Sie auf das Whiteboard und auf das, was darauf geschrieben steht. Dann nehmen Sie in Ihrer Vorstellung langsam und bewusst den Schwamm und wischen alles, was dort geschrieben ist, weg. Komplett. Bis auch der letzte Rest verschwunden ist und das Whiteboard wieder weiß ist, so wie am ersten Tag. Legen Sie den Schwamm zur Seite und schauen Sie sich die jetzt vollkommen weiße Fläche an. Legen Sie den Schwamm langsam zur Seite. Dann öffnen Sie Ihre Augen und kommen zu der Entscheidung, die Sie treffen wollen.

Umfeld-Erblindung

Es war erstaunlich. Niemand erkannte den Stargeiger Joshua Bell in dem schon beschriebenen Experiment der *Washington Post*, niemand blieb längere Zeit stehen, um seinem Weltklassespiel zu lauschen. Die Erwartungen und damit die Wahrnehmungen und Schlussfolgerungen der U-Bahnfahrgäste waren ganz offensichtlich massiv vom Umfeld beeinflusst. Ein Weltklassemusiker spielt nun mal nicht im Eingangsbereich einer U-Bahnhaltestelle. Und da die

Wahrnehmung den Input bestimmt, der die Grundlage unserer Intuition ist, sollten Sie das Umfeld, in dem Sie sich jeweils bewegen, achtsam reflektieren. Welche Erwartungen entstehen durch das Umfeld? Das ist eine zentrale Frage. Konkreter: Was erwarten Sie in Ihrem Unternehmen? Welche Leistungen werden dort erbracht? Wie verhalten sich Ihre Mitarbeiter und Kollegen? Welche Stimmung erwarten Sie? Welches Engagement, welche Leidenschaft bei der Arbeit? Wie ist es um die Kreativität bestellt? Beobachten Sie sich selbst in den nächsten Wochen. Ändern sich Ihre Erwartungen und damit Ihre Wahrnehmung und Ihr Verhalten, wenn Sie Ihr Unternehmen morgens betreten und es abends wieder verlassen? Erinnern Sie sich an das Experiment mit Joshua Bell. Wenn Sie in die Semper-Oper gehen, Karten gekauft und Zeit mitgebracht haben, erwarten Sie ein anderes musikalisches Niveau, als wenn Sie an einem Straßenmusiker vor dem Hauptbahnhof vorbeihasten, weil Sie schnell zum Zug wollen. Diese Erwartung kann Sie davon abhalten, etwas äußerst Wertvolles zu entdecken. Zweifelsohne ist es nicht so wahrscheinlich, die nächste Anna Netrebko vor einer Drogerie anzutreffen. Aber genau hier kommt wieder das ins Spiel, was Nassim Nicholas Taleb uns allen mit seinem Buch *Der schwarze Schwan* gezeigt hat. Wir dürfen uns nicht tumb nur auf Wahrscheinlichkeiten verlassen. Nicht umsonst lautet der Untertitel seines höchst lesenswerten Buches *Die Macht höchst unwahrscheinlicher Ereignisse.* Öffnen Sie den Möglichkeitsraum für solch unwahrscheinliche Ereignisse, indem Sie sich selbst gestatten, in Ihrem Unternehmen zukünftig auch das zu erwarten, was Sie bislang bewusst oder unbewusst ausgeschlossen haben. Das beinhaltet beide Möglichkeiten: die Chancen und die Risiken. Sie werden einerseits mehr Diamanten entdecken und andererseits einen aus dem Nichts explodierenden Blow-up schneller erkennen. Beides ist essenziell für Ihren Erfolg. Deshalb finden Sie im nächsten Kapitel den Abschnitt »Möglichkeitsräume«.

Erwartungen

Sie sollten noch einen Schritt weiter gehen und Ihre Erwartungshaltungen weiter unter die Lupe nehmen. Erwarten Sie von allen dieselbe Leistungsfähigkeit, dasselbe Engagement, dieselbe Kreativität? Vermutlich nicht. Das ist noch nicht weiter schlimm. Aber prüfen Sie, wie stark Ihre Erwartungen an Ihre Mitarbeiter und Kollegen voneinander abweichen. Nutzen Sie vielleicht sogar das Portfolio mit den Low- und High-Performern, den Question Marks und Stars? Nachdem Sie den Rosenthal-Effekt kennen und seine Varianten im Arbeitsleben, sollten Sie zukünftig etwas vorsichtiger mit derartigen Instrumenten umgehen. Die erzeugen durch eine selbsterfüllende Prophezeiung das, was sie nur zu verorten vorgeben. Selbstverständlich gibt es unterschiedliche Leistungsgrade. Die entscheidende Frage ist aber, wie wir mit einem bestimmten Leistungsstand umgehen. Welche Schlussfolgerungen ziehen wir, wenn jemand auffällig gut oder schlecht ist? Sind die betreffenden Mitarbeiter selbst verantwortlich für ihre Leistungen? Gab es deutliche Differenzen in den Aufgabenbereichen? Welche Rolle spielten Zufälle und Fehler und wie sind die Mitarbeiter damit umgegangen? Welche Unterstützung haben sie durch ihr Umfeld bekommen?

Seien Sie achtsam gegenüber Ankündigungen oder Bemerkungen über andere Menschen. Wenn, wie im dritten Kapitel gezeigt, bereits bewusst geschürte Erwartungshaltungen zu deutlich verändertem Wahrnehmen und Verhalten führen, stellt sich die Frage, was zudem auf einer unbewussten Ebene abläuft. Sie sollten deshalb die eigene Wahrnehmung und das eigene Verhalten immer wieder auf den Prüfstand stellen. Sind Sie gerade dabei, bestimmte Personen unbewusst und intuitiv zu fördern und andere auszubremsen? Die wirtschaftlich sinnvollste und gewinnträchtigste Vorgehensweise liegt darin, möglichst alle Mitarbeiter und Kollegen durch eine positive Erwartung zu fördern. Das schließt natürlich Machtspiele aus und bedeutet, eine möglichst umfassende Kooperation aufzubauen. Mehr dazu im fünften Abschnitt des folgenden Kapitels unter der Überschrift Vertrauen.

Übertragung

Erstens können Sie Ihre grundsätzliche Anfälligkeit oder Sensibilität (je nachdem, wie man es betrachtet) für Übertragungen überprüfen. Achten Sie in den nächsten Wochen ab und an auf Folgendes: Wie oft sehen Sie einen Menschen, der Sie irgendwie an jemand anderes erinnert, auch wenn Sie in diesem Moment nicht sagen können, an wen? Sie können die Wartezeit im Bahnhof oder am Flughafen dazu nutzen oder einfach Menschen auf solche Ähnlichkeiten hin prüfen, die Ihnen bei der Arbeit täglich begegnen.

Zweitens ist es nützlich, sich Klarheit darüber zu verschaffen, welche Menschen in Ihrem Leben eine wichtige Rolle gespielt haben. Egal auf welche Weise. Wenn Sie sich diese Menschen einmal gründlich bewusst machen, mit all ihren Eigenschaften, können Sie zukünftig schneller erkennen, ob Sie ein neuer Mensch in einer neuen Situation auf irgendeine Art und Weise an einen dieser Menschen aus Ihrer Vergangenheit oder auch Ihrem jetzigen Leben erinnert. Dann können Sie den Übertragungseffekt deutlich reduzieren.

Drittens sollten Sie fortan einen Sicherheitsfilter in Ihrer Beurteilung fremder Personen installieren, die Sie zum ersten Mal sehen. Es gibt zahlreiche Situationen, in denen Ihnen das passieren kann: Sie sind auf der Suche nach neuen Mitarbeitern, Sie treffen einen neuen Geschäftspartner, Sie sind auf der Suche nach Investoren ... Nehmen Sie diese Menschen so achtsam wie möglich wahr. Ihr Aussehen, ihr Verhalten, ihren Blickkontakt und die Blickqualität, ihre Stimme und die Art zu reden, ihre Mimik, Gestik, Körpersprache und den Händedruck; ihren Geruch; achten sie auf den Charakter der Personen, ihren Kleidungsstil. Versuchen Sie wann immer möglich, in einen neutralen Modus zu gehen, wenn Sie wissen, dass Sie einen neuen Menschen treffen werden. Wir beurteilen nämlich extrem schnell, in Bruchteilen von Sekunden. Sie können lernen, diese reflexhafte Beurteilung mit der Zeit zu unterbinden. Auch dafür ist Meditation äußerst hilfreich. Verschaffen Sie sich ein paar Momente, um einen innerlichen Check zu machen: Gibt es irgendeinen anderen Menschen, an den Sie diese Person erinnert? Laufen Sie Gefahr, diesem Menschen eine Übertragung überzustülpen?

Viertens können Sie die Wahrnehmung anderer Menschen natürlich auch üben. Genauer: Wie schnell und präzise nehmen Sie andere Menschen wahr? Daraus können Sie in Ihrer Freizeit ein kleines Spiel machen. Wenn Sie mal wieder irgendwo sitzen, beobachten Sie einen der Menschen in Ihrer Umgebung für etwa zehn Sekunden. Schauen Sie dann weg, schließen Sie die Augen und erinnern sich an die beobachtete Person und lassen Sie sie so exakt wie möglich vor Ihrem geistigen Auge erscheinen. Wenn Sie etwas zu schreiben haben, können Sie schnell aufschreiben, was Sie beobachtet haben. Gleichen Sie dann Ihre Beobachtung ab, indem Sie sich den Mann, die Frau oder das Kind wieder anschauen.

Halo- und Teufels-Effekt

Beobachten Sie in Zukunft, ob Sie zu den Trugschlüssen des Halo- und Teufels-Effektes neigen. Schließen Sie von einer Eigenschaft oder einigen wenigen schnell auf einen Gesamteindruck? Führt vielleicht ein bestimmter Name schon zu einem Vorurteil? Welche Merkmale sind Ihnen bei der Beurteilung von Menschen besonders wichtig? Ist es das Aussehen, der Kleidungsstil, das Verhalten oder etwas anderes? Bilden diese Merkmale ein Vorurteil? Was denken Sie beispielsweise über Frauen mit Stoppelhaarschnitt oder umgekehrt über Männer mit langen offenen Haaren? Fällt bei Ihnen jemand durch, weil er keine Krawatte trägt oder die Schuhe nicht blank poliert sind?

Nehmen Sie sich in Ihrer Freizeit eine halbe Stunde und erinnern Sie sich an Menschen, von deren Leistung Sie enttäuscht oder positiv überrascht wurden. Versuchen Sie zu rekonstruieren, wie Sie im Vorfeld zu einer bestimmten Erwartung gekommen sind. Hatten Sie in diesen Fällen von einer Eigenschaft auf einen Gesamteindruck verallgemeinert?

Unabhängig davon, welche Maßnahmen Sie im Vorfeld einer intuitiven Entscheidung getroffen haben, bietet es sich immer an, andere Menschen in eine Entscheidung mit einzubeziehen. Sie müssen nicht selbst Ihre Intuition kritisch hinterfragen, sondern können diese Aufgabe an andere abgeben, die automatisch aus einem anderen Blickwinkel auf Ihre Intuition schauen. Ulf Lunge und sein Bruder haben sowohl die Balance aus Vertrauen und kritischer Distanz als auch den professionellen Gruppenfilter vorbildlich umgesetzt. Einerseits bezieht Ulf Lunge zur Intuition eindeutig Stellung: »Ich würde niemals jemanden etwas entscheiden lassen, der keine Intuition hat. Bei uns sind das die Filialleiter.« Eine klare Befürwortung der Intuition. Andererseits ist ihm bewusst, dass man mit Intuition auch falsch entscheiden kann. Deshalb gibt es bei den Lunge Laufläden und der Laufschuhmanufaktur immer auch das Korrektiv.

Schwarmintelligenz

Ulf Lunge berichtet, dass ein Problem von Intuition darin liege, dass man sich manchmal selbst überschätzt. Insbesondere dann, wenn man nicht mit anderen zusammenarbeitet. Deshalb, so Ulf Lunge, sei es günstig, Entscheidungen gemeinsam mit anderen zu treffen.»Dann gibt es ein Korrektiv.«[9] Denn wenn einer eine Idee hat und davon sehr überzeugt ist, kann der andere das hinterfragen. Auf diese Art schützen wir uns vor traumtänzerischen Ideen, die keine Chance auf eine Umsetzung haben. Dabei kann es vorkommen, das mal der eine, mal der andere etwas falsch einschätzt.

Diese Korrektur innerhalb der Geschäftsführung setzen die beiden Lunge-Brüder auch in der Breite mit ihren Mitarbeitern erfolgreich ein:

Wenn wir etwas ordern, unsere Textilien, Schuhe, was auch immer, dann nehmen wir immer einen Filialleiter mit. Wir lassen die entscheiden. Und dadurch, dass die zusammen sind, haben die dann so ein ähnliches Korrektiv. Der einzelne Filialleiter ist dann vielleicht von etwas total begeistert, hört dann aber von den anderen die ganzen Bedenken, dass es zum Beispiel von anderen Firmen noch Alternativen gibt. Auf diese Weise korrigiert der seine Einschätzung. Die entwickeln damit so eine Art Schwarmintelligenz. Und das ist von uns auch gewünscht. Jeder macht seine eigenen Erfahrungen, bekommt aber in der Gruppe eine Korrektur.[10]

Auch Sie können eine derartige Entscheidungskultur entwickeln. Dazu bedarf es einerseits des Vertrauens in Ihre Mitarbeiter, deren Intuition und Entscheidungskompetenz. Wenn Sie daran glauben, erzeugen Sie mit Ihrer positiven Erwartungshaltung bei den Mitarbeitern wiederum eine verbesserte Selbstwirksamkeitserwartung. Und die führt letztlich zu einer Leistungsverbesserung. Andererseits brauchen Sie eine gesunde Prise kritischer Reflexion. Beides zusammen ergibt die perfekte Mischung wie bei Wag Dodge.

Das erste Obergeschoss – erfolgreiche Entscheidungen maximieren

Entscheidungen im Allgemeinen

Sie haben täglich Entscheidungen zu treffen, bei denen es keine Frage von Leben und Tod ist, ob Sie eine Regel einhalten oder brechen sollten und bei der Sie nicht improvisieren müssen. Sie bewegen sich immer wieder mal in einem sicheren Rahmen ohne Planabweichungen. Das soll vorkommen. Und doch werden Sie auch in solchen Situationen von Ihrer Intuition Gebrauch machen müssen, weil Sie gerade aus irgendeinem der schon ausgeführten fünf Gründe nicht genug wissen. Eine gute Möglichkeit, an Ihrer Intuition im Rahmen allgemeiner Entscheidungen zu arbeiten, besteht in geleiteten Fantasiereisen. Hierzu haben Sie die Möglichkeit, sich einfach über das Internet eine Sendung meines kostenfreien Podcasts »Abenteuer Intuition« herunterzuladen. Konkret ist es die Folge 7 mit dem Titel »Intuitionstraining Nr. 2«.[11] Sie finden dort eine rund 20-minütige Reise zu Ihrer Intuition. Alles was Sie brauchen: Ungefähr eine halbe Stunde Zeit, einen Raum, in dem Sie ungestört sind, einen bequemen Stuhl oder eine für Sie angenehme Möglichkeit zu liegen und einen MP3-Player, um dieses Podcast zu hören – am besten mit Kopfhörern. Sie können diese Fantasiereise nach Bedarf immer wieder anhören, so wie es Ihnen nützlich erscheint.

Es gibt darüber hinaus verschiedene Möglichkeiten, Ihre Intuition zu einer Problemlösung aktiv einzuladen. Unsere unbewusste Informationsverarbeitung spielt sowohl in unserer Expertise als auch im Anfängergeist immer eine Rolle, aber sie wird nicht jedes Mal zu einer Intuition, die in unser Bewusstsein eintritt. Wir können unsere Intuition also nicht zwingen, aber wir können Voraussetzungen schaffen, die intuitive Antworten und Entscheidungen wahrscheinlicher machen. In Kasten 5 finden Sie den Ablauf zum »Intuitiven Problemlösen«, einer Methodik, die oft hilfreich ist. Ausgangspunkt

Problemdefinition
- Zu welchem Problem/zu welcher Frage will ich eine Information?
- Unterschiedliche Teilfragen sollten einzeln behandelt werden.
- Eventuell können Zielvorstellungen herausgearbeitet werden.

Zentrieren
Körper und Geist in einen ruhigen und zentrierten Zustand bringen:
- Atmung beobachten
- Körperzentrum wahrnehmen

Imagination und Symbolbildung
Wenn Ihr Problem/Ihre Frage etwas Anderes wäre. Was und wie wäre es?
- ein Bild (z.B. Entscheidungen aufschieben ist wie ... ein verregneter Herbsttag)
- ein Theaterstück
- ein Musikstück
- ein Bauwerk, Haus
- ein Tier
- eine Pflanze

Interpretation
Falls die Bedeutung der intuitiven Information nicht klar genug ist:
- Assoziationsbildung mit Mindmapping zur intuitiven Information
- Identifizierung mit einzelnen Bildelementen

Lösungsfindung
Ein konkretes Lösungsszenario visualisieren:
- Welche Auswirkungen hätte diese Lösung im relevanten Umfeld?
- Welche weiteren Fragen tauchen auf?

Kasten 5 Intuitives Problemlösen

ist eine Problemstellung oder eine Frage, die Sie im Moment noch nicht beantworten können oder wollen. Es geht nicht unbedingt gleich um die Lösung Ihres Problems oder die Antwort auf eine Frage, sondern darum, zusätzliche Informationen aus Ihrem Unbewussten zu erhalten. Auch bei dieser Übung ist es wichtig, ungestört zu sein. Deshalb ist es am besten, wenn Sie sie zuhause durchführen.

Die ersten beiden Schritte bedürfen keiner weiteren Erklärung. Im dritten Schritt geht es darum, Ihr Problem oder Ihre Frage in eine ungewöhnliche Form zu bringen. Formulieren Sie sie deshalb als Metapher. Dazu finden Sie im Kasten verschiedene Vorschläge, die Sie selber jederzeit erweitern oder ergänzen können. Angenommen, Ihr Problem bestünde darin, häufig Entscheidungen aufzuschieben. Dann besteht Ihre Aufgabe darin, eine Metapher nach folgendem Schema zu bilden: »Entscheidungen aufzuschieben ist wie ein [Metaphernbereich].« Das könnte dann lauten: »Entscheidungen aufzuschieben ist wie ein verregneter Herbsttag.« Oder: »... ist wie ein Basset« (aus dem Metaphernbereich Tiere). Sie brauchen nicht alle Metaphernbereiche durchzugehen, aber drei bis vier sind empfehlenswert.

Nach diesem dritten Schritt werden Sie verschiedene Metaphern oder Bilder erzeugt haben. Häufig ist zu diesem Zeitpunkt noch nicht klar, welche Bedeutung sich dahinter verbirgt. Dann können Sie zu Ihren Ergebnissen weiter assoziieren, zum Beispiel mithilfe einer Mindmap. Schreiben Sie jedes Bild, jede Metapher oder was immer Ihr Ergebnis aus dem dritten Schritt ist, in die Mitte eines eigenen Blattes und schreiben Sie Ihre Assoziationen dazu als Hauptast auf. Zu jedem dieser Hauptäste können Sie dann weiter assoziieren oder Ihre Gedanken dazu als Unteräste notieren. Eine andere, ungewöhnlichere Möglichkeit besteht darin, dass Sie sich mit den jeweiligen Elementen einer Metapher oder eines Bildes identifizieren und darauf achten, was Ihnen dann in den Sinn kommt. Im Kasten steht das Beispiel des »verregneten Tages«. Stellen Sie sich vor, Sie seien ein Regentropfen, der sich aus der Wolke löst und runter zur Erde fällt, oder Sie seien die Wolke, oder der Boden, eine Pfütze ...

Im vierten Schritt der Interpretation sollten Sie sich vorstellen, wie ein konkretes Lösungsszenario oder eine Antwort auf Ihre Frage aussehen würde. Welche Auswirkungen hätte Ihre intuitiv gefundene Lösung auf das Umfeld, auf das sie sich bezieht? Tauchen weitere Fragen auf?

Diese Methode führt nicht immer gleich zu einer schlüsselfertigen Lösung, aber meistens zu einer neuen Sicht oder weiteren Ideen, die hilfreich sind, um letztendlich zu einer guten und sinnvollen Lösung oder Antwort zu kommen. Eine andere Möglichkeit, Ihre Intuition und die Ihrer Mitarbeiter hervorzukitzeln, liegt in der *Musterunterbrechung* gewohnter Entscheidungsfindung. Wenn Sie mit mehreren Kollegen oder Mitarbeitern wie üblich in einem Ihrer Meeting- oder Konferenzräume sitzen, können Sie, sofern Sie nicht absolut zwingend Tische, Flipcharts oder einen Beamer brauchen, auch eine »Stehung« an Stelle der normalen Sitzung in einem anderen Raum durchführen. Gehen Sie in Ihre Kaffee-Ecke, Ihre Küche oder eines der Büros der Teilnehmer Ihres Entscheidungsgremiums. Sie können auch, wenn Ihr Unternehmen nicht gerade in einem wenig attraktiven Gewerbe- oder Industriegebiet liegt, einen gemeinsamen Spaziergang machen. Letztlich ist es völlig egal, was genau Sie machen, solange es nur ausreichend anders ist als das, was Sie gewohnt sind.

Regelbrüche

Wie ich im letzten Kapitel am Fall der *Herald of Free Enterprise* gezeigt habe, kann es genauso tödlich sein, Regeln zu befolgen, wie sie zu brechen. Wenn Sie erfolgreich entscheiden wollen, müssen Sie und alle Mitarbeiter eine Intuition dafür entwickeln, wann es besser ist, eine Regel einzuhalten oder sie zu brechen. Denn keine Regel, und sei sie noch so ausgefuchst, ist in der Lage, alle Eventualitäten des Lebens abzubilden. Eine Regel dient dazu, in konkreten Fällen ein dahinter liegendes Prinzip und seinen tieferen Sinn umzusetzen. Unser Grundgesetz stellt unsere prinzipielle Verfassung dar, die in den verschiedenen Gesetzestexten in Regeln gegossen wird. Der erste Satz von Artikel 3 (»Jeder Mensch ist vor dem Gesetz gleich«) führt zu entsprechenden Regelsettings. Das Wichtige also ist die Basis des Sinns, gefolgt vom Prinzip, gefolgt von der Regel. Daraus lassen sich vier Aufgaben für Sie ableiten.

Erstens müssen Sie die in Ihrem Unternehmen vorhandenen Regeln und deren Konsequenzen verstehen und gegebenenfalls umgestalten. Prüfen Sie, welche Prinzipien Ihre Regeln umsetzen sollen.

Und prüfen Sie auch, ob dies die klassischen fünf Prinzipien des Managements sind: Spezialisierung, Hierarchie, Standardisierung, Planung und Steuerung und das Primat der extrinsischen Motivation (Anreizsysteme!). Oder folgen Ihre Regeln den im folgenden Kapitel vorgestellten Prinzipien Anfängergeist, Selbstorganisation, Fehlerfreundlichkeit, Möglichkeitsräume und Vertrauen? Durch diese Prinzipien-Reflexion erzeugen Sie einen wesentlich effektiveren Umgang mit Ihren Regeln.

Zweitens bedarf es immer einer situativen Prüfung von Regeln. Was vor einiger Zeit mit Sinn und Verstand entworfen und verabschiedet wurde oder einfach informell entstanden ist, kann sich im Laufe der Zeit als nutzlos oder sogar schädlich herausstellen, weil sich die Rahmenbedingungen geändert haben. Das ist nicht vorhersehbar. Es bedarf der professionellen Intuition, um die Regel mit Erfolg einzuhalten oder sie zu brechen. Natürlich sollte dieses Gespür vor allem bei den wichtigen und für Ihr Unternehmen vitalen Regeln bewusst eingesetzt werden. Aber seien Sie wachsam! Es müssen keineswegs immer die großen und scheinbar wichtigen Regeln sein, die der Achtsamkeit bedürfen. In einer komplexen Welt können auch Kleinigkeiten fatale Wirkungen erzeugen.

Drittens müssen Sie sich von Ihren Gewohnheiten verabschieden. Machen Sie das besser heute als morgen. Wer ein gewohntes Programm abspult, torpediert seine Achtsamkeit. Auch wenn es uns unendlich schwer fällt, es zu begreifen und zu beachten: Nichts wiederholt sich wirklich. Es ist wie mit unseren Atemzügen. Jeder ist einzigartig und neu. Gefolgt vom nächsten, der nur gleich zu sein scheint. Auch deshalb ist das Labor der Meditation so wertvoll. Weil wir damit das Gift der Gewohnheit aus unserem Geist schwemmen. Beobachten Sie in den nächsten Wochen Ihre unternehmerischen Gewohnheiten. Wo sind Fallen versteckt? Wo sind Sie bereits erblindet für mögliche Abweichungen von der Norm?

Viertens sollten Sie sich zukünftig für die Mutter aller Regeln in Ihrem Unternehmen einsetzen: »Eine Regel ersetzt nicht ihren Sinn.« Das können Sie beliebig ergänzen, um es noch klarer zu machen: »Jeder Mitarbeiter ist in der Verantwortung, eine Regel zu brechen, wenn dadurch ihr Sinn erst erfüllt wird.« Das setzt voraus, dass Sie Ihren Mitarbeitern vertrauen und die nötige Kompetenz zuschreiben. An dieser Stelle zeigt sich wieder, ob Sie Ihr Unternehmen zum Menschen oder zur Sache hin ausrichten. Wollen Sie intelligente Mitarbeiter, also solche, die eine Balance herstellen zwischen Rationalität und Intuition und diese eigenständig benutzen, oder möchten Sie lieber Taylorsche Affen auf der Payroll haben, die nur in der Lage sind, das zu tun, was man ihnen vorschreibt? Es gibt intelligente Menschen und solche, denen ihre Intelligenz erfolgreich ausgetrieben wurde.[12] Mit wem wollen Sie sich umgeben? Wer macht Ihr Unternehmen erfolgreicher? Mit wem haben Sie mehr Freude an der Arbeit?

Improvisation

In der zunehmend komplexeren Welt wird im Gegensatz zur Planung Improvisation als grundsätzlich anderer Handlungsmodus immer wichtiger. Was machen Sie, wenn Sie wochenlang eine Präsentation vorbereitet hatten, mit einer Menge Informationen, die auf Ihren Folien schön dargestellt sind, aber der Beamer oder Ihr Laptop plötzlich ausfällt? Vermutlich kennen auch Sie die Situation solch technischer Pannen, die einen schnell ziemlich nerven können. Improvisation muss aber nicht immer eine Planabweichung bedeuten, sondern ist mitunter erforderlich, weil Sie bestimmte Ereignisse nicht vorhersagen können. Nehmen Sie das Beispiel eines Telefonats oder eines Meetings. Kennen Sie die Situation, dass einer Ihrer Kommunikationspartner etwas sagt, worauf Sie keine gute Antwort parat haben? Fünf Minuten nach dem Gespräch fällt Ihnen dann eine passende Reaktion ein. Jede kommunikative Szene ist immer auch Improvisation – sonst würden Sie ja nur ein auswendig gelerntes Textbuch rezitieren. Und selbst da kommen wir immer wieder in die Situation, dass etwas schiefläuft.

Also stellt sich die Frage, wie wir Improvisation im Vorfeld der professionellen Anwendung im Unternehmen trainieren können. Denn vor allem dann ist es möglich, die Improvisation und die damit verbundene Intuition einer Qualitätssicherung zu unterziehen. Am besten lernen Sie von denen, die Improvisation professionell betreiben, von den Improvisationsprofis. Das sind Künstler aus den Domänen Theater, Musik, Tanz und Malerei. Der einfachste Weg zur Improvisationskompetenz besteht am Anfang darin, sich erst einmal zurückzulehnen und begeistern zu lassen. Suchen Sie in Ihrer Gegend nach

Jazz-Konzerten, Impro-Theatershows, nach Theatersport, bei dem zwei Impro-Truppen gegeneinander antreten, nach Tanzveranstaltungen mit Improvisationselementen. Fragen Sie Freunde, ob die Ihnen irgendwelche Tipps in dem Bereich geben können. Ich empfehle Ihnen verschiedene Improvisationstheater-Ensembles und Jazz-Bands und -Musiker (siehe Kasten 6).

Gewöhnen Sie sich erst einmal an die Ästhetik und die Dynamik der Improvisation. Es kann durchaus sein, dass Ihnen zum Beispiel Jazz beim ersten Hören nicht gefällt, weil Sie diese Musikgattung nicht gewohnt sind. Es ist aber möglich, seinen ästhetischen Raum bewusst und gezielt zu erweitern. Wenn sie sich erst einmal daran gewöhnt haben, wollen Sie die neue Erfahrung nicht mehr missen. Sie ist dann zu einer wichtigen Bereicherung geworden. Es ist so ähnlich wie mit Sport. Wenn sich jemand jahrelang vorwiegend auf seinem Bürostuhl rollend fortbewegt hat und dann langsam mit dem Laufen

IMPROTIPPS ZUM ZUSCHAUEN, ZUHÖREN UND LERNEN

Improtheatergruppen	Jazz-Bands/-Musiker
AlsWir, Heidelberg*	Jan Garbarek
www.alswir.de	Trilok Gurtu
Emscherblut, Dortmund	Peter Fulda
www.emscherblut.de	Eric Truffaz
Gorillas, Berlin	
www.die-gorillas.de	**CD-Tipps**
Isar148, München	Dave Brubeck – *Time out*
www.isar148.de	John Coltrane – *Ballads*
	Miles Davis – *Kind of Blue*
Steife Brise, Hamburg	Peter Fulda – *Tarot Suite*
www.steife-brise.de	Keith Jarret – *The Köln Concert*

* In diesem Ensemble spielen unter anderem Eugen Gerein und Enno Kalisch, mit denen ich seit mehreren Jahren in meinem Unternehmenstheater zusammenarbeite.

Kasten 6 Improvisations-Tipps

anfängt, kann das erst mal unangenehm sein. Aber nach einer Weile fragt er sich, wie er es all die Jahre vorher ohne die Bewegung ausgehalten hat. Fangen Sie also auf diesem Weg erst einmal an, sich beim Zuschauen und Zuhören wohl zu fühlen. Fangen Sie an, wirklich zu verstehen, dass der Mehrwert in der Improvisation im Unerwarteten liegt! Jeder »Fehler« kann hier zu einem wichtigen Gestaltungsmerkmal werden. Ganz im Gegensatz zu einem ausnotierten klassischen Konzert. Wenn sich da jemand vergeigt, ist es einfach nur peinlich. Ein Fehler in der Welt der symphonischen Planung und Umsetzung schmälert den Genuss ganz erheblich.

Wenn Sie gerne lachen, sollten Sie unbedingt Impro-Theater kennenlernen. Dort haben Sie als Zuschauer die Möglichkeit, selber mitzubestimmen, was auf der Bühne geschieht. Sie können zum Beispiel verschiedene Genres vorschlagen: Science-Fiction, Musical, Western und dergleichen mehr. Die Schauspieler wechseln in einer laufenden Szene aus einem Genre ins andere, was wirklich urkomisch sein kann – stellen Sie sich mal Hamlet in einer Teenie-Komödie vor, der plötzlich zu einer gut gemachten o-beinigen John-Wayne-Karikatur wird. Natürlich gibt es noch eine Menge anderer Gestaltungsmöglichkeiten.

Sehr unterhaltsam ist auch Theatersport: Zwei Impro-Ensembles treten gegeneinander an und liefern sich auf der Basis der Publikumsvorschläge einen Improvisationswettbewerb. In dieser Sparte gibt es mittlerweile sogar eine Weltmeisterschaft, kein Witz! Wenn Sie es zurückgezogener mögen, lieber die Augen schließen und sich inneren Bildern und Filmen hingeben, während Sie Musik hören, dann sollten Sie Konzerte besuchen. Die Musik lädt weniger zum Lachen ein, dafür berührt sie meistens tiefer.

Schauen Sie genau hin und hören Sie gut zu, wenn die Schauspieler auf der Bühne spontan auf Publikumsvorschläge reagieren oder wenn die Musiker frei über einer Songform solieren oder gleich ein ganzes Solokonzert improvisieren. Der amerikanische Jazz-Pianist Keith Jarrett, den ich in der Einleitung dieses Kapitels schon erwähnte, spielte mit dem improvisierten »Köln Concert« am 24. Januar 1975 eine der bislang erfolgreichsten Jazz-Platten ein. Mit dieser Aufnahme ist eine Improvisation dokumentiert, die ich jedem ans Herz lege, weil hier im doppelten Sinn improvisiert wurde. Jarretts Manager hatte einen anderen Flügel geordert als den, den sie vorfanden. Für High-

End-Pianisten kann es ausgesprochen unangenehm sein, genötigt zu sein, eben mal auf einem anderen Flügel zu spielen. Jarrett und sein Manager waren kurz davor, das Konzert abzusagen, aber dann hat Jarrett sich konsequenterweise auch auf diese Improvisation eingelassen, und das Ergebnis schrieb Musikgeschichte. Von diesen Impro-Profis können Sie viel lernen.

Es gibt ein paar Grundregeln der Improvisation, die sowohl im Theater gelten als auch in der Musik:

1. »Ja und« statt »ja aber«: Akzeptieren Sie, was kommt. Es ist nicht nur sinnlos, sondern vor allem auch Erfolg verhindernd, wenn man mit der eingetretenen Situation hadert oder doch noch versucht, etwas so hinzubiegen, wie man es erwartet hatte.
2. Keine vorschnellen Bewertungen. Ob eine Idee gut ist oder nicht, ergibt sich oft erst im Zusammenspiel mit den anderen.
3. Achtsamkeit (schon wieder!) ist wichtiger als Virtuosität. Ein gutes Gesamtergebnis ist nicht zwingend von Virtuosität abhängig, sondern eine Folge von Achtsamkeit gegenüber den anderen, sich selbst sowie den Geschehnissen.

Wenn Sie als Zuschauer oder Zuhörer ein paar Erfahrungen gesammelt haben, können Sie den nächsten Schritt wagen. Besuchen Sie an einem Wochenende einen Workshop von Impro-Schauspielern. Die geben häufig gerne ihr Wissen und ihre Erfahrung weiter (Sie können sich diesbezüglich an meinen Empfehlungen im Kasten orientieren). So ein Workshop ist ein Sprung ins kalte Wasser. Sehr erfrischend. Es kann einem im ersten Moment den Atem nehmen, aber sobald Sie sich dran gewöhnt haben, ist es großartig. Wenn Sie dann nach Hause kommen, haben Sie eine komplett neue Welt betreten.

Der große Vorteil beim Impro-Theater ist folgender: Sie brauchen keine Vorkenntnisse, keine Instrumente oder sonst irgendetwas und können direkt anfangen. Außerdem ist das Impro-Theater am ehesten mit Ihren täglichen kommunikativen Situationen vergleichbar. Deshalb empfehle ich Ihnen diesen Schritt ganz besonders. Aber Sie können auch mit anderen Kunstgattungen erfolgreich an Ihren Improvisationsfähigkeiten arbeiten, wenn Ihnen das lieber ist. Tanzen Sie gerne? Dann besuchen Sie einen Anfängerkurs in argentinischem Tango, da wird nämlich auch viel improvisiert. Es gibt nicht wie bei den Standardtänzen ein festes Schrittmuster. Oder spielen Sie Klavier? Bislang immer nur nach Noten? Dann legen Sie sie einfach zur Seite und sammeln sich erst einmal in der Stille und hören in sich selbst hinein. Irgendwann kommt der erste Ton, die erste Harmonie, der erste Rhythmus von alleine. Das kann eine intensive Erfahrung sein. Der gleichzeitige Vor- und Nachteil liegt auf der Hand: Sie sind alleine. In der Arbeit werden Sie aber mit anderen gemeinsam improvisieren müssen. Deshalb ist es in der Trainings- und Vorbereitungsphase wichtig, irgendwann in der Gruppe zu improvisieren. In der Musik kann das deutlich aufwändiger werden als beim Impro-Theater. Ich weiß, wovon ich rede. Als Schlagzeuger hatte ich das Vergnügen, jahrelang mein Schlagzeug durch die Weltgeschichte zu schleppen. Wenn Sie also nicht gerade Sänger oder Querflötistin sind, wird es schnell anstrengend. Da ist es sehr befreiend, ohne zwingendes Zusatzgepäck zu einem Impro-Theater-Workshop zu gehen.

Ich arbeite in meinen Intuitionstrainings seit Langem mit Elementen aus dem Schauspieltraining und dem Improvisationstheater. Der Grund dafür ist denkbar einfach. Der Aufwand liegt bei Null und die Teilnehmer und Teilnehmerinnen werden mit einer Situation des Nichtwissens konfrontiert, die sie rational weder kontrollieren noch steuern können. Wer das versucht, bringt die Improvisation ins Stocken. Das Feedback ist unmittelbar. Wer in dieser Situation nachdenkt, unterbricht jeden Improvisationsfluss. Also: Wagen Sie den Sprung ins Nichtwissen. Sie werden Ihre intuitive Improvisationsfähigkeit weiterentwickeln.

Fenster und Türen – Intuition zieldienlich kommunizieren

Sie befinden sich zwangsläufig in einer der folgenden drei Situationen: Entweder ist in Ihrem Unternehmen oder in dem Bereich, in dem Sie tätig sind, Intuition erwünscht, geduldet oder unerwünscht. Wenn Intuition erwünscht ist, brauchen Sie sich keine großen Gedanken zu machen. Sie dürfen dann schließlich frei äußern, dass Sie »nur« eine Ahnung haben, ein Gefühl oder eine Intuition, wie immer Sie es benennen wollen. Wenn Sie möchten, können Sie Ihre intuitive Einsicht noch in eine Metapher verpacken und so auch noch die Intuition der Empfänger Ihrer Kommunikation anregen. Das ist ein eigenes, aufwändiges Thema: Metaphernbildung. Dazu finden Sie am Ende des Kapitels einen Literaturtipp.

Wenn Intuition bei Ihnen lediglich geduldet ist, kommt es auf die jeweilige Situation an. Es kann sein, dass sie einmal tendenziell eher erwünscht und beim nächsten Mal eher unerwünscht ist. Sollte das Pendel in Richtung unerwünscht ausschlagen, sollten Sie ebenso vorsichtig sein wie in einem intuitionsfeindlichen Umfeld. Dort ist Intuition genauso am Werke wie überall sonst auch, nur wird sie eben pseudorational verunglimpft. Wenn Sie sich in einem ZDF-Unternehmen zu weit aus dem Fenster lehnen, bekommen Sie Probleme. Spätestens dann, wenn Sie kraft einer intuitiven Entscheidung ein Projekt vor die Wand gefahren und sich nicht zuvor durch die fantasievolle Konstruktion von Begründungen abgesichert haben, wird es unangenehm. Für dieses Szenario gibt es nur eine tragfähige Lösung: Wer fragt, der führt. Das heißt in diesem Fall: Stellen Sie Fragen, die in die Richtung zielen, die Ihnen Ihre Intuition anzeigt. Ein Beispiel: Sie glauben nicht, dass die Meilensteine des anstehenden Projektes realistisch sind. Aber Sie können es nicht begründen – sonst wäre es ja auch keine Intuition. Wenn aber alle anderen oder zumindest die meisten der Meinung sind, alles wäre prima, dann stehen Sie schlecht da. Verständlicherweise würde man Sie erst mal fragen, wie Sie zu Ihrem Urteil kommen. Also drehen Sie den Spieß um. Fragen Sie, wie die anderen darauf kommen, dass die Meilensteine realistisch sind! Kurz: Hinterfragen Sie die scheinbar rational gestützten Entscheidungen oder Ansichten der anderen. Auf diesem Weg können Sie sehr weit kommen. Denn Sie wissen ja, dass unsere Urteile alle bis zu einem gewissen Grad von Intuition mitgeprägt sind. Sie werden irgendwann an einen Punkt kommen, bei dem die anderen feststellen, dass Ihre Urteilsbildung nicht mehr begründbar ist. Das kann natürlich das Gefühl hervorrufen, in die Ecke gedrängt worden zu sein. Insofern ist auch diese Methode mit Vorsicht zu genießen. Spätestens hier zeigt sich, warum noch das siebte Kapitel folgen muss, in dem ich darlege, dass Intuition immer auch ein kulturelles Thema ist. Denn ohne eine entsprechende Entscheidungskultur sind Sie auf Dauer mit Ihrer Intuition auf verlassenem Posten.

Lesetipps

Bauer, J. (2006): *Warum ich fühle, was du fühlst. Intuitive Kommunikation und das Geheimnis der Spiegelneurone*, Hoffmann und Campe.

Bohm, D. (2002): *Der Dialog. Das offene Gespräch am Ende der Diskussionen*, Klett-Cotta.

Ellinor, L./Gerard, G. (2000): *Der Dialog im Unternehmen. Inspiration, Kreativität, Verantwortung*, Klett-Cotta.

Gordon, D. (1996): *Therapeutische Metaphern*, Junfermann.

Jäger, W./Kohtes, P. (Hrsg.) (2009): *zen@work. Manager und Meditation*, Kamphausen.

Singer, W./Ricard, M. (2008): *Hirnforschung und Meditation. Ein Dialog*, Suhrkamp.

Taleb, N. (2007): *Der schwarze Schwan. Die Macht höchst unwahrscheinlicher Ereignisse*, Hanser.

7
Wie Sie eine effektivere Entscheidungskultur im Unternehmen entwickeln

Hierarchische Aufbauorganisationen sind nicht gehirngerecht. Weil wir als Menschen dank unseres einzigartigen Gehirns Generalisten sind, einen uns innewohnenden Gestaltungsdrang haben, intuitiv sind, Fehler machen müssen um zu lernen, und nicht zuletzt Vertrauen für unser emotionales Überleben brauchen. Das heißt im Umkehrschluss: Die Spezialisierung, das Gestaltungsverbot, die Beschränkung auf einen (pseudo-)rationalen Entscheidungsstil, eine Null-Fehler-Kultur und ein krankhaftes Misstrauen, wie wir es häufig in hierarchischen Unternehmen finden, lassen die Mitarbeiter emotional und intellektuell verkümmern. Wir machen uns selbst auf diese Weise überhaupt erst zu den Affen, die Frederick Taylor in seiner Menschenfeindlichkeit unterstellt hat. Die Folge: Wenn wir in Unternehmen eine Command-and-Control-Struktur und -Kultur inszenieren, haben wir von Anfang an den größten Teil der kognitiven und emotionalen Leistungsfähigkeit unserer Mitarbeiter ausgeschlossen. Zwangsläufig. Die Gallup-Studie 2009, der zufolge in Deutschland 89 % (!) der Mitarbeiter nur eine geringe bis keine emotionale Bindung ans Unternehmen verspüren, verweist auf dieses Phänomen. Gallup benennt verschiedene Faktoren als Ursachen für diese Misere des Engagements:

- kein Interesse am Mitarbeiter als Mensch,
- starkes Hierarchie- und Statusdenken,
- geringe Entscheidungskompetenzen,
- starre Organisationsstruktur,
- Kultur des Misstrauens,
- hohe Kontrolle,
- keine oder mangelhafte Vision.

Gallup beziffert die Folgekosten dieses ökonomischen Suizids auf Raten mit rund 125 Milliarden Euro pro Jahr. Die innerlich gekündigten Mitarbeiter melden sich öfter krank, es gibt eine hohe Fluktuation, schlechten Kundenservice, schlechte Mundpropaganda und Innovationsfeindlichkeit. In der *Süddeutschen Zeitung* formulierte man treffend: »[W]er schlägt seinem Chef schon tolle Ideen vor, wenn er nur noch als Statist am Schreibtisch sitzt?«[1] Ich würde davon ausgehen, dass der Schaden sogar noch größer ist, denn niemand geht an die Grenzen seiner vollen Leistungsfähigkeit, wenn er innerlich gekündigt hat oder Dienst nach Vorschrift schiebt. Wieder mal tobt sich eine Horde paradoxer Pseudorationalisten auf dem Rücken vieler anderer aus. Im Namen der wissenschaftlich fundierten Betriebsführung vernichten Sie Kapital und noch mehr Potenzial. Wenn wir keine jämmerlichen Pessimisten sein wollen, sollten wir davon ausgehen, dass wir mehr können als bisher. Das bedarf einiger grundlegender Prinzipien, die quer zu dem liegen, was bislang in den meisten Unternehmen gelebt und an fast allen Universitäten gelehrt wird:

- Anfängergeist – das Gegenteil zur Spezialisierung
- Selbstorganisation – das Gegenteil zu Hierarchie
- Fehlerfreundlichkeit – das Gegenteil zur Standardisierung
- Möglichkeitsräume – das Gegenteil zu Planung und Steuerung
- Vertrauen – das Gegenteil zum Primat der extrinsischen Motivation

Wir brauchen nicht ein paar dieser Prinzipien oder von allen ein bisschen, sondern alle fünf. Und zwar konsequent.

Anfängergeist – oder: die Paradoxie der offenen Expertise

Häufig braucht es Mut und manchmal sogar ein bisschen Verrücktheit, um sich gegen die geschlossene Phalanx ignoranter Experten und Spezialisten durchsetzen zu können. Der australische Internist Barry Marshall griff zum letzten Mittel eines gewagten Selbstversuchs, um der Fachwelt der Gastroenterologen, den Fachärzten für

Magen-Darm-Erkrankungen, einen wichtigen Beweis zu liefern. Aber der Reihe nach.

Im Jahr 1979 hatte Marshalls Kollege Robin Warren, als Pathologe ebenfalls Anfänger in Sachen Magen-Darm-Erkrankungen, in den Magenschleimhautproben von Patienten ein Bakterium entdeckt. Marshall und Warren brachten dieses Bakterium mit der Entstehung von Magengeschwüren in Verbindung, da es bei fast allen Magengeschwür-Patienten von Marshall nachzuweisen war. Die bis dahin gültige Expertenmeinung bestand jedoch darin, dass die Ursache dieser Erkrankung scharfe Speisen, Alkohol und Stress wären. Denn schließlich, die Fachwelt war sich überaus einig, konnten im stark säurehaltigen Magen keine Bakterien leben. Deshalb machten sich Marshall und Warren an die Arbeit, das Bakterium zu kultivieren, also außerhalb des Körpers zu vermehren, um damit weitere Experimente machen zu können. Leider gelang ihnen dies lange nicht. Ein Zufall führte, wie so häufig, einen großen Schritt weiter. Ein Laborant hatte über ein verlängertes Osterwochenende vergessen, die Petrischalen, in denen die Bakterien gezüchtet werden sollten, zu entsorgen, da auf dem Nährboden nichts gewachsen war. Bei der Rückkehr ins Labor hatten sich dann aber einige Kolonien gebildet, da dieser Bakterientyp offensichtlich langsamer wuchs als vermutet.

Da die beiden Ärzte mit den Bakterien bei Tieren keine Magengeschwüre hervorrufen konnten, entschloss sich Marshall zum Selbstversuch. Er nahm eine Dosis der Bakterien selbst ein – trotz des Protests seiner Frau. Nach rund einer Woche zeigten sich bei ihm alle Symptome eines Magengeschwürs. Marshall konnte kaum noch essen und hatte starke Magenschmerzen. »Am achten Tag schließlich«, erinnert er sich in einem Interview, »wachte ich frühmorgens auf, rannte ins Bad und musste mich übergeben. Die Bakterien, von denen es in meinem Magen nur so wimmelte, hatten dafür gesorgt, dass die ganze Magensäure verschwunden war.«[2] Glücklicherweise hatte er im Vorfeld schon ein wismuthaltiges Antibiotikum entwickelt, das seinen Patienten bereits geholfen hatte, wovon die gastroenterologischen Fachärzte jedoch nichts wissen wollten. Er behandelte sich selbst und wurde schnell wieder gesund.

Mit diesen Ergebnissen, so dachten Marshall und Warren, würden sie nun endlich ernst genommen werden. Von wegen. Experten sind ausgesprochen resistent gegen neue Erkenntnisse. Man könnte auch sagen, sie sind stur. Auf einem Brüsseler Kongress von Mikrobiologen stellte Marshall die Ergebnisse vor – und wurde auf der Basis von Theorien niederargumentiert und zum krönenden Abschluss als Spinner bezeichnet. Als die beiden unermüdlichen Ärzte ihre Ergebnisse in den weltweit angesehenen medizinischen Fachzeitschriften *Lancet* und *New England Journal of Medicine* veröffentlichen wollten, verweigerten beide Zeitschriften die Veröffentlichung. Viele Jahre später, im Jahr 2005, kam dann auch die pseudorationale Fachwelt zur Vernunft: Marshall und Warren erhielten den Nobelpreis für Medizin für ihre Entdeckung des *Heliobacter pylori* und dessen ursächlicher Rolle bei Magengeschwüren. Die Ergebnisse ihrer langjährigen, zähen und mutigen Forschung revolutionierten die Behandlung von Magengeschwüren und Magenschleimhautentzündungen. Der Fall Marshall/Warren demonstriert eindrücklich, was ich im dritten Kapitel meinte, als ich schrieb, dass aus Erfahrungen Scheuklappen werden, um nicht rechts und links zu gucken, was es dort noch zu sehen gibt. Und es illustriert ebenso meine Aussage, das Nicht-wissenwollen oder -können im Gegensatz zum Nichtwissen des Anfängers schädlich ist. Vor Marshall und Warren wurden Patienten Teile des Magens operativ entfernt, wodurch die Verdauung zum Teil stark eingeschränkt wurde. Heute reicht häufig die einwöchige Einnahme von Antibiotika!

Es ist nicht nur unsere Wissenschaft, die zur Expertokratie verkommt. Es sind genauso unsere Unternehmen, unsere Demokratie, unsere Gesellschaft. Wir stellen keine Ingenieure ein, sondern Elektro-Ingenieure, Flugzeug-Ingenieure, Maschinenbau-Ingenieure, Software-Ingenieure, Wirtschafts-Ingenieure; genauso wenig heuern wir Betriebswirtschaftler an, sondern Controller, Logistiker, Qualitätsmanager, Personalreferenten. Wir sind spezialisiert. Müssen wir auch sein. Denn der Wissensfundus jeder Domäne ist so umfangreich geworden, dass wir nicht mehr in der Lage sind, unseren Beruf bis in den letzten Winkel auszuleuchten. Sicher hat diese Fokussierung ihre Vorteile. Wir werden zu Experten, die mit wachsendem Wissen und sich entwickelnder Erfahrung immer tiefer in ihre Spezialisierungsbereiche vordringen können und eine zunehmende fachliche Intuition entwickeln. Das ist der Wert, den wir uns bewahren sollten. Den Nachteil ignorieren wir aber immer noch: Wir werden zu Fachidioten, die kaum in der Lage sind, eine Aufgabe aus einem anderem als dem eigenen Experten-Blickwinkel zu betrachten. Das wird in Unternehmen zum Beispiel deutlich, wenn hier die üblichen Schnittstellen-Konflikte auftreten. Wenn wir Prozessketten nicht als Ganzes wahrnehmen, entlang derer Wertschöpfung entsteht, sondern immer nur innerhalb der Grenzen der eigenen Abteilung. Was die anderen machen, versteht man erstens nicht mehr und zweitens ist es sowieso deren Bier. Selbstverständlich ist diese Problematik nicht alleine der Expertise geschuldet. Noch ursächlicher ist die tayloristische Arbeitsteilung, die ihrerseits eine verstärkende Rückkoppelung auf unser Ausbildungssystem hatte, sodass wir infolge der zunehmenden Arbeitsteilung eine steigende Spezialisierung im Vorfeld des Berufs benötigten. Und die verstärkt wiederum die Arbeitsteilung. Ein sich aufschaukelnder Teufelskreis, der uns in seiner Ausschließlichkeit eine Menge unternehmerischen Erfolg und Gewinn kostet.

Sehr anschaulich ist die bereits in Kapitel 5 erwähnte Greyston Bakery. Die unprofessionellen Bäcker hatten Ideen und Einfälle, die andere »Profis« aufgrund ihrer Spezialisierung nicht mehr haben konnten. Ja, sicher. Auch ich will nicht in einem Flugzeug sitzen, das von einer bunten Truppe aus Schornsteinfegern, Fußballern, Lebensmittelchemikern und Förstern zusammengetackert wurde. Wir müssen die goldene Mitte finden, weg vom Extrem der Spezialisierungssucht, hin zu dem, was ich »offene Expertise« nenne, kurz: Anfängergeist, ohne dabei ins andere alberne Extrem des »Gemeinsamkriegen-wir-alles-hin« zu verfallen. Was heißt das konkret?

Wir müssen lernen, jederzeit aus unseren Expertenschuhen heraussteigen zu können, um eine Aufgabe mit den Augen eines Anfängers zu betrachten. Das hat den großen Vorteil, dass wir die blinden Flecken umgehen, die sich im Laufe unserer wachsenden Expertise entwickeln. Wir alle neigen dazu, einen einmal gefundenen, gangbaren Weg für das Nonplusultra zu halten, für die beste aller Optionen. Aber das ist erstens der Pessimismus, den ich oben angesprochen habe, weil wir nicht daran glauben, dass es noch viel effektiver, effizienter und eleganter geht als bisher. Und zweitens ist es bestenfalls ein naiver Trugschluss. Eher noch offenbart sich mal wieder der paradoxe Pseudorationalismus. Denn die scheinbar rationale Expertenannahme, wir hätten den besten Weg schon gefunden, weil wir schließlich Experten sind, ist ganz und gar irrational. Völlig unlogisch.

Stellen Sie sich vor, Sie seien blind und müssten auf dem Weg zu einem Bach durch einen Wald hindurch. Sie haben natürlich Ihren Blindenstock dabei, sind Experte im Gehen ohne zu sehen und tasten sich voller Eleganz und Leichtigkeit vorwärts. Nach vier Stunden Wanderung haben Sie es geschafft, sind am Bach angelangt und freuen sich über das muntere Plätschern. Bleibt nur eine Frage: Woher wissen Sie, dass der Weg, den Sie blind gefunden hatten, tatsächlich der schnellste und kürzeste war? Es zeugt nicht von intelligentem Urteilsvermögen, wenn wir als Experten eine gute, funktionierende Lösung für nicht mehr verbesserbar halten. Eine Woche lang Tabletten einzunehmen ist doch wohl besser, als sich Teile des Magens wegschneiden zu lassen. Als Experten in die Schuhe des Anfängers zu steigen und mit Anfängergeist auf unsere Aufgabe zu blicken, heißt, dem Blinden die Augen zu öffnen, damit er sehen kann, welcher Weg der bessere ist. Wenn wir durch die Augen des Anfängers schauen, erzeugen wir einen perspektivischen Unterschied, der uns überhaupt erst dreidimensionales Sehen erlaubt. Das Duo Experte/Anfänger ist genauso zentral für unseren Erfolg wie Rationalität und Intuition. Mit dem Zweiten sieht man besser.

Der Sprung ins kalte Wasser

John Mackey ist ein Studienabbrecher. Er hat mal an der University of Texas so etwas Nutzloses wie Philosophie studiert. Aber nicht mal das hat er zu Ende gebracht. Ebenso wenig ist er ein studentischer Quereinsteiger gewesen, der sich dann wenigstens für einen anderen Studiengang erwärmen konnte, um dort seinen Bachelor oder Master zu machen. Nein, Mackey hat nie einen universitären Abschluss erworben, zur Schande seiner Eltern. Er ist niemals ein teuer bezahlter Experte geworden, einer, um den der *War for Talents* tobt. Und trotzdem hat er etwas geschafft, das nur wenige schaffen: Er hat eine ganze Branche revolutioniert und auf ein neues Niveau gehoben. Als Mitgründer und CEO hat er die amerikanische Bio-Lebensmittelkette Whole Foods Market aufgebaut, einfach so, ganz ohne theoretisches Vorwissen über Betriebswirtschaft und Unternehmenssteuerung. Diese Lebensmittelkette umfasst mittlerweile über 270 Filialen mit rund 54 000 Mitarbeitern bei einem Jahresumsatz von 8 Milliarden

Dollar im Jahr 2008. Seit dem Börsengang 1992 stieg der Aktienkurs bis 2007 um fast 3 000 Prozent. Wenn wir die Verkaufsfläche als Bezugspunkt wählen, ist Whole Foods Market der rentabelste Lebensmittelhändler in den USA. Das ist Erfolg. Und zwar ohne jegliche amtlich gestempelte Expertise! John Mackey selbst sagt: »Um dieses Unternehmen verstehen zu können, muss man wissen, dass seine Gründer nicht wussten, wie sie es aufbauen sollten.«[3]

Dieser Fall illustriert perfekt, was ich mit einer »konstruktiven Kultur des Nichtwissens« meine, die ich in meinem letzten Buch gefordert hatte. Und er zeigt den unerhörten Wert des Anfängergeistes, für den wir als Expertokraten taub geworden sind. Offen zu sein für alles, was kommt, anstatt stier geradeaus zu schauen, rechts und links begrenzt durch lähmende Fachidiotie, mit der wir uns selbst das eigene kritisch-kreative Denken ausgetrieben haben. Aber es lohnt, kritisch zu bleiben, auch diesem Beispiel gegenüber. Denn bekanntlich macht eine Schwalbe noch keinen Sommer. Lesen Sie, was ein anderer Top-Manager in einem anderen Land in einer ganz anderen Branche über den Anfängergeist und die Expertise denkt und wie er mit diesem Prinzip umgeht.

Thomas Terhaar ist Mitglied des Vorstands bei der Deutschen Bank Bauspar AG. Das Frankfurter Unternehmen ist eine 100-prozentige Tochter der Deutschen Bank AG und bietet verschiedene Produkte rund ums Bausparen an. Die Deutsche Bank Bauspar AG wies im Jahr 2008 eine Bilanzsumme von über 5,8 Milliarden Euro aus und erwirtschaftete einen Jahresüberschuss von 14 Millionen Euro. Terhaar bezieht zum Anfängergeist folgendermaßen Stellung:

> Das prägt eher ein Unternehmen, das für Intuition offen ist: Es macht sich der Gefahr der Expertenhaltung, die ja auch einen Wert hat, immer wieder bewusst. Ich benutze bestimmte Bilder, um die Gefahr transparent zu machen, wenn Zukunftsszenarien stark aus Vergangenem abgeleitet werden: Eine schnurgerade Straße kann ich sogar mit einem Wagen befahren, dessen Windschutzscheibe zugeklebt ist. Über den Rückspiegel kann ich beobachten, ob ich einigermaßen an dem rechten Seitenstrich entlangfahre. Das funktioniert kilometerlang hervorragend und versetzt mich in den Glauben, das ginge immer so. Nur in dem Moment, in dem ich in eine Haarnadelkurve hineinfahre, führt diese Annahme früher oder spä-

ter zu einem verheerenden Ergebnis. Solche Grundannahmefehler leiten wir immer wieder aus unseren Erfahrungen ab. Wir versuchen, uns solche Mechanismen immer wieder gegenseitig bewusst zu machen. Solche Vermutungen zu überprüfen oder überprüfen zu lassen, stärkt unseren Mut, Intuition walten zu lassen – im Sinne von Trial and Error und Lernen aus dem Irrtum.[4]

Terhaar ist sich im Klaren darüber, dass Expertise mit dem Blick zurück verbunden ist, mit den bisherigen Erfolgserlebnissen. Wenn dann nach einer langen Gerade eine starke Kurve kommt, ist es nur eine Frage der Zeit, bis wir vom Weg abkommen. Und je schneller wir geradeaus fahren, umso größer wird der Crash. Mitunter kann er tödlich enden. Die Konsequenz daraus ist klar. Wir müssen uns selbst und allen Stakeholdern verdeutlichen, dass die ausschließliche Steuerung über den Rückspiegel fatal ist. Der Experte schaut so lange durch den Rückspiegel nach vorne, bis er sich davon frei gemacht hat. Erst wenn er auch den Anfängergeist mit hereinholt, kann er aus einer anderen Perspektive lenken – weil er unmittelbar die Frage stellen wird, warum es denn immer nur geradeaus geht. Der Anfänger wird sich schnell über die immer gleiche Richtung wundern. Und genau das kann man ganz konkret nutzen.

Auf sich gestellt

Nach seinem Studium an der ETH Zürich und einem ersten ebenso inhaltlich wie finanziell interessanten Posten in der Schweiz entschied Luc Theis aus familiären Gründen, wieder ins heimatliche Luxemburg zu ziehen. Ohne Job, aber mit einem guten Netzwerk. Ein ihm bekannter Anwalt schlug ihm vor, den damaligen Europaleiter der amerikanischen Firma Guardian Industries zu treffen, dem weltweit größten Hersteller von Spiegeln und einem der führenden Produzenten von Floatglas. Gesagt, getan. Luc Theis bekam einen Vorstellungstermin bei James Moore und konnte ihn davon überzeugen, dass er ein guter und wertvoller Mitarbeiter werden könnte. Leider war jedoch zu diesem Zeitpunkt offiziell keine Führungsposition frei. Aber Moore war offen und bereit für ein Experiment. Er schlug Theis folgende Vereinbarung vor: Er würde eingestellt, jedoch ohne Job-Beschreibung und ohne konkret definierte Aufgabe. Vielmehr bekam er den Auftrag, sich während sechs Monaten danach umzuschauen, wo er einen sinnvollen und wertsteigernden Beitrag für das Unternehmen leisten kann. Sie einigten sich mit der Absprache, dass das Gehalt am Ende der sechs Monate gleich bliebe, egal welche Position Luc Theis für sich schaffen würde. Guardian Industries lag vor Theis wie ein offenes Buch. Er legte los, wanderte durch verschiedene Abteilungen und konnte viele Dinge aus einem ganz anderen Blickwinkel sehen als die dort angestellten Experten. Nach dem halben Jahr hatte er eine konkrete Idee für den Arbeitseinstieg. Heute ist Theis einer von drei Generaldirektoren bei Guardian Industries.[5]

Dieses Vorgehen können Sie in Ihrem Unternehmen als strategische Methode im Personal-Recruiting und der Personaleinstellung einsetzen. Anstatt selbst eine neue Stelle zu beschreiben, die immer nur durch Ihre eigene Expertise und die langjährige Arbeit in Ihrem Unternehmen zu vielen blinden Flecken führt, können Sie einfach kreative und engagierte Menschen einladen, sich selbst ihre Stelle zu schaffen. Auf diese Weise machen Sie die Personalsuche und -einstellung zu einem Innovationsmotor für Ihr Unternehmen. Die potenziell neuen Mitarbeiter blicken mit Anfängergeist und offener Expertise auf die Arbeitsprozesse in Ihrem Unternehmen und werden viele Dinge sehen, die lohnenswerterweise geändert und verbessert werden sollten. Sie können Ihnen einen effektiveren und effizienteren Weg durch den Wald zeigen, damit Ihre bisherige Route nicht zur Erfolgsfalle wird. Haben Sie Zweifel, ob das geht? Ein Unternehmen, das damit seit 1958 überaus erfolgreich arbeitet, ist W. L. Gore. Die Liste der Erfolge ist beeindruckend: Sie sind die Erfinder von GoreTex, rüsten die NASA für deren Raumanzüge mit Gore-Fasern aus, stellen synthetische Gefäßtransplantate und chirurgische Gewebe her, die bereits über 13 Millionen Patienten geholfen haben oder wurden Marktführer mit der Gitarrensaite namens »Elixier«. Das Job-Sculpting hat mittlerweile bei W. L. Gore seinen festen Platz – und damit auch der Anfängergeist.

Selbstorganisation – oder: der Zentrale die Arroganz austreiben

Selbstorganisation heißt überflüssiger Hierarchie den Garaus zu machen. Bislang ist Hierarchie und das damit verbundene Verständnis von Weisung und Kontrolle fundamentaler Bestandteil im unternehmerischen Handeln. Wir misstrauen der Selbstorganisationsfähigkeit und vor allem: dem Willen und der Fähigkeit unserer Mitarbeiter, ohne Kontrolle und drohende Bestrafung[6] effizient, effektiv und auf einem qualitativ hohen Niveau zu arbeiten. Wenn wir jedoch Intuition als professionelle Kompetenz fördern wollen, müssen wir ein Umfeld schaffen, in dem nicht nur die Intuition des Top-Managements erwünscht ist. Es ist eine unsinnige Verschwendung, wenn nur Jack Welch eine Autobiografie mit *Straight from the gut* (wörtlich übersetzt etwa: Aus dem Bauch heraus) betiteln darf. Bezeichnenderweise zeigte die weltweit größte Intuitionsstudie mit 3 157 befragten Managern[7], dass der Anteil der eingesetzten Intuition mit zunehmender Hierarchiestufe steigt. Das ist kein Zufall, sondern ein weiterer Beleg für die Arroganz paradoxer Pseudorationalisten: Sich selbst gestehen sie die Intuition als wirtschaftlich sinnvolle Fähigkeit zu, verbieten sie aber dem Fußvolk. Das macht vor dem augenblicklichen Stand unseres Wissens über Intuition keinen wirtschaftlichen Sinn. Aus der Perspektive des Machtzugewinns und Machterhalts sieht die Sache ganz anders aus. Da muss man kontrollieren und misstrauen.

Im Zusammenhang mit einer effektiven Entscheidungskultur heißt Selbstorganisation vor allem informationelle Selbstorganisation. Denn ohne Daten, die wir zu Informationen und dann zu Wissen verarbeiten, können wir uns selbst nicht organisieren und steuern. Wir müssen schließlich wissen, was als Nächstes zu tun ist. Informationelle Selbstorganisation kann in zwei Ebenen unterschieden werden. Erstens zwischen verschiedenen Personen und zweitens innerhalb jeder Person.

Bei der informationellen Selbstorganisation zwischen verschiedenen Menschen gibt es jeweils zwei Rollen, die jeder von uns früher oder später einnimmt: den Datenanbieter und den Datenkonsumenten. Als Datenkonsumenten beschaffen wir uns selbst die Informationen, die wir für nötig halten, um unsere Arbeit richtig zu machen. Das heißt natürlich auch, dass wir einen entsprechenden Zugriff haben müssen.

Informationstransparenz ist die Voraussetzung für informationelle Selbstorganisation. Es gibt dann im Unternehmen keine großen Geheimnisse mehr, wenn wir als Datenanbieter dafür sorgen und darauf achten, dass andere unsere Daten einfach finden und nutzen können. Der Wert der Selbstorganisation liegt dann in kurzen Wegen. Keine lähmende Bürokratie mehr. Und keine Vermutungen, wilden Spekulationen und Treppenhausgeflüster, wer wie tariflich oder außertariflich nach welchem Hay-Grade bezahlt wird.

Ein verrückter Brasilianer

Ricardo Semler zeigt mit seiner Firma Semco, dass Transparenz und Selbstorganisation keine verrückte Utopie, sondern eine höchst effiziente und effektive Form der Entscheidungskultur ist. Dort haben tatsächlich alle Mitarbeiter Zugriff auf alle Informationen. Und vor allem: Sie bestimmen eine ganze Menge selbst. Sie stellen selber neue Mitarbeiter ein (es gibt keine klassische Personalabteilung), sie bestimmen selber, wann sie neue Produkte herstellen wollen und zu welchen Preisen sie verkauft werden und sie legen selber neue Standorte fest. Als eine neue Fabrik gebaut werden musste, fuhr Semler mit den Mitarbeitern in Bussen zu den möglichen Standorten und ließ sie hinterher abstimmen. Obwohl ihre Wahl auf ein denkbar ungünstiges Grundstück fiel – gegenüber war eine Fabrik mit regelmäßigen Arbeiterunruhen –, akzeptierte er die Mitarbeiterentscheidung und konnte sich später über eine vervierfachte Produktivität freuen. Der paradigmenstürzende Gipfel der Selbstorganisation: Die Mitarbeiter legen selbst fest, wie lange sie arbeiten und wie viel Geld sie dafür bekommen! Im Laufe der Jahre steigerte Semler so den Umsatz von Semco von 4 Millionen US-Dollar im Jahr 1982 auf 212 Millionen im Jahr 2003. Das macht eine Umsatzsteigerung von 5 300 Prozent in 21 Jahren durch Vertrauen in Selbstorganisation.

All das ist möglich und es findet kein anarchischer Zusammenbruch statt, sondern, im Gegenteil, erfolgreiches Wirtschaften. Aber vielleicht sollten wir zur Sicherheit erst einmal eine großflächige internationale demografische Studie initiieren. Möglicherweise sind die Menschen in Brasilien um mindestens 20 IQ-Punkte intelligenter und obendrein engagierter als im Rest der Welt (vielleicht aufgrund einer sonderbaren Gen-Mutation). Da wir immer noch zwischen Ausführung und Management unterscheiden, müssen wir zweifelsohne davon ausgehen, dass die Ausführenden entweder zu dumm und/oder zu demotiviert sind, um die Verwaltungsposten des Managements überflüssig zu machen. Denn ansonsten hätten wir keine Argumente für den nicht gerade billigen, künstlich aufgeblähten Wasserkopf der Zentrale, die sich in so ziemlich alles einmischt, ohne wirklich Ahnung zu haben, was vor Ort sinnvoll ist und Mehrwert stiftet. Schließlich kürzen wir ja sonst auch gerne im Zuge des Kostenreduktionsrausches überflüssige Kostenstellen. Allerdings könnten wir uns stattdessen bescheiden eingestehen, dass wir mit Semco mindestens einen schwarzen Schwan gefunden haben, der die Regel der weißen Schwäne widerlegt, dass wirklich ermächtigte Selbstorganisation angeblich zu Chaos und Missbrauch führen würden.

Kommen wir zum zweiten Aspekt: informationelle Selbstorganisation jeder einzelnen Person – damit sind wir dann bei der Intuition. Letztlich ist der kleinste gemeinsame Nenner aller wissenschaftlichen Erklärungsmodelle von Intuition selbstorganisierte Informationsverarbeitung. Beim Erfahrungswissen erfolgen unterhalb unserer Bewusstseinsschwelle Mustervergleiche und Verknüpfungen verschiedener Wissens- und Erfahrungsbestände, die uns dann als Geistesblitz ins Bewusstsein schießen. Beim zweiten Erklärungsmodell, der *unbewussten* Wahrnehmung und Informationsverarbeitung liegt auf der Hand, was ich meine. Das dritte Erklärungsmodell sind die so genannten Spiegelneurone, auf die ich im sechsten Kapitel eingegangen bin: Die Informationsverarbeitung bei den Spiegelneuronen entzieht sich wie bei den beiden anderen Modellen ebenfalls der bewussten Steuerung durch unser »Ich« und findet selbstorganisiert statt. Es ist ganz einfach und einprägsam: Es gibt keinen CEO in unserem Kopf, der bestimmt, welche Informationen aufgenommen und wann wie zu welchem Zweck verarbeitet werden! Ohne Selbstorganisation wären wir nicht einfach nur ineffektiver und ineffizienter. Wir würden gar nicht überleben. Es gibt keinen Geschäftsführer, bei dem alle Fäden zusammenlaufen und der uns sagt, wann wir ein- und ausatmen sollen, wann der nächste Herzschlag erfolgt, wann der Blutdruck rauf oder runter reguliert wird und so weiter. Wenn zentrale Steuerung schon bei einem einzelnen Menschen versagt, wie soll sie dann in viel komplexeren Unternehmen funktionieren? Das Gegenargument, zentral gesteuerte Unternehmen seien doch erfolgreich, ist kein Gegenbeweis, sondern nur Ausdruck des Pessimismus, unsere Leistungsspitze längst erreicht zu haben. Was würden wir schaffen, wenn wir den Gestaltungswillen, die Intuition und Kreativität von wesentlich mehr Mitarbeitern aktivieren würden als bisher?

Rauchende Köpfe

Im Jahr 1997 siegte das erste Mal ein Computer gegen einen Schachweltmeister. Alle Welt war fasziniert. Aber das eigentlich Erstaunliche wurde kaum wahrgenommen: Deep Blue, der von IBM entwickelte Rechner, konnte 200 Millionen Rechenoperationen pro Sekunde durchführen und war damit am Ende seiner Kapazität, die er voll ausschöpfte. Wäre er nicht ausreichend gekühlt worden, hätte er sich auf Grund des enormen Energieverbrauchs selbst entzündet. Garri Kasparow hingegen saß zwar konzentriert, aber ohne Hitzewallungen vor dem Schachbrett und war keineswegs kurz davor zu kollabieren. Obwohl Kasparow nur 7 +/–2 Rechenoperationen bewusst durchführen konnte, war der Sieg von Deep Blue knapp! Die enorme Rechenkapazität reichte gerade, um den menschlichen Gegenspieler zu schlagen. Der Schöpfer von Deep Blue, Gerald Tesauro, wunderte sich darüber allerdings sehr. Er untersuchte diese seltsame Asymmetrie und kam zu dem Ergebnis, dass das Problem normaler Programme im Bereich künstlicher Intelligenz darin liegt, dass sie zu starr sind. Diese Programme bestanden hauptsächlich aus einprogrammierten Schachzügen und -strategien anderer Großmeister. Zwar flossen auch die Fehler früherer Spiele Kasparows ins Programm ein, aber lernen konnte Deep Blue nicht. Er rechnete nur die ihm bekannten Züge und Kombinationen durch. Von Intelligenz keine Spur. Er war ein einfacher Erfüllungsgehilfe seiner Programmierer.

Tesauro verstand mit der Zeit, dass Kasparow in jahrzehntelanger Übung immer wieder aus seinen Fehlern gelernt hatte, bis er in der Lage war, auf dem Schachbrett nicht mehr nur einzelne Zugmöglichkeiten zu sehen, sondern stattdessen räumliche Muster wahrnahm. Kasparow musste deshalb nicht mehr jeden einzelnen Zug durchrechnen wie Deep Blue, sondern konnte sich auf die relevanten Kombinationen konzentrieren. Tesauro übernahm diesen Lernprozess und entwickelte ein neues Programm für das Spiel Backgammon. Diese neue Software, TD-Gammon, begann ohne jegliches Vorwissen, gewissermaßen wie ein Kind, das seine Umwelt neu entdeckt. Das Programm startete mit zufallsgenerierten Zügen, verlor damit jedes Spiel – aber es lernte aus seinen Fehlern. Es gab kein einprogrammiertes Wissen mehr. Kein Programmierer machte Vorgaben, was das Programm wann zu tun hätte. TD-Gammon verließ schnell das Stadium des blutigen Anfängers und lernte von Spiel zu Spiel. Die Software spielte einfach nur gegen sich selbst und lernte auf diese Weise die besten Züge, Taktiken und Strategien. Nach einer Anzahl von Durchgängen, die in die Hunderttausende ging, siegte TD-Gammon schließlich gegen die weltbesten Spieler. Im Gegensatz zu Deep Blue arbeitet TD-Gammon selbstorganisiert und wurde damit zu einem Prototypen für lernfähige Software, die mittlerweile in den verschiedensten Anwendungsbereichen eingesetzt wird.

Der Vergleich zwischen Deep Blue und TD-Gammon zeigt, dass es wesentlich effektiver und effizienter ist, auf Selbstorganisation zu setzen. Zwar spielte TD-Gammon anfänglich auf einem deutlich schlechteren Niveau, dafür mussten aber auch nicht in mühseliger Kleinarbeit alle Züge im Vorfeld einprogrammiert werden. Und vor allem: TD-Gammon lernt immer weiter. Das heißt, TD-Gammon kann im Gegensatz zu Deep Blue sein Niveau weiter steigern. In die Unternehmenswelt übersetzt kommt noch ein weiterer Aspekt hinzu: Wir spielen kein Spiel mit vollständiger Information. Allein deshalb ist zentrale Führung der Selbstorganisation immer unterlegen, weil wir nicht wie Deep Blue die Zukunft vollständig vorausberechnen können. Neben den Spielregeln ändern sich obendrein auch noch die Spiele selbst. Ein Unternehmen ist kein Spielkasino, in dem wir uns einmal an einen Black-Jack-Tisch setzen und dort den Rest unseres Lebens bleiben.

Allerdings entsteht mit der Selbstorganisation eine große Herausforderung: Wie können wir lokale mit allokaler Intelligenz kombinieren? Anders gefragt: Wie schaffen wir es, Informationen, die beispielsweise bei einer selbstgesteuerten Filiale in der Umwelt wahrgenommen werden und die auch für andere Filialen oder die Zentrale eine große Bedeutung haben, mit diesen zu teilen? Einer der großen

Vorteile unserer Zeit liegt darin, dass wir über Informationstechnologien verfügen, die diese Aggregation von Daten ermöglichen. Vielleicht liegt genau darin ein Grund, dass wir bis heute am Zentralismus festhalten – weil wir bis vor nicht allzu langer Zeit diese Aufgabe nicht lösen konnten. Zudem haben wir heute eine äußerst nützliche Möglichkeit der gemeinsamen Entscheidungsfindung dazu gewonnen: computergestützte Entscheidungsmärkte. Wir können insbesondere für Entscheidungen, die weit in die Zukunft reichen und damit große Unsicherheit bedeuten, die kollektive Intelligenz von vielen nutzen. Und wie Sie jetzt wissen, nutzen wir damit nicht nur deren bewussten Verstand, sondern immer auch deren unbewusste Informationsverarbeitung und damit die kollektive Intuition. Auf diesem Weg gelingen wesentlich zuverlässigere Prognosen in die Zukunft, als wenn einige wenige Experten oder Entscheider, wie Vorstände, diese Aufgabe alleine lösen.[8]

Daraus wird gleich ersichtlich, dass das Prinzip Selbstorganisation enorme Konsequenzen für die Unternehmensführung und für unseren Umgang mit Führung überhaupt hat. Wir sollten davon loslassen, kraft formalen Beschlusses einer Beförderung und der damit verbundenen Stellenbeschreibung Führungskräfte zu benennen, die dann Führungsaufgaben übernehmen. Viel sinnvoller ist es, Führungsarbeit immer wieder neu zu verteilen, und zwar nach dem einfachen Kriterium, wer bei den anstehenden Aufgaben und Projekten am besten geeignet ist, eine Zeitlang die Führungsrolle zu übernehmen. Auf diese Weise können wir außerdem viel mehr voneinander lernen, als wenn für mehrere Jahre eine Person als Führungskraft festzementiert ist.

Des Weiteren müssen wir Entscheidungsbefugnisse breiter verteilen. Die Argumente dagegen haben kein rationales Fundament, sondern sind, wie eingangs erwähnt, vor allem machtpsychologisch begründet. Führungskräfte wollen nur ungerne die mit Ihrer Position und Rolle verbundenen Machtpositionen aufgeben. Außerdem würden zudem eine Menge Privilegien verschwinden, was natürlich umso schmerzhafter wird, je höher in der Hierarchie jemand sein Büro bezogen hat. Doch das Abgeben von Verantwortung und Entscheidungsbefugnissen wiegt aus unternehmerischer Sicht den Verlust bei den Führungskräften allemal auf. Denn die Intelligenz und Kreativität der Mitarbeiter wird auf diese Weise herausgefordert. Das Arbeiten wird befriedigender für alle Beteiligten, wenn sie sich darauf einlassen. Die Abgabe von Entscheidungsbefugnissen steht in deutlichem Zusammenhang mit Unternehmenserfolg, wie Ulf Lunge mit seiner Laufschuhmanufaktur zeigt.

Es einfach laufen lassen

Wir vertrauen unseren Leuten und lassen sie auch Fehler machen. Wenn Sie alles so reglementieren, dass die Mitarbeiter nichts mehr zu entscheiden haben, dann denken die nicht mehr mit. Und wenn sie nicht mehr mitdenken, dann können sie auch keine Intuition mehr entwickeln. Zentral alles zu entscheiden ist ja wie aus dem Philosophenturm. Sie sind nicht da, wo die Entscheidungen getroffen werden müssen. Da sagen wir: »Das ist das Ziel, kümmer dich selbst drum. Überleg dir selber, wie du das Ziel erreichst.« Das kann mal so sein, mal so. Das erfordert eine gewisse Flexibilität. Und daraus entwickelt sich Intuition und das macht wiederum die Leute überaus wertvoll. Das macht einen flachen Aufbau, eine flache Hierarchie. Wo wir sozusagen bei der Mannschaft in der Mitte stehen. Natürlich sind wir auch immer bereit, zu helfen, einzuspringen oder uns etwas anzuschauen.

Wir können jeden Einzelnen so einbinden, dass er am Ganzen in seinem Rahmen beteiligt ist. Und zwar verantwortlich beteiligt. Das macht dann auch viel mehr Spaß und ist viel erfüllender, weil jeder mitdenkt und eine tolle Idee haben kann. Und es kommen dann auch Leute mit Ideen an. Wenn du was findest und das alle so machen, prima. Wenn einer eine bessere Idee hat, ist das wieder obsolet. Da lernen wir auch etwas dabei und wir bekommen ein besseres Feedback. Ansonsten könnten wir mit Autorität sagen »mach das so«, aber dann sind wir so abgekoppelt, dass wir gar nicht mehr mitbekommen, was eigentlich Trumpf ist. Denn die Dinge ändern sich.

Das müsste nach althergebrachter (und längst überkommener) Sichtweise ins Chaos führen. Wenn keine elitäre Expertengruppe in Form eines Vorstands oder einer Geschäftsführung schwierige Probleme alleine löst, drohen die Gralshüter der Hierarchie und des Zentralismus mit der ökonomischen Apokalypse. Nun gesellt sich zu Semco also auch noch ein deutscher schwarzer Schwan.

Zusammengefasst: Selbstorganisation in Unternehmen ist die Ergänzung zur informationellen Selbstorganisation einzelner Menschen – und damit das bestmögliche Umfeld, um unsere Intuition wachsen und gedeihen zu lassen.

Fehlerfreundlichkeit – oder: das Tabu zur Chance machen

Warum brauchen wir im Zusammenhang mit Intuition und einer effektiven Entscheidungskultur zudem noch Fehlerfreundlichkeit, sprich eine intelligente Fehlerkultur? Ganz einfach: Fehler passieren. Immer wieder. Kleine genauso wie große. Fehler passieren, sie werden nicht gemacht, denn dann wäre es Sabotage. Sie entstehen ebenso durch rationale wie intuitive Entscheidungen. Wenn wir jedoch bereits gegenüber rationalen Entscheidungen eine Null-Fehler-Politik verfolgen, wird sich diese Haltung bei Fehlern aufgrund von intuitiven Urteilen und Entscheidungen nochmals verschärfen. Denn bei letzteren können wir nicht einmal sagen, warum wir uns falsch entschieden hatten. Entscheidungen auf der Basis von Zahlen, Daten und Fakten sind in diesem Lichte antizipierte Absolutionen. Der Entscheider kann im Falle eines Fehlers seinem Chef einfach die Faktenlage zeigen und ihm klarmachen, dass er selbst zum gleichen Ergebnis gekommen wäre, und seine Hände damit in Unschuld waschen. In der Problematik nicht erklärbarer Fehler steckt also eine große Herausforderung. Vielleicht können wir alle etwas lernen von einem dramatischen Fall, den es in einer intelligenten Fehlerkultur nicht gegeben hätte.

Vom Regen in die Traufe

Der 25. April 2005 ist ein sonniger Frühlingstag. Um 9.16 Uhr verlässt ein japanischer Nahverkehrszug den Bahnhof von Itami in Richtung Amagasaki – mit knapp über einer Minute Verspätung, weil der 23-jährige Fahrer Ryujiru Takami den Zug zurücksetzen musste, nachdem er den Haltepunkt um rund 72 Meter überfahren hatte. Nach Verlassen des Bahnhofs beschleunigt Takami den Zug auf 124 Kilometer pro Stunde und nähert sich einer Kurve, die mit einer Geschwindigkeitsbegrenzung von 70 Stundenkilometern versehen ist. Als der Zug um 9.58 Uhr in diese Kurve fährt, beträgt die Geschwindigkeit immer noch 116 Kilometer pro Stunde. Takami betätigt kurz nach dem Eintritt in die Kurve mehrfach die Bremsen, aber der Zug lässt sich nicht mehr kontrollieren, sodass er kippt und etwa 100 Meter weit nur noch auf den linken Rädern weiterfährt. Dann entgleisen die ersten fünf Waggons, von denen die ersten beiden in die ebenerdige Garage eines dicht an den Gleisen stehenden Hochhauses rasen. Ein Waggon wird fast bis auf die Hälfte seiner ursprünglichen Länge zusammengequetscht und die entstandenen Trümmer fliegen bis in den dritten Stock des Hochhauses. Die Bilanz dieses Unglücks: Von den mindestens 580 Fahrgästen sterben 106 und 460 wurden zum Teil schwer verletzt. Der Fahrer des Zuges kann nur noch tot geborgen werden. Es war das schwerste Zugunglück seit über 40 Jahren in Japan.

Wie kam es zu dieser Katastrophe? Einen ersten Aufschluss gibt die ein Jahr zuvor abgehaltene Feier zum 40. Jubiläum des Hochgeschwindigkeitszuges Shikansen. Der fährt auf der rund 500 Kilometer langen Strecke Tokyo–Osaka durchschnittlich nur kaum vorstellbare sechs Sekunden Verspätung ein. Diese unglaubliche Präzision beim Einhalten des Fahrplans ist in Japan mittlerweile eine Erwartungshaltung geworden. Züge sind dort pünktlich. Sehr pünktlich. Um diese Genauigkeit zu erreichen, ergriff die Eisenbahngesellschaft JR West's Railway, zu der der Unglückszug von Amagasaki gehörte, drastische Maßnahmen gegenüber ihrem Personal. In so genannten »Nachschulungen« wurden die Schaffner und Fahrer mehrere Nächte lang verhört und beschimpft, mussten sinnfreie Berichte schreiben, Unkraut jäten oder zur Demütigung an Bahnhöfen stehend die Fahrer aller vorbeifahrenden Züge grüßen. Mitarbeiter, die wiederholt mit Verspätungen in Zusammenhang gebracht wurden, mussten sich schriftlich verpflichten, bei erneutem »Fehlverhalten« freiwillig zu kündigen. Mehrere Bahnangestellte töteten sich im Anschluss an die Nachschulungen, so wie ein Lokführer im Jahr 2001, weil er aufgrund einer 50-sekündigen Verspätung drei Wochen nachgeschult wurde. Der Fahrer Ryujiru Takami hatte bereits eine 13-tägige Nachschulung erleben müssen. Sowohl die Verspätung als auch das Überfahren des Haltepunktes am Bahnhof von Itami hätten eine weitere Nachschulung provoziert. Der damalige Vizechef der Eisenbahnergewerkschaft, Osamu Yomono, meinte zu dem Vorfall: »Ich bin mir ziemlich sicher, dass er eine solche Behandlung in seinem ganzen Leben nicht noch einmal erleben wollte. Er hat daher verzweifelt versucht, die Verspätung aufzuholen, um dieser schrecklichen Strafe zu entgehen, deshalb fuhr er so schnell.«[9]

Eine derartig pervertierte Fehlerkultur ist uns in Deutschland bislang glücklicherweise nicht bekannt geworden. Aber dieser traurige Fall zeigt, dass es keinen Sinn macht, Fehlern mit Druck und Intoleranz zu begegnen. Das führt nur zu weiteren, noch viel dramatischeren Fehlern. Wen hätte die rund anderthalbminütige Verspätung gekümmert, im Vergleich zu dem Ausgang des Unglücks? Was wir brauchen, ist eine intelligente und keine martialisch-idiotische Fehlerkultur oder neunmalkluges Geschwätz, dass keine Fehler passieren dürften. *Errare humanum est.*

Dazu sollten wir als Erstes mögliche Fehlertypen mithilfe einer einfachen Matrix unterscheiden: Auf der Y-Achse tragen wir die Konsequenzen eines Fehlers und auf der X-Achse seine Reversibilität ab, also die Möglichkeit, den Fehler wiedergutzumachen oder eben nicht. Damit haben wir ein einfaches Instrument, mit dem wir die Schwere eines Fehlers schnell einordnen können. Der schlimmste Fehlertyp ist der mit einer großen Konsequenz, wie im Beispiel des Zugunglücks bei gleichzeitig sehr niedriger oder nicht vorhandener Reversibilität. Das Unglück von Amagasaki ist nicht mehr rückgängig zu machen; wir sprechen dann von einer Katastrophe. Anders verhält es sich, wenn die Konsequenzen zwar groß sind, aber eine Ausbesserung des Fehlers noch möglich ist. Ein gutes Beispiel für diesen zweiten Fehlertyp ist das Hubble-Weltraumteleskop: Als es am 27. April 1990 ausgesetzt wurde, sendete es zunächst nur unscharfe Bilder an die Erde. Schnell wurde klar, dass es nicht an einem Einstellungsfehler lag, sondern daran, dass der Hauptspiegel falsch geschliffen war. Ein durchaus teurer, aber zu korrigierender Fehler. Wesentlich unkritischer ist Fehlertyp drei, mit einer geringen Konsequenz, bei niedriger Reversibilität. Das sind zum Beispiel die verlorenen Tickets für ein ausverkauftes Konzert. Ärgerlich und frustrierend, aber zu verschmerzen. Schließlich gibt es die harmloseste Fehlersorte bei geringer Konsequenz und hoher Reversibilität. Wir haben aus Versehen am Montagmorgen um halb sechs das Kaffeepulver in die Maschine gefüllt, ohne vorher einen Filter einzulegen. Eine insbesondere für Morgenmuffel nervige Angelegenheit, aber ziemlich bedeutungslos. Grafisch stellt sich das wie in Abbildung 7 dar.

Diese Typologie lässt annehmen, dass wir uns in Unternehmen vor allem um die schweren Fehler und Katastrophen kümmern sollten. Aber genau darin besteht ein Denkfehler. Ein erneuter Blick auf das Unglück von Amagasaki ist hilfreich: Die Tragödie nahm ihren Anfang mit einem Bagatellfehler: Der Fahrer Takami überfuhr den Haltepunkt im Bahnhof. Das hatte keine besonders großen Konsequenzen und war umkehrbar, indem Takami den Zug zurücksetzte. Dadurch entstand in der obigen Typologie ein leichter Fehler von etwas

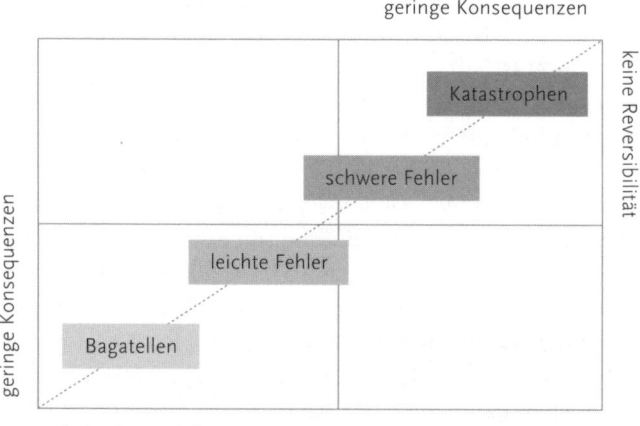

Abb. 7 Fehlertypen

über einer Minute Verspätung. Auch dieser Fehler ist reversibel, nicht ganz so schnell, aber vermutlich wäre ein Teil der Verspätung wieder einzuholen gewesen. Aus der Kombination dieser ersten beiden Fehler folgte letztlich die Katastrophe, indem Ryujiru Takami mit der stark überhöhten Geschwindigkeit in die Kurve einfuhr, aus Angst vor einer erneuten Nachschulung. Diese Entwicklung zeigt vor allem, dass Druck und der Aufbau von Angst verheerende Auswirkungen haben. Ohne den Druck seitens des Arbeitgebers JR West's Railway, wäre es vermutlich bei der Verspätung geblieben. Das wird durch die Forschung des deutschen Arbeits- und Organisationspsychologen Theo Wehner gezeigt: Handlungsabläufe werden sicherer, wenn Fehler nicht tabuisiert, sondern thematisiert werden.[10] Wir brauchen also eine entsprechende Haltung in Unternehmen: Fehler können passieren. Manche davon haben katastrophale oder schwere Auswirkungen und sollten so weit als möglich minimiert werden.

Davon abgesehen können Fehler umgekehrt sogar einen Mehrwert stiften, weil sie zu neuen Produkten oder Einsichten führen, die zukünftig gewinnbringend umgesetzt werden können. Genau das war der Fall bei den zuvor erwähnten Ärzten Barry Marshall und Robin Warren, die das *Heliobacter pylori* entdeckten. Deshalb ist dieser Fall zur Illustration so geeignet. Da steckt das nicht beachtete Prinzip des Anfängergeistes drin – Marshall und Barry wurden nicht nur ignoriert, sie wurden sogar bekämpft und beschimpft. Und es findet sich das Prinzip der Fehlerfreundlichkeit – in Form eines Fehlers und nachlässigen Arbeitens. Die beiden Ärzte hatten es dem nicht akribrisch arbeitenden Laboranten zu verdanken, dass sie am Ende doch noch eine Bakterienkultur zum Experimentieren hatten. Er hatte, Sie erinnern sich, die Kultur in der Petrischale aus Versehen über Ostern stehen lassen. Nur so konnten die Bakterien im Brutofen über die nötige Zeit wachsen und gedeihen. Wer weiß, vielleicht würden wir heute immer noch Magengeschwüre und Magenschleimhautentzündungen plump mit dem Skalpell behandeln. Aber Fehler führen nicht nur in der Medizin zum Fortschritt.

Rechenspiele

Letztlich hatte er sich einfach nur geirrt. Die Schätzung war vollkommen an der Realität vorbei. Heute können wir nur noch müde darüber lächeln, angesichts des Unterschiedes zu der tatsächlichen Strecke, um die es damals ging. Aber der Irrtum war für eine historische Entscheidung ausschlaggebend:

Am 12. Oktober 1492 erreichte Christoph Kolumbus eine der Inseln der Bahamas, von den dortigen Einwohnern Guanahani genannt. Kolumbus war gut drei Monate zuvor in See gestochen, weil er der felsenfesten Überzeugung war, dass die Strecke zwischen den Azoren und Japan nur 4 400 Kilometer beträgt statt der tatsächlichen 19 600 Kilometer. Außerdem existierte in seiner Vorstellung Amerika nicht, sondern es führte ein direkter Seeweg in westlicher Richtung weg von Palos de la Frontera in Andalusien nach Indien. Über diese Route wollte er China erreichen, das reiche Land voller Gold und Gewürze. Kolumbus entdeckte Amerika also nur aufgrund von zwei Irrtümern.

Allerdings sollte gesagt sein, dass es eine ziemliche Verwirrung über die tatsächliche Strecke des Erdumfangs gab (widersprüchliche Daten!), die von 39 690 Kilometern bis 40 248 Kilometer schwankte. Außerdem kam hinzu, dass Entfernungen damals nicht direkt berechnet wurden, sondern in Graden, die in das Maß des jeweiligen Landes übertragen werden mussten. Kolumbus hielt sich an keines der üblichen Maße, sondern wählte die Werte des arabischen Astronomen al-Farghani von 56 ⅔ arabischen Meilen pro Grad. Allerdings hätte Kolumbus selbst auf der Basis dieser Schätzung seine Reise gar nicht begonnen. Aber ihm kam seine eigene Inkompetenz zu passe: Er verwechselte die arabische Meile von etwa 2 Kilometern Länge mit der römischen von circa 1,5 Kilometern. Er war nicht in der Lage, die Gradangaben korrekt in Entfernungen umzurechnen. So kam es zu der nicht unerheblichen Abweichung von 10 076 Kilometern bezogen auf den Erdumfang. Durch diesen Fehler erschien die Strecke nach Indien machbar. Hätte Kolumbus korrekt gerechnet, wäre er wohl zu Hause geblieben oder hätte sich ein anderes Ziel ausgesucht.

Kolumbus erinnert uns daran, dass Fehler auch positive Wirkungen haben können. Wir brauchen einen intuitiven Möglichkeitssinn, um das zu erspüren. Allerdings müssen wir dazu im Gegensatz zu

Kolumbus wissen, dass wir einen Fehler gemacht haben. Eine intelligente Fehlerkultur zeichnet sich durch folgende Eigenschaften aus:

- Produktive Haltung: Fehler passieren. Fehler können Mehrwert stiften.
- Schnelle Fehlererkennung, -analyse, -behebung oder –nutzung.
- Offene Kommunikation über Fehler.
- Koordinierter Umgang mit Fehlern.
- Gegenseitige Hilfestellung in Fehlersituationen.
- Fehlerwissen teilen.
- Positives Fehlerritual.

Der letzte Punkt ist eventuell etwas verwirrend. Deshalb zur Illustration ein produktives Fehlerritual, das Klaus Kobjoll geschaffen hat, Inhaber und Geschäftsführer des bekannten und überaus erfolgreichen Schindlerhofes. Dieses Tagungshotel ist bereits sechs Mal zum besten Seminarhotel Deutschlands gewählt worden und wurde auch zum besten Arbeitgeber im Bereich Hotellerie in Deutschland und Europa gekürt.

Fehlerkultur und Fehlerfreudigkeit ist auch sehr wichtig. Die Führungskräfte wählen einmal den »Fehler des Monats«. Das wird dann ausgehängt: »Wir bedanken uns bei dem, weil der den Mut hatte, dass etwas in die Hose geht.« Dadurch verlieren auch Führungskräfte die Angst, Fehler zu machen und zuzugeben. Das ist für mich das Allerschwierigste. Denn in der Regel versuchen auch die Leute bei uns, erst die Schuld woanders zu suchen. Das scheint menschlich zu sein.[11]

Kobjoll lebt mit dem »Fehler des Monats« eine Fehlerkultur vor, die schon sehr weit entwickelt und nur nachahmenswert ist, wenn Sie zuvor sicherzustellen, dass bei auch bei Ihnen eine entsprechende Fehlerkultur mit der dazu gehörigen Kommunikation über Fehler umgesetzt ist. Deshalb ist das positive Fehlerritual auch am Ende aufgelistet. Es stellt gewissermaßen das i-Tüpfelchen dar.

Ein weiterer zentraler Aspekt einer intelligenten Fehlerkultur besteht darin, der Gruppe gegenüber dem Einzelnen mehr Entscheidungsbefugnis zu geben. Denn bei der bereits vorhandenen und noch steigenden Komplexität ist der Einzelne entweder überfordert oder es werden im Vorfeld derartig viele Informationen getilgt, dass eine erfolgreiche Entscheidung unwahrscheinlicher wird. Auch dazu gibt wiederum Klaus Kobjoll ein kurzes Beispiel: »Ich war mit 22 Unternehmer, arrogant, glaubte, ich weiß alles besser und hab' nur auf mich gehört. Da hab ich mir dann so oft die Finger verbrannt, dass ich gemerkt hab, dass einer gar nicht so schlau sein kann wie 5, 10 oder 15 gleichzeitig. Und in dem Moment fangen Sie an, dieses Brainhouse anzuzapfen. Dann spüren Sie plötzlich, dass es verschiedene Talente gibt. Dann hören Sie hin.«

Schlussendlich können normale Unternehmen von so genannten High Reliability Organizations lernen, wie diese mit Fehlern umgehen. (Zur Erinnerung: HROs sind Feuerwehren, Katastrophenschutzdienste, Atomkraftwerke oder Intensivstationen, also Organisationen, bei denen Fehler jederzeit katastrophale Wirkungen hervorrufen können.) Das Erstaunliche: Es passieren kaum schwere Fehler, wir erleben nur sehr wenige Katastrophen. Was machen HROs anders als andere Organisationen oder Unternehmen? Erstens zeigen sie sich eigenen Standards und Prozeduren gegenüber äußerst skeptisch. Sie wähnen sich nicht in falscher Sicherheit. Sie rechnen immer damit, dass etwas schiefgehen kann. Und um dann möglichst schnell angemessen reagieren zu können, haben die Mitarbeiter zweitens ein hohes Maß an Achtsamkeit und Geistesgegenwart ausgebildet. Ihnen fallen erstens Abweichungen von Soll-Zuständen und Unregelmäßigkeiten schnell auf, was die unbedingte Voraussetzung einer raschen Fehleranalyse, -behebung oder -nutzung ist. Zweitens sind sie in der Lage, schnell auf die Abweichungen zu reagieren. Das Konzept der HROs deckt sich übrigens mit den Studien von Dietrich Dörner über die mitunter fürchterlichen Folgen von Selbstüberschätzung, mangelnder Selbstkritik und Geistesgegenwart bei der Steuerung von komplexen Systemen.[12] Wir tun also gut daran, insbesondere im Zusammenhang mit Fehlern Achtsamkeit und Geistesgegenwart als professionelle Kompetenz zu verstehen und zu entwickeln. Ein weiterer Grund, warum ich dem Abschnitt über Achtsamkeit im sechsten Kapitel ausführlichen Raum gewährt habe.

Möglichkeitsräume – oder: Leidenschaft, Zufälle und Fehler in Mehrwert verwandeln

Robert Musil veröffentlichte 1931 und 1932 die ersten beiden Bände seines Jahrhundertromans *Der Mann ohne Eigenschaften*. Im vierten Kapitel des ersten Bands beschreibt er den »Möglichkeits*sinn*«:

> Wer ihn besitzt, sagt beispielsweise nicht: Hier ist dies oder das geschehen, wird geschehen, muss geschehen; sondern er erfindet: Hier könnte, sollte oder müsste geschehen; und wenn man ihm von irgendetwas erklärt, dass es so sei, wie es sei, dann denkt er: Nun, es könnte wahrscheinlich auch anders sein. So ließe sich der Möglichkeitssinn geradezu als die Fähigkeit definieren, alles, was ebenso gut sein könnte, zu denken und das, was ist, nicht wichtiger zu nehmen als das, was nicht ist.[13]

Der Möglichkeitssinn ist das intuitive Gespür für das Mögliche. Damit sich dieser Sinn entfalten kann, brauchen wir in Unternehmen die Möglichkeits*räume*. Sie sind das unbedingte Gegenstück zum Möglichkeitssinn. Diese Räume öffnen sich auf drei unterschiedlichen Ebenen:

- Menschen
- Unternehmenskultur
- Unternehmensstruktur

1. Die erste Ebene betrifft uns Menschen, jeden Einzelnen von uns. Wir müssen uns zunächst selbst den Möglichkeitsraum zugestehen, ihn aufbauen und pflegen. Konkret heißt das, uns selbst zu erlauben, nicht nur »Wirklichkeiten« wahrzunehmen, in ihnen zu denken und zu handeln, sondern auch die potenziellen Möglichkeiten gleichberechtigt daneben zu stellen. Schließlich sind es die Möglichkeiten der Blauen Ozeane, die einen viel größeren Mehrwert stiften als die Effizienztrimmung der bereits wirklichen Roten Ozeane. Sich mit dem Möglichkeitssinn im Möglichkeitsraum zu bewegen, ist der wahre Optimismus. Denn nur dort gestehen wir uns ein, dass die Dinge besser sein können, als sie in der bestehenden Wirklichkeit sind. Wer uns den Möglichkeitssinn und die dazugehörigen Räume verbietet,

zeigt sich als paradoxer Pseudorationalist. Denn all das, was jetzt Wirklichkeit ist, war früher nur eine Möglichkeit. Und für diese früheren Möglichkeiten sind diejenigen, die sie intuitiv erspürten, angefeindet und verlacht worden. Es waren Menschen wie Barry Marshall und Robin Warren, Sergey Brin und Larry Page, Bill Gates und Paul Allen, die Möglichkeiten sahen, die andere für lächerlich hielten. Genau ihrem angeblich verrückten Möglichkeitssinn verdanken wir das, womit wir heute ein besseres und effektiveres Leben führen können. Die Gleichung ist denkbar einfach: Möglichkeitssinn gleich Fortschritt.

Wir sollten eigenverantwortlich damit anfangen, uns selbst den Raum zu geben, unseren natürlichen Möglichkeitssinn zu leben. Fast jedes Kind ist da kraftvoller als so manch ein Manager, der eigentlich viel mehr bewegen könnte. Das, was bei fast allen von uns verschüttgegangen ist, müssen wir wieder zurückholen in unser Leben. Konkret setzt hier das an, was ich im vorigen Kapitel über unsere Erwartungshaltungen geschrieben habe. Mit welchen Erwartungen gehen wir jeden Morgen in unser Arbeitsumfeld? Inwiefern korrumpiert dort unser Wirklichkeitssinn unseren Möglichkeitssinn? Positive Erwartungen über die möglichen Leistungen der Mitarbeiter und das Vertrauen, dass diese Leistungen auch tatsächlich erreicht werden können, steigern unsere Möglichkeiten. Es ist aber auch das Vertrauen in die eigene Wirksamkeit in der Arbeit. Wer sich selbst auch unter schwierigen Bedingungen Wirksamkeit zutraut, wird mit hoher Wahrscheinlichkeit mehr erreichen als diejenigen unter uns, die von Zweifeln geplagt sind. Natürlich lässt sich diese positive Erwartungshaltung nicht verordnen oder einfach nach Belieben umsetzten. Unsere Verantwortung liegt darin, im Falle hartnäckiger Zweifel Hilfe einzubestellen, um diese Zweifel auszuräumen.

Doch damit nicht genug. Fast jeder von uns hat irgendwo tief in sich drin die eine oder andere Leidenschaft, die viele von uns im Beruf bislang nicht umsetzen können. Aber sie ist da, was sich häufig in der Freizeit außerhalb des Berufes zeigt. Freilich können wir nicht mit jeder Leidenschaft im Beruf ankoppeln und in vielen Fällen wollen wir das gar nicht. Es ist an uns, ob wir im Beruf belanglos vor uns hin wurschteln, oder ob wir auch dort für etwas brennen; ob wir uns ganz und gar einlassen oder lieber auf Distanz bleiben wollen. Wirklichen Flow bei der Arbeit, echtes Glück erleben wir nur dann, wenn wir unsere Arbeit lieben – und zwar um ihrer selbst willen.[14] Auch das müssen wir uns selbst als Möglichkeit einräumen. Wir müssen uns, wenn wir Fortschritt wollen, Räume in uns selbst geben.

2. Die zweite Ebene ist die Unternehmenskultur. Individuelle Möglichkeitsräume werden wie in einer Müllpresse zerquetscht, wenn die Unternehmenskultur nur auf die bestehenden Wirklichkeiten fokussiert. Wer Fortschritt will, sei es als Innovation von Produkten, Prozessen, Geschäfts- oder Managementmodellen, der braucht das kulturelle Engagement und die dazugehörige Selbstverpflichtung für Möglichkeitsräume. Niemand wird auf Dauer seine individuellen Möglichkeitsräume für das Unternehmen öffnen, wenn er oder sie dafür auf die eine oder andere Art abgestraft wird. Das setzt vielmehr Wertschätzung und Vertrauen voraus.

Wir brauchen Möglichkeitsräume als kulturelles Merkmal zwischen den Akteuren in unseren Unternehmen. Es muss selbstverständlich sein, gedanklich aus der »harten« Wirklichkeit auszubrechen, um wenigstens für eine gewisse Zeit die individuellen Möglichkeitsräume zu betreten. Dort können wir dann die innovative Kraft träumerischer Leidenschaft freisetzen. Und es bedarf einer entsprechenden Einsicht, dass Zufälle und Fehler einen nicht planbaren Mehrwert für das Unternehmen bedeuten können. Nur wenn wir den Zufällen und Fehlern diese Haltung gegenüber einnehmen, können wir sie mit entsprechender Achtsamkeit auch für uns nutzen. Wir müssen uns Räume zwischen uns geben.

3. Letztlich müssen wir auf der strukturellen Ebene konsequent sein. Das heißt Zeit und Ressourcen in angemessenem Umfang zur Verfügung zu stellen. Wenn Sie das Konzept der Möglichkeitsräume ernst meinen, brauchen Ihre Mitarbeiter Freiraum in ihrer Arbeitszeit, in dem sie ihren Interessen und Leidenschaften nachgehen können. Eine Zeit, in der Ihre Mitarbeiter eigene Ideen entwickeln und Testprojekte auf- und umsetzen können. Logischerweise müssen Ihre Mitarbeiter ab einem gewissen Punkt auch Mitstreiter für ihre Ideen gewinnen dürfen, die wiederum ihre Möglichkeitsräume zur Verfügung stellen. Und es muss möglich sein, unbürokratisch an ein bestimmtes Maß an finanziellen Mitteln heranzukommen, um kleine Experimente und erste Entwicklungsversuche durchführen zu können ohne vorherige Rechtfertigungsorgien über ein halbes Dutzend Hierarchieebenen.

Die strukturellen Möglichkeitsräume sind darüber hinaus eine Erweiterung der natürlichen »Inkubationsphasen«. In denen sacken zuvor bewusst aufgenommene und verarbeitete Informationen ins Unbewusste ab und werden dort im Rahmen der informationellen Selbstorganisation neu strukturiert und zusammengesetzt. Diese Inkubationsphasen entstehen in unserem Leben automatisch, wenn wir zwischen unserer Wohnung oder unserem Haus und dem Arbeitsplatz pendeln. Oder wenn wir Joggen gehen, Schwimmen, Klettern oder sonst einen Sport betreiben. Oder einfach mal zuhause nichts tun und vor uns hin dösen. Da haben wir die Räume, in denen es in uns gärt, wenn wir nicht über unser Problem nachdenken. Wenn wir entspannen. Und deshalb ist es sinnvoll, diesen Raum der Entspannung auszudehnen in das direkte Arbeitsumfeld. Eine weitere pragmatische Umsetzung für einen Möglichkeitsraum ist somit ein realer Raum, der als Entspannungs- und Ruheraum dient, in dem wir verschont sind vor unserer Manie, ständig und andauernd erreichbar zu sein. Ein Raum, in dem wir mal für 15 Minuten ohne schlechtes Gewissen die Seele baumeln lassen dürfen oder vielleicht sogar einen kleinen zwanzigminütigen »Inkubationsschlaf« machen, statt uns wieder an den Arbeitsplatz zu quälen, die nächsten zwei Tassen Kaffee in uns hineinschütten, oder in schwereren Fällen gar zu härteren legalen oder illegalen Substanzen zu greifen[15], um dann resigniert festzustellen, dass wir wieder mal kein gutes Arbeitsergebnis erzielt haben. Wie so oft sind amerikanische Unternehmen auch hier innovationsfreundlicher. Verschiedene Firmen ermöglichen ihren Mitarbeitern in der Pause den »power nap«, indem sie Ruheräume, Schlafzelte oder Liegesessel zur Verfügung stellen. Schließlich fördert diese Schlafpause die Leistungsfähigkeit der Mitarbeiter.[16] Ruhephasen in Ruheräumen zu verbieten oder als unwirtschaftliches Unding hinzustellen, gesellt sich in die immer länger werdende Reihe paradox pseudorationaler Behauptungen.

Wir brauchen die individuellen, kulturellen und strukturellen Möglichkeitsräume, um Fortschritt erst träumen, dann denken und schließlich experimentierend umsetzen zu können. Dieser Fortschritt ist eine Art unternehmerische Evolution. In diesem Sinne brauchen wir ebenso Räume, um glückliche Zufälle sowie Fehler zu erkennen und nutzen zu können. Wir dürfen uns nicht davon abhängig machen, dass alle Mitarbeiter so unerhört zäh mit einer kaum zu überbietenden Frustrationstoleranz wie Semmelweis oder Marshall und Warren weiter an ihren Ideen arbeiten, während sie von den selbstverliebten und verblendeten Vertretern des Wirklichkeitssinns jahrelang gemobbt werden. Das senkt zwangsläufig die Quote des Fortschritts. Es ist unökonomisch und obendrein menschenverachtend. Man könnte auch sagen, dass es ganz einfach dumm ist. Diese Möglichkeitsräume führen zu messbaren wirtschaftlichen Erfolgen. Ohne die »Steckenpferdzeit«, dem Möglichkeitsraum bei W. L. Gore, würde es heute vermutlich (noch) nicht die Gitarrensaite »Elixier« geben, die nur deshalb entstand, weil ein Mitarbeiter seiner Leidenschaft des Mountainbikens nachgehen durfte. Es entstanden nicht, wie geplant (!), teflonbeschichtete Bowdenzüge, an denen er ursprünglich intensiv arbeitete, sondern Gitarrensaiten, die länger als alle anderen Konkurrenzprodukte brillant klingen. Und damit erreichte W. L. Gore neben seinen vielen äußerst erfolgreichen Gore-Tex und Gewebeprodukten auch noch die Marktführerschaft in diesem Produktsegment.

Der dickköpfige Schotte Alexander Fleming (1881–1955) arbeitete eine Zeitlang als Stabsarzt und wollte partout nicht einsehen, dass es ausgeschlossen sein sollte, ein Mittel zu entwickeln, dass die Wundinfektionen eindämmen kann. Im Jahr 1928 untersuchte er die Variationsbreite krankheitserregender Staphylokokken und züchtete für diesen Zweck verschiedene Bakterienstämme. Als er nach einem kurzen Urlaub im September ins Labor zurückkam (vielleicht sollten Ärzte öfters Urlaub machen!), entdeckte er, dass die Bakterien dort, wo sich ein Schimmelpilz breitgemacht hatte, abgestorben waren. Fleming hätte die Petrischale ausleeren, reinigen und wieder neu besiedeln können. Es war ein leichter und lösbarer Fehler. Entscheidend war die intuitive Einsicht, dass in der Schale etwas Wichtiges passiert war. Also machte Fleming nicht wie geplant weiter, sondern schlug einen neuen Weg ein, an dessen Ende 1945 nicht nur gemeinsam mit Ernst Chain und Howard Florey der Nobelpreis für Medizin stand, sondern zum Nutzen der Menschheit vor allem das Antibiotikum Penicillin. Alexander Fleming zeigte im entscheidenden Moment Achtsamkeit. Anstatt nach Plan vorzugehen, erkannte er intuitiv in der verunreinigten Bakterienkultur eine große Chance. Genau dafür hat er den Nobelpreis verdient.

Im März 1901 gab es ein denkwürdiges mittelprächtiges Unglück, dass eigentlich vielmehr ein glücklicher Zufall war. Eine Geschichte, die ein weiteres Indiz dafür ist, wie sehr wirtschaftlicher Erfolg auch zufallsgesteuert ist. Was war passiert? Ransom E. Olds eröffnete seine gleichnamige Autofabrik Olds Motor Works zwei Jahre zuvor im Jahr 1899. Ein Jahr später hatte er elf verschiedene Prototypen gebaut und mit ihnen herumexperimentiert. Es waren Autos nicht nur mit Verbrennungsantrieb, sondern auch mit Elektro- und Dampfaggregaten. Neben diesem technologischen Durcheinander konnte er sich obendrein mit seinem Finanzier Samuel Smith auf keine Zielgruppe einigen. Olds wollte gerne die Mittelschicht bedienen, während Smith die Oberschicht interessanter fand. Das ganze Hin und Her wurde dann durch einen Zufall mächtig abgekürzt. Im März 1901 brannten die Olds Motor Works ab. Alle Prototypen wurden vernichtet mit Ausnahme eines einzigen. Der stand vor dem Eingangstor und war obendrein leicht genug, um von dem einzigen Arbeiter, der beim Brand vor Ort war, weggeschoben zu werden. Olds hatte das Gespür, nach dem Brand genau dieses Modell zur Grundlage seiner ersten Serie zu machen. Für 600 Dollar konnten sich viele Bürger den »Curved-dash Olds«, wie er später umgangssprachlich genannt wurde, leisten. 1903 war dieses Auto mit 4 000 verkauften Exemplaren das erfolgreichste Fahrzeug (was wirklich enorm ist, wenn man in Rechnung stellt, dass 1900 noch keine 15 000 Autos über Amerikas Straßen fuhren). 1905 waren es bereits 6 500 Stück. Dank dieses Zufalls gelang Olds die erste automobile Serienproduktion in Amerika.

Zusammengefasst: Die Entwicklung, Umsetzung und Pflege der Möglichkeitsräume auf der individuellen, der kulturellen und strukturellen Ebene führt dazu, dass wir unsere Leidenschaften umsetzen, Träume entwickeln und verwirklichen und nicht zuletzt Zufälle und Fehler erkennen und gewinnbringend nutzen können.

Vertrauen – oder:
die natürliche Kraft der Kooperation nutzen

Intuition braucht Vertrauen. In sich selbst und in andere. Anfängergeist, Selbstorganisation, Fehlerfreundlichkeit und Möglichkeitsräume können ebenfalls nur dauerhaft entstehen und gelebt werden, wenn sie mit gegenseitigem Vertrauen aller Beteiligten einhergehen. Wenn Sie Intuition für Ihr Unternehmen nutzen wollen, führt kein Weg daran vorbei.

Wer Misstrauen sät und Vertrauen verrät, ist nur ein weiterer paradoxer Pseudorationalist. Die Misstrauensjünger korrumpieren nicht nur die Gesundheit und das Wohlbefinden der Mitarbeiter und damit die Freude an der Arbeit – nein: Sie vernichten auf diesem Weg Kapital und stehen dem eigenen zweifelhaften Ziel der Gewinnmaximierung im Weg. Wieder mal muss ein verstaubter und längst überholter Wissensbestand herhalten, um selbstgefällige Glaubenssätze scheinbar zu fundieren. Der Sozialdarwinismus, gespeist durch Charles Darwin selbst, den Zoologen Edward O. Wilson sowie den Biologen Richard Dawkins, lässt sich längst durch zahlreiche empirische Forschungsbefunde widerlegen. Man muss nur die Augen aufmachen. Es ist nicht Misstrauen und der ewig aggressive Kampf ums Überleben, der uns und damit unserer Wirtschaft nutzt, sondern vielmehr die überlebensnotwendige zwischenmenschliche Kooperation.

Auf der Messe *Zukunft Personal 2009* wurde allen Ernstes in der altbekannten Leier der Workshop »Mitarbeiterüberwachung zwischen Compliance und Bespitzelung« angeboten. Die Workshopausschreibung liest sich folgendermaßen:

> Das Thema Mitarbeiterüberwachung bewegt seit Monaten die Gemüter. Bundesbahn, Automobilkonzerne und Lebensmitteldiscounter stehen im Fokus. Angesichts zunehmender Betriebsspionage und abnehmender Loyalität der Beschäftigten steigt der Kontrollbedarf. Auch wenn die Personalabteilung nicht immer treibende Kraft bei diesen Entscheidungen ist, steht sie dennoch im Mittelpunkt und damit häufig zwischen den Gleisen. Vertrauen wünschen sich alle. Doch das reicht nicht. Zur unternehmerischen Verantwortung gehören auch Kontrolle und Überwachung. Wie weit können Unternehmen gehen? Welche Formen der Kontrolle haben sich bewährt? Chancen und Risiken durch neue Technologien! Wie lassen sich diese managen?[17]

Es ist unglaublich! Anstatt die naheliegende Frage zu stellen, warum man Mitarbeitern nicht vertrauen sollte, oder – wenn Sie tatsächlich Vertrauen missbraucht haben – warum das passiert ist, denken Vertreter von Arbeitgeberverbänden, Vorsitzende von Gewerkschaften und Unternehmensberater darüber nach, wie Mitarbeiter im Rahmen des gesetzlich Möglichen kontrolliert und überwacht werden können. In den letzten Jahren nimmt der Generalverdacht gegenüber Mitarbeitern Formen an, die nur noch als krank zu bezeichnen sind.[18] So ist es nach *Spiegel*-Informationen beim Daimler-Standort in Mannheim seit Jahren üblich, »bei Einstellungen, vor allem von Auszubildenden, Blut- und Urinproben zu nehmen, um die Kandidaten unter anderem auf Restalkohol und Drogen zu untersuchen. Das Vorgehen steht in krassem Widerspruch zu einer Betriebsvereinbarung, wonach sogenannte Suchtmitteltests verboten sind.«[19]

Dabei ist eines besonders zynisch: Wenn man die Misstrauensjünger fragt, ob sie selbst vertrauenswürdig seien, wird schnell ein Messen mit zweierlei Maß offenbar. Sie selbst sind fleißig, begeistert, trinken niemals Alkohol und sind selbstverständlich absolut vertrauenswürdig. Für die anderen gilt das Gegenteil. In der Psychologie findet sich für derartige Abspaltungen der Begriff der Projektion: All das an einem selbst Verhasste wird auf andere projiziert und dort bekämpft. Dann braucht es eben Kontrolle, ja Überwachung. Am besten unter der maximalen Nutzung des rechtlich Möglichen. Juristische Grauzonen wie Suchtmitteltests sind willkommen. Man ist angewidert von sich selbst, von der eigenen mangelnden Aufrichtigkeit, die nur noch als Misstrauen anderen gegenüber gespürt wird. Dabei findet eine massive selektive Wahrnehmung statt, in der immer nur nach der Bestätigung der eigenen mentalen Modelle gesucht wird. Alle Hinweise, die das eigene Menschen- und Weltbild widerlegen würden, werden mit maschineller Präzision ignoriert.

Es gibt zur Zeit mindestens zwei empirisch fundierte Argumente für Vertrauen. Das erste stammt aus der aktuellen Neuroökonomie. So leistet beispielsweise der amerikanische Forscher Paul Zak in seinem 2005 veröffentlichten Aufsatz »The neuroeconomics of distrust« (also zu deutsch: Die Neuroökonomie des Misstrauens)[20] einen wichtigen Beitrag zur Frage von Vertrauen versus Misstrauen als Grundlage wirtschaftlichen und unternehmerischen Handelns. Zak führte mit seiner Forschungsgruppe ein einfaches Experiment zu einer geschäftlichen Vereinbarung zwischen zwei Parteien durch. Die Parteien wurden dargestellt durch zwei Versuchspersonen A und B, die zusammen instruiert wurden, sodass sie über dieselben Informationen verfügten. Person A erhielt vom Versuchsleiter einen Geldbetrag, von dem sie an Person B so viel abgeben durfte, wie sie wollte. Diese abgegebene Summe wird durch den Versuchsleiter verdreifacht. Somit war die Investition von A Vertrauenssache, denn B konnte anschließend frei entscheiden, wie viel von der verdreifachten Summe sie an A zurückgibt. Nun wurde bei der Versuchsperson B die Reaktion auf das entgegengebrachte Vertrauen oder Misstrauen durch A gemessen. Im Falle einer hohen Investition wurde bei B das Hormon Oxytocin vermehrt ausgeschüttet, das sich typischerweise bei vertrauensvollen Beziehungen zeigt. Wenn jedoch A misstrauisch war und nur einen geringen oder gar keinen Betrag in B investierte, stieg das Aggressionshormon Dihydrotestosteron (DHT) an – bei Männern übrigens wesentlich stärker als bei Frauen. Das Experiment zeigt auf denkbar einfache Weise, dass Vertrauen zu Vertrauen führt, während Misstrauen Aggressionen wahrscheinlicher macht. Natürlich gibt es auch immer wieder hinterhältige Charaktere, die dieses Vertrauen missbrauchen. Aber diese Strategie führt langfristig ins Abseits. Und zwar nachgewiesenermaßen, was uns zum zweiten Argument führt.

Dieses wurde in Form eines eleganten Experiments bereits in den 1970er-Jahren geschaffen.[21] Der Mathematiker und Politikwissenschaftler Robert Axelrod untersuchte verschiedene Kooperationsstrategien beim so genannten »iterierten Gefangenendilemma«[22], also wenn wir unseren Mitspieler wiedersehen und mit ihm öfters in eine Spielsituation kommen. In solchen sich wiederholenden Situationen ist für die Entscheidung zwischen Kooperation oder Defektion (= Nicht-Kooperation) die Zukunft genauso wichtig wie die Gegenwart. Wenn wir nur einmal auf einen Mitspieler treffen, ist es aus einer egoistischen, auf den eigenen Vorteil reduzierten Sicht vorteilhaft, weder zu vertrauen noch zu kooperieren. Für unsere tägliche Arbeit in Unternehmen gilt aber die iterierte Spielsituation, denn wir sehen uns immer wieder aufs Neue und müssen über Wochen, Monate und Jahre miteinander auskommen. Wenn wir uns selbst und anderen das Leben nicht unnötig erschweren wollen, ist Kooperation nicht das schlechteste Konzept.

Axelrod ließ Programmierer in einem Wettbewerb Kooperationsstrategien in Form einer Software entwickeln. Jedes dieser Softwareprogramme zeigte eine bestimmte Verhaltensweise von kooperativ oder nicht-kooperativ und war somit vergleichbar mit menschlichem

Verhalten. Es wurden drei unterschiedliche Strategien eingereicht: Immer kooperieren, niemals kooperieren oder eine Mischung daraus in Abhängigkeit davon, auf welches andere Programm die jeweilige Strategie stieß. Diese verschiedenen Verhaltensweisen in Form der Programme mussten nun in einem Computer gegeneinander spielen. Diejenigen Strategien, die in einer Spielrunde das beste Ergebnis erzielten, durften in den folgenden Runden wieder gegeneinander antreten, während die erfolgloseren Strategien nicht mehr eingesetzt wurden. Dabei zeigte sich, dass diejenigen Programme erfolgreicher waren, die auf Kooperation setzten. Der eindeutige Sieger war am Ende die mittlerweile bekannte »Tit for Tat«-Strategie: Sie kooperiert grundsätzlich im ersten Spielzug und spiegelt dann das Verhalten des Mitspielers aus dem vorherigen Zug. Wenn der Mitspieler kooperiert, wird wieder kooperiert. Tritt das Gegenteil ein, kooperiert »Tit for Tat« ebenfalls nicht. In diesem Experiment starben die nicht-kooperierenden Programme aus. »Tit for Tat« erzielte in einer einzelnen Spielrunde niemals das beste Ergebnis, führte dafür aber auf lange Sicht zum größten Erfolg. In der »Population« der Programme war »Tit for Tat« am Ende die überzeugendste Strategie. Die nicht-kooperierenden Programme waren kurzfristig gewinnbringender, sorgten aber dafür, dass die nur kooperierenden Strategien ausstarben – und tilgten sich damit selber aus der Population, weil sie keine Opfer mehr fanden. Axelrod leitete daraus folgende Handlungsempfehlungen ab:

- Sei nicht neidisch.
- Defektiere (nicht kooperieren) nicht als Erster.
- Erwidere sowohl Kooperation als auch Defektion.
- Sei nicht zu raffiniert.[23]

Durch die übliche Verkürzung von »Tit for Tat« auf »Wie du mir, so ich dir« geht das Wesentliche der Strategie verloren. Es ist dann nicht mehr »Tit for Tat«. Axelrod beginnt bezeichnenderweise mit der Regel, nicht neidisch zu sein. Damit meint er erstens, nicht in Nullsummen-Interaktionen zu denken, also nicht einen Gewinner und Verlierer vorauszusetzen, auch wenn wir das gewohnt sind. Denn im echten Leben gibt es häufig Situationen, in denen beide Parteien (oder Gegner, wenn wir Wirtschaft als Kampf oder Krieg begreifen) gewinnen oder verlieren können. Zweitens erzeugen wir ein Problem, wenn wir als Vergleichsmaßstab für unseren Erfolg den Erfolg des anderen Spielers heranziehen. Denn ein solcher Vergleich führt leicht zu Neid. Und wer neidisch auf den Erfolg des Spielpartners schielt, neigt dazu, ihn zu sabotieren, was dieser wiederum mit Defektion quittiert – und schon befinden wir uns in einer Defektionsspirale, in der beide zu Verlierern werden, weil sie sich immer gegenseitig für die mangelnde Kooperation des anderen im vorherigen Spielzug abstrafen. Positiv formuliert: In einem sich wiederholenden Gefangenendilemma ist der Erfolg des anderen die Voraussetzung für den eigenen Erfolg!

Die zweite Regel, niemals als Erster zu defektieren und stattdessen umgekehrt im ersten Spielzug immer zu kooperieren, heißt auch, ein Kooperationsangebot zu machen, das auf Vertrauen basiert und nicht von Misstrauen durchsetzt ist! Ein von Misstrauen durchdrungenes Kooperationsangebot wirkt sich auf beide Spielpartner negativ aus. Der Misstrauende wird dazu neigen, selektiv wahrzunehmen und nach Beweisen für sein Misstrauen zu suchen. Der, dem misstraut wird, spürt dies, und sei es nur unbewusst-intuitiv, und er wird – wie Paul Zak in seinem Experiment zur Neuroökonomie des Misstrauens gezeigt hat – aggressiv reagieren. Somit erhöhen wir mit einem misstrauischen Kooperationsangebot das Risiko einer Defektionsspirale.

Aus der dritten Regel, Kooperation und Defektion zu spiegeln, folgt: Sei nicht nachtragend! Auf eine Defektion des Mitspielers reagiert »Tit for Tat« niemals mit zwei Defektionen in Folge; umgekehrt reagiert »Tit for Tat« nicht zu nachsichtig, indem es erst auf zwei Defektionen des Spielpartners mit einer eigenen Defektion antwortet. Es ist also grundsätzlich sinnvoll, so weit wie möglich einen »Reset« der Beziehung vorzunehmen.

Die vierte Empfehlung, nicht zu raffiniert zu sein, wird meistens ebenfalls ignoriert. Zu komplizierte Programme schnitten häufig schlechter ab als die einfachen. Denn die dahinter liegenden Regeln wurden von den anderen Programmen nicht mehr verstanden und erschienen zufällig. Die Mitspieler hatten keinen Grund mehr zu kooperieren, da es scheinbar keinen Einfluss auf die anderen Programme gab. Bei »Tit for Tat« wissen wir sofort, was Sache ist, und können den anderen zur Kooperation bewegen. Maria-Elisabeth Schaeffler und Wendelin Wiedeking sind Prototypen der Raffinesse, stolz auf die eigene Trickkiste und darauf, etwas gänzlich Überraschendes aus dem Hut gezaubert zu haben. Das Ergebnis ihrer Winkelspiele stützt Axelrods Studienergebnisse.

Übrigens gibt es zu dem bis hierher Ausgeführten einen weiteren für Unternehmen wichtigen Zusammenhang. Vertrauen und positive Arbeitsbeziehungen haben eine starke Wirkung auf unsere Motivation. Wir haben in unserem Gehirn drei sogenannte »Motivationssysteme«, in denen je ein bestimmter Botenstoff freigesetzt wird oder nicht. Es handelt sich um Dopamin, endogene Opioide und um das bereits bei Zaks Experiment erwähnte Oxytocin. Die Wirkungen dieser Substanzen lassen sich in diesem Zusammenhang folgendermaßen kurz skizzieren: Dopamin sorgt psychisch und physisch für Konzentration und Handlungsbereitschaft, die endogenen Opioide haben positive Wirkung auf unser »Ich-Gefühl« und unsere Emotionen und Lebensfreude; das Oxytocin verursacht bei uns unter anderem Glücksgefühle. Diese drei Botenstoffe werden freigesetzt, wenn wir vertrauensvolle Begegnungen erleben, positive Zuwendung, Gemeinschaft oder Anerkennung. Damit lässt sich auf neurobiologischer Grundlage festhalten: Das Ziel dieser Motivationssysteme – und damit unseres Handelns – sind genau diese Verhaltensweisen und Erlebnisse. Wenn wir dauerhaft von Vertrauen, Zuwendung, Gemeinschaft und Anerkennung abgeschnitten werden, reagieren wir mit Aggression und im weiteren Verlauf mit Resignation bis hin zur Depression. Es ist also auch aus wirtschaftlicher Sicht völliger Irrsinn, dem nicht Rechnung zu tragen. Anstatt immer wieder Tausende von Euro in lächerliche Motivationsseminare und -vorträge zu investieren, sollten wir lieber dafür sorgen, dass unsere Unternehmenskulturen auf natürliche Weise unsere Motivation fördern, indem wir ein angenehmes Arbeitsklima entwickeln und pflegen. Eigentlich bräuchten wir für diese Einsicht weder aufwändige Forschung noch die ärgerliche Erfahrung, dass die Halbwertszeit von externen Motivationsspritzen bei sieben bis vierzehn Tagen liegt. Das sagt uns auch unser gesunder Menschenverstand, wenn wir nur noch einen Rest Selbstehrlichkeit haben – welcher noch so harte Manager oder Unternehmer kann ernsthaft behaupten, er bräuchte kein Vertrauen, keine Anerkennung und Gemeinschaft?

Abschließend wäre noch die Frage zu beantworten, was passiert, wenn Vertrauen missbraucht wird. Die Antwort ist einfach: Tit for Tat. Auf den Missbrauch folgt eine informelle Abmahnung. Informell deshalb, weil sich das Vertrauen umgekehrt ja auch nicht formal vorschreiben lässt. Außerdem sollte mit dieser Reaktion auch noch die Analyse verbunden sein, warum es zu dem Missbrauch gekommen ist. Vielleicht gab es einen nachvollziehbaren Grund, der abgestellt werden kann. Möglicherweise haben wir selbst unserem Mitarbeiter nicht ausreichend Vertrauen entgegengebracht. Dann wird im nächsten Zug, ohne nachtragend zu sein, wieder vertrauensvoll weitergemacht.

Misstrauen tötet nicht nur jegliche Motivation, sondern auch alle eventuell noch vorhandenen intuitiven Ressourcen. Denn die wären selbstverständlich an solchen Orten vollkommen fehlplatziert. Die Kontroll- und Überwachungsunternehmen sind automatisch immer Absicherungsunternehmen. Erinnern Sie sich an den Abschnitt »Nadel im Heuhaufen«: Nur 15 Minuten, die Mitarbeiter täglich für unproduktive Arbeit aufbringen, können das Unternehmen bis zu 2500 Euro jährlich kosten, denn diese Viertelstunde summiert sich übers Jahr vorsichtig gerechnet auf über sechs Tage. Absicherungsrituale wie das Schreiben und Lesen von E-Mails tragen dazu eine gehörige Portion bei. Mal ganz abgesehen von den gesundheitlichen Schäden durch den permanenten Druck der Angst und des Unbehagens. Die Sachlage ist klar: Eine Vertrauenskultur schlägt jede Misstrauenskultur, die irgendwann in sich zusammenbricht.

Das Ergebnis: effektive Entscheidungen

Kennen Sie den Unterschied zwischen der Entwicklung menschlicher und unternehmerischer Lebenserwartung? Wenn man die wenigen Untersuchungen zur Entwicklung der Lebenserwartung von Unternehmen mit denen von uns Menschen vergleicht (siehe Abbildung 8), zeigt sich ein überaus sonderbares Bild.

Das sollte uns zu denken geben. Wenn die durchschnittliche Lebenserwartung von Unternehmen deutlich unter den einzelner Menschen sinkt, dann stimmt etwas nicht. Wir bleiben weit, sehr weit hinter unseren Möglichkeiten zurück. Unternehmen sind soziale Systeme und damit unabhängig von einzelnen Menschen. Sie müssten so lange existieren können, wie es Menschen gibt, und entsprechend langfristig Arbeitsplätze bieten und Mehrwert schaffen können. Fakt

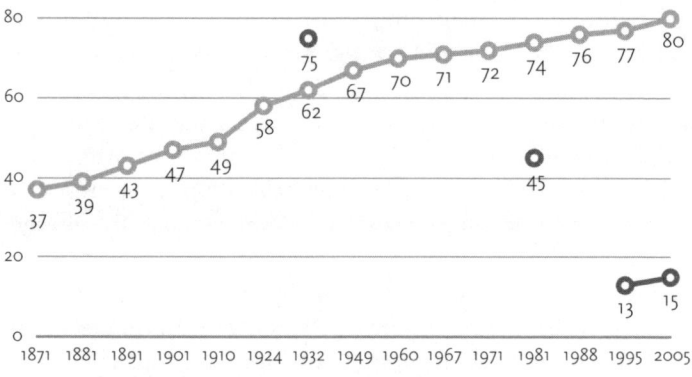

◌ Lebenserwartung Menschen in Deutschland bei Geburt im Jahr ...
◌ Lebenserwartung Unternehmen (heterogene Daten: Nordamerika, Europa, Japan; diverse Studien ...)

Abb. 8 Lebenserwartung von Menschen und Unternehmen im Vergleich

ist jedoch, dass Menschen immer älter werden, während die Lebenserwartung von Unternehmen deutlich rückläufig ist. Aber es geht auch anders, denn es gibt Unternehmen, die Jahrhunderte überdauern, oder sogar – ja tatsächlich – mehr als ein Jahrtausend! So können diverse Unternehmen im Jahr 2010 beachtliche Lebenszeiten vorweisen: die Glasmanufaktur Poschinger – 442 Jahre; das schwedisch-finnische Unternehmen Stora Enso, Hersteller von Papier, Verpackungen und Holzprodukten – 722 Jahre; die deutsche Brauerei Weihenstephan – 970 Jahre; und das japanische Gasthaus Ryokan Hoshi – 1292 Jahre!

Der Tod eines Unternehmens liegt häufig in vielen Ursachen. Eine davon ist die Summe falscher Entscheidungen der Unternehmensführung und der Mitarbeiter. Umgekehrt betrachtet, müssen Unternehmen, die lange am Markt bleiben, erfolgreich sein. Damit das möglich ist, bedarf es wiederum mehr Entscheidungserfolge als Entscheidungspleiten.

Die fünf Prinzipien Anfängergeist, Selbstorganisation, Fehlerfreundlichkeit, Möglichkeitsräume und Vertrauen führen zu einer effektiven Entscheidungskultur. Und die ist die Voraussetzung dafür, mutig, schnell und treffsicher ohne Aufschieberitis und überflüssige

Delegation entscheiden zu können. Schließlich fehlt noch eins. Ein für Ihr Unternehmen passendes Entscheidungsdesign: Welche Entscheidungsinstrumente nutzen Sie, um effektive Entscheidungen unter Berücksichtigung unserer Rationalität, Intuition und Emotion zu treffen? Und zwar auf drei Ebenen: Entscheidungen einzelner Personen, Paar- und Gruppenentscheidungen sowie Massenentscheidungen unter Einbezug der gesamten Belegschaft und gegebenenfalls auch einiger oder aller Stakeholder.[24]

Wenn Sie die individuelle Entscheidungskompetenz und die unternehmerische Entscheidungskultur entwickeln und das für Sie beste Entscheidungsdesign verwirklichen, sind Sie einen großen Schritt weiter: Sie werden flexibel, schnell und beweglich auch auf unvorhersehbare Veränderungen des Marktes reagieren können. So bescheren Sie Ihrem Unternehmen eine lange und erfolgreiche Lebenszeit.

Lesetipps

Axelrod, R. (2000): *Die Evolution der Kooperation*, Scientia Nova.

Bauer, J. (2008): *Prinzip Menschlichkeit. Warum wir von Natur aus kooperieren*, Heyne.

Caspary, R. (2008): *Nur wer Fehler macht, kommt weiter. Wege zu einer neuen Lernkultur*, Herder.

Rifkin, J. (2010): *Die empathische Zivilisation*, Campus.

Surowiecki, J. (2007): *Die Weisheit der Vielen. Warum Gruppen klüger sind als Einzelne*, Goldmann.

Weick, K./Sutcliffe, K. (2003): *High Reliability Organizations*, Klett-Cotta.

Anmerkungen

Kapitel 1: Unternehmerische Lügengeschichten – warum der Kopf allein kein Unternehmen führt

1 Taylor, F.W. (2004): *Die Grundsätze wissenschaftlicher Betriebsführung*, S. 44.
2 Eine Folge dieser Rationalisierung war jedoch auch, dass sich Produkte und Dienstleistungen immer ähnlicher wurden, weil sie der gleichen Logik der effizienten Herstellung folgten.
3 Diese Stabilität wurde in sich verkürzenden Zyklen erschüttert: Weltwirtschaftskrise 1929/33, Ölkrise 1973/74, Asienkrise 1997/98, Internetkrise 2000/01.
4 Die letzten drei Absätze hatte mein Kollege Thomas Klug für eine gemeinsam geplante Veröffentlichung geschrieben und mir freundlicherweise hier zur Verfügung gestellt.
5 Wöhe, G./Döring, D. (2008): *Einführung in die Allgemeine Betriebswirtschaftslehre*, Vahlen, S. 81–112. Das Lehrwerk von Wöhe dient hier als Musterbeispiel betriebswirtschaftlicher Ignoranz gegenüber der Rolle der Intuition in der Entscheidungsfindung. Dieses Buch ist in praktisch jeder betriebswirtschaftlichen Fakultät zu finden, auch wenn es nicht mehr zu den neuesten BWL-Lehrbüchern gehört.
6 Malik 2007, S. 30. Interessanterweise ist dieser Artikel nur eine Variante eines bereits sechs Jahre zuvor erschienenen Artikels (Malik 2001, Seite K3). In dieser Zeit bewegt sich einiges in der Forschung, aber im Artikel von 2007 findet der Leser keine neuen Informationen. Der Artikel wurde nur leicht paraphrasiert.
7 Malik 2007, S. 28
8 Berry und Broadbent publizierten zu ihren Ergebnissen mehrere Arbeiten: Berry, D./Broadbent, D. (1984): »On the Relationship between Task Performance and Associated Verbalizable Knowledge«; Berry, D./Broadbent, D. (1987): »The combination of explicit and implicit learning processes in task control«; Berry, D./Broadbent, D. (1988): »Interactive tasks and the implicit-explicit-distinction«.
9 Malik 2001, S. 221 f. Kursiv im Original.
10 Dieses Interview wurde von meinem Kollegen Thomas Klug für dieses Buch durchgeführt.
11 Interview am 07. Oktober 2007.
12 Rigor cartis ist das engstirnige Bestreben, auch den kleinsten Geschäftsvorfall in Richtlinien, Weisungen, Organisations- und Ablaufdiagramme einreihen zu müssen. Ein Begriff, den der amerikanische Universitätsprofessor Laurence Peter schuf. Auf ihn geht auch das sogenannte Peter-Prinzip zurück: »In einer Hierarchie neigt jeder Beschäftigte dazu, bis zu seiner Stufe der Unfähigkeit aufzusteigen.«
13 Diese Experimente wurden in zwei Artikeln veröffentlicht: Beilock, S. et al. (2004): »Haste does not always make waste: Expertise, direction of attention,

and speed versus accuracy in performing sensorimotor skills«, in: *Psychomotic Bulletin and Review 11*, S. 373-379; Beilock, S. et al. (2002): »When paying attention becomes counterproductive: Impact of divided versus skill-focused attention on novice and experienced performance of sensomotor skills«, in: *Journal of Experimental Psychology: Applied 8*, S. 6-16.
14 Johnson, J./Raab, M. (2003): »Take the first: Option generation and resulting choices«, in: *Organizational Behavior and Human Decision Processes*, 91, S. 215-229.
15 Omodei, M. (2005): »›More is better?‹: A Bias Toward Overuse of Resources in Naturalistic Decision-Making Settings«.
16 Damasio, A. (1997): *Descartes' Irrtum. Fühlen, Denken und das menschliche Gehirn*, dtv, S. 263 f.
17 Rosenzweig, P. (2008): *Der Halo-Effekt. Wie Manager sich täuschen lassen*. S. 119.

Kapitel 2: Das Fünfeck des Nichtwissens – was wir alles nicht erkennen können

1 Zitiert aus der Bionade Presseinformation 06-06, S. 1.
2 Zitiert aus dem Imagefilm des Unternehmens (http://www.bionade.com/bionade.php/10_de/08_film?usid=4b8559df25e6b4b8559df2662e)
3 Zitiert aus der Bionade Presseinformation 06-06, S. 1.
4 Kim, W./Mauborgne, R. (2005): *Der Blaue Ozean als Strategie. Wie man neue Märkte schafft, wo es keine Konkurrenz gibt*, S. 8.
5 http://archiv.channelpartner.de/knowledgecenter/security/237142/ (Mit freundlicher Genehmigung zum Wiederabdruck von channelpartner.)
6 Gangl, K. (2009): *Kundenkompass Stress*, Studie der Techniker-Krankenkasse in Kooperation mit dem FAZ-Institut.
7 Moser, K. et al. (2002): *Steigende Informationsflut am Arbeitsplatz*, Bundesanstalt für Arbeitsschutz und Arbeitsmedizin.
8 Nachrichtenagentur ddp, 06.09.2009.
9 Odenwald, M. (2009): »Skeptiker versus Forscher. Zankapfel Klimawandel«, *Focus online*, 11.09.2009.
10 Meldungen von Dow Jones Newswires, 24.09.2008.
11 Englische Wortneuschöpfung aus den beiden Ausgangsbegriffen »dynamic« und »complexity«.
12 Pauly, C./Tietz, J. (2008): »Riesige neue Möglichkeiten«, in: *Der Spiegel 22*, S. 92 ff.
13 T., Anne (2009): *Die Gier war grenzenlos. Eine deutsche Börsenhändlerin packt aus*, S. 81.
14 Dieses Fallbeispiel stammt aus meinem Bekanntenkreis. Ich habe lediglich den Namen geändert.
15 Bolduan, G. (2008): »Kultur der Fehlinformation«, in: *Technology Review*, Ressort Industrie/Innovation, 11.01.2008. (Mit freundlicher Genehmigung des Heise Verlags zum Wiederabdruck.)
16 Csikszentmihalyi, M. (1997): *Kreativität. Wie Sie das Unmögliche schaffen und Ihre Grenzen überwinden*, Klett-Cotta, S. 171 f.
17 Nach meinem Kenntnisstand bin ich in der Situation, den in Deutschland einzigen universitären Lehrauftrag für ein kompetenzbasiertes Intuitionstraining an der Universität Regensburg innezuhaben.
18 Besuchen Sie mal deren Website, es lohnt sich: http://www.ignorance.medicine.arizona.edu/.
19 Diesen Artikel erhalten Sie auf meiner Homepage www.a-zeuch.de kostenfrei im Downloadbereich.

Kapitel 3: Mit Bauchgefühl im Blindflug – warum Intuition allein auch nicht zum Ziel führt

1 Butler, D. (2000): *Unsinkbar*, S. 68.

2 Den Begriff der »Faustregel« im Zusammenhang mit Intuition verdanken wir dem Berliner Kognitionspsychologen Gerd Gigerenzer, der sich maßgeblich mit verschiedenen Heuristiken beschäftigt. In seinem Buch *Bauchentscheidungen* finden wir aber zwei Unschärfen in der Auseinandersetzung mit Intuition. Erstens wird der Begriff der Intuition aufgeweicht. Dort finden wir auch automatisierte, unbewusst ablaufende Prozesse als Intuition beschrieben. Dann würden wir intuitiv Auto und Fahrrad fahren, uns intuitiv die Schuhe zubinden, intuitiv Bälle fangen und unzählige andere Tätigkeiten als Intuition beschreiben. Aber diese Tätigkeiten können wir kontrolliert und bewusst jederzeit abrufen. Das besondere Wesen der Intuition liegt jedoch darin, dass genau das nicht möglich ist. August Kekulé hat sich nicht vor seinen Kamin gesetzt, kontrolliert intuiert und so seine Frage nach der Strukturformel des Benzols gelöst. Genauso wenig hatten Bill Gates und Paul Allen, als sie eines Morgens auf dem Titelbild einer Computerzeitschrift den ersten wirklich kleinen Computer gesehen hatten, kontrolliert und bewusst steuernd die Geschäftsidee erfunden, aus der Microsoft hervorgegangen ist. Nein. Die Intuition kommt manchmal und manchmal nicht. Es gibt Momente, da erwarten wir keinen intuitiven Einfall oder Impuls, aber er kommt. Ungefragt. Dann gibt es wieder Momente, in denen wir unsere Intuition herbeiwünschen, aber sie kommt nicht. Nur manchmal deckt sich der Wunsch nach unserer Intuition mit ihrem Erscheinen. Sie können das bei sich selbst überprüfen.

Zweitens wird der Erklärungsmechanismus der Intuition auf das Konzept der Faustregeln reduziert. Und das hat gehörige Konsequenzen für die Professionalisierung der Intuition. Denn daraus folgt, Intuition nur dann zu nutzen, wenn sie auf Expertise beruht. Damit wird aber nicht deutlich, wie Gates und Allen zu ihrer Intuition gekommen sind. Außerdem werden auf diese Weise – wie ich in Kapitel 4 und 5 vertiefe – alle Unternehmensgründungen und Entwicklungen Blauer Ozeane für unmöglich erklärt. Denn qua definitionem haben wir in beiden Situationen nicht genügend Daten zur Verfügung, um rational zu entscheiden. Wenn wir dann aber auch nicht intuitiv entscheiden dürfen oder können, müssten wir noch in der Steinzeit leben, schließlich dürfte es keine Entdeckungen und Eroberungen von Neuland geben!

3 Speich, R. (1997): »Der diagnostische Prozess in der Inneren Medizin: Entscheidungsanalyse oder Intuition«, in: *Schweizer Medizinische Wochenschrift*, 127, 1263-1279.

4 Gates, B. (1995): *Der Weg nach vorn. Die Zukunft der Informationsgesellschaft*. Hoffmann und Campe, S. 61.

5 Auf meinen Blogbeitrag »Die Effekte der Erwartung auf das Verhalten« bekam ich folgenden Kommentar: »Diesen Zusammenhang von Erwartung und Ertrag kann ich genau so bestätigen! Ich unterrichtete eine Klasse, die ich für nicht besonders talentiert hielt, in der dies genau geschah. Durch das bewusste Verändern meiner Erwartungen, inneren Bilder und Gefühle wurden sie in wenigen Wochen extrem gut und leistungsstark. Zudem machte die Zusammenarbeit von da an allen Beteiligten Spaß!«

6 Ariely, D. (2008): *Denken hilft zwar, nützt aber nichts. Warum wir immer wieder unvernünftige Entscheidungen treffen*, S. 49–53.

Kapitel 4: Wie viel Intuition verträgt Ihr Unternehmen?

1 Zu diesem Ergebnis kommen die beiden Österreicher Thomas Karner (2002) und Prof. Klaus Kubinger (2002), Leiter der Psychologischen Diagnostik an der Universität Wien, in zwei verschiedenen

Untersuchungen. Diese beiden Studien verfügen über ordentliche Stichproben von 315 und 60 Versuchspersonen bei Karner, beziehungsweise 426 und 151 Versuchspersonen bei Kubinger.
2 Dazu auch Gris, R. (2007): *Die Weiterbildungslüge. Warum Seminare und Trainings Kapital vernichten und Karrieren knicken*, Campus.
3 Interview vom 08. September 2008.
4 Tatsächlich wurde sogar zu diesem Thema mittlerweile eine wissenschaftliche Abschlussarbeit geschrieben, die zu folgender Veröffentlichung führte: Müller, J./Sauter, U. (2009): *Intuitives Controlling. Ein neuer Ansatz der Unternehmenssteuerung*, Eul Verlag.
   Aus meiner Sicht sind auch erfolgreiche Controller zwangsläufig intuitiv. Sie mögen es abstreiten und von sich weisen, aber es gilt ein einfacher Dreisatz: Alle Menschen sind intuitiv. Controller sind Menschen. Controller sind intuitiv. Egal in welcher beruflichen Funktion wir uns befinden, wir treffen Entscheidungen. Und zunehmend häufiger müssen wir unter Nichtwissen entscheiden. Damit gilt sogar insbesondere für Controller, dass sie höchst intuitiv sein müssen, denn sie schätzen ja permanent zukünftige Entwicklungen ab und müssen damit zurecht kommen, dass sie zu wenig Daten haben, zu viele, widersprüchliche, unverständliche oder nicht vertrauenswürdige. Im Controlling schlägt das Fünfeck des Nichtwissens mit besonderer Härte zu. Mehr sogar als in vielen anderen Funktionsbereichen.
5 Betsch, T. et al. (2004): »Intuition: Wann Sie Ihren Bauch entscheiden lassen können«, in: *Wirtschaftspsychologie* Heft 2/2004, S. 81ff.
6 Das ist keineswegs eine ironische Wortneuschöpfung von mir, sondern vielmehr das traurige Zitat eines Buchtitels, der genau das belegt, was ich hier kritisiere: Trepperwein, K. (2002): *Superintuiton. So entwickeln Sie Ihre verborgenen geistigen Fähigkeiten*, mvg.

7 Die Steckenpferdzeit erlaubt es den Mitarbeitern von W. L. Gore, rund 20 Prozent der Arbeitszeit in eigene Leidenschaften und Interessen zu stecken, die sie über ihre definierten Aufgaben hinaus umsetzen wollen und können. Dazu stellt ihnen das Unternehmen über die zeitlichen Ressourcen hinaus auch noch die Möglichkeit zur Verfügung, unbürokratisch schnell an finanzielle und personale Ressourcen zu kommen. Auf diesem Weg wurde beispielsweise die Gitarrenseite »Elixier« entwickelt, die nicht zum Kernportfolio von W. L. Gore gehört und heute Marktführer ist. Die Investition in die Steckenpferdzeit bedeutet also einen mittel- bis langfristigen, messbaren Return on Investment.
   Bei Google besagt die 70-20-10-Regel, dass 70 Prozent der Arbeitszeit in die Kernkompetenz von Google investiert wird: Suche und Internetwerbung. 20 Prozent fließen in benachbarte Themen, die mit den Kernkompetenzen zusammenhängen, wie Google Earth oder Google News. Die restlichen 10 Prozent fließen in komplett neue Produkt- und Geschäftsideen, für die sich die Mitarbeiter interessieren, die bei anderen Unternehmen systematisch ausgeblendet werden.

Kapitel 5: Wann ist Intuition effektiv?

1 Interview durch Thomas Klug, 25.01.2008.
2 Interview vom 18.02.2009.
3 Das waren die Experimente mit den künstlichen Grammatiken, bei denen Versuchspersonen intuitiv richtig entschieden hatten; oder das Experiment mit dem Simulationsprogramm »Network Fire Chief« oder die Überlegenheit der Pädagogikstudenten gegenüber den Betriebswirtschaftsstudenten bei der Gewinnmaximierung in der »Jeansfabrik«.

4 Glassman, B. (1996): *Anweisungen für den Koch*, Hoffmann und Campe, S. 110.
5 Was meistens von den Vertretern der rationalen Entscheidungstheorie verschwiegen wird, ist die Tatsache, dass am Anfang hinsichtlich der zukünftigen Entwicklungen meist ein *Schätzwert* steht. Die Basis der meisten Regeln und Instrumente ist ein intuitiv gefühlter Wert, der sich nicht belegen lässt (denn sonst hätten wir ja schon in die Zukunft geblickt und bräuchten all die Rechnereien nicht mehr). Also stellt sich die Frage, wie bereits in Kapitel 1 angedeutet, warum diese Menschen unsere Fähigkeit, mögliche Zukünfte zu erspüren, ignorieren oder verleugnen? Schließlich ist die Schätzung der Ausgangspunkt und das Fundament des anschließenden Exekutierens der Regeln und Instrumente. Wer schlecht schätzt, kann die Regeln und Instrumente noch so perfekt anwenden, er wird Datenschrott produzieren. Umgekehrt brauchen wir natürlich auch die Fähigkeit, die Regeln und Instrumente richtig anzuwenden. Aber die können wir durchaus an künstliche Intelligenz delegieren. Das Schätzen jedoch nicht. Denn genau dieser intuitive Akt ist das, was uns zu einem großen Teil vom Computer unterscheidet. Das haben die Brüder Hubert und Stuart Dreyfus hervorragend in ihrem auch heute noch lesenswerten Buch *Künstliche Intelligenz. Von den Grenzen der Denkmaschine und dem Wert der Intuition* (1985) herausgearbeitet.
6 Ich habe diesen Satz mit Bedacht formuliert. Sollten Sie ihn übertrieben finden, dann können Sie sich auf den Abschnitt »Vertrauen leben« in Kapitel 7 freuen. Vorab können Sie aber auch einfach etwas vorblättern und die Fußnoten 9 und 18 aus dem siebten Kapitel lesen.
7 Ich meine hier folgendes Problem: Wir können bis heute nicht plausibel erklären, was lebende von toter Materie unterscheidet. Wir haben lediglich phänomenologische Unterscheidungen. Et-

was wird als lebendig beschrieben, wenn es mindestens folgende Kriterien aufweist: 1. Stoffwechsel, 2. Reproduktion, 3. Wachstum. Interessanterweise zeigt die aktuelle Diskussion, dass wir noch nicht allzu weit gekommen sind. Denn diesen Kriterien entspricht zum Beispiel auch Feuer. Es verstoffwechselt brennbare Stoffe, reproduziert sich beispielsweise, wenn Funken überspringen, und es kann definitiv wachsen. Da bislang nicht wirklich klar ist, was Leben ist, setzte die NASA im Jahr 2000 eine Kommission ein, um der Antwort näher zu kommen. Das bisherige Ergebnis: Leben ist ein chemisches System, das fähig zur Evolution ist. Erklärt wird dadurch immer noch nichts.
8 Interview vom 11. Februar 2008.
9 Zu diesem Fall lohnt sich nach wie vor der Klassiker von Dietrich Dörner *Die Logik des Misslingens*.

Kapitel 6: Wie Sie Ihre Intuition und die Ihrer Mitarbeiter professionalisieren

1 Ein gutes Buch dazu: Bauer, J. (2006): *Warum ich fühle, was du fühlst. Intuitive Kommunikation und das Geheimnis der Spiegelneurone*, Hoffmann und Campe. Dieses Buch hat nur ein Manko: Intuition wird irreführenderweise auf Spiegelneurone reduziert.
2 Agor 1986, Baumann 1997, Büssing 2002, Hänsel 2002, Harteis 2008a/b, Hauser 1990, Kleebaur 2007, Parikh 1994, Pesch 2009, Müller & Sauter 2009, Zeuch 2004.
3 Das sind zum Beispiel die Studien von Bauer, H. et al. (2006), Hänsel, M. (2002), von Ziefen, J. (1999), Walter, T. (2009), Zeuch, A. (2004).
4 Es ist schon erstaunlich, wie sehr Management von Kriegsführung beeinflusst ist. Das Kriegsvokabular wird immer noch mit schöner Regelmäßig-

keit verwendet: Strategie und Taktik, Chief Executive Officer und seine zahlreichen untergebenen Offiziere, Command-and-control, War for Talents und so weiter und so fort. Zudem finden wir immer wieder schlaue Zitate von Kriegsherren wie von Clausewitz oder den fernöstlichen Vorvätern Sun Tzu und Miyamoto Musashi.

5 »Meditationsforschung. Ausgewählte Befunde und Informationsquellen« erschienen im Deutschen Yoga-Forum 5/08. Im Internet unter http://www.yoga.de/fileadmin/Bilder/Publikationen _Forum/5_08_meditationsforschung. pdf (Stand: 06.04.2010).

6 Auffälligerweise tauchen verschiedene Meditationstechniken in den meisten Intuitionstrainingsbüchern auf. Keine andere Technik zieht sich wie ein roter Faden durch die Ratgeberliteratur. Dies veranlasste mich 2008, die Frage nach der Wirksamkeit von Meditation als empirisches Forschungsprojekt an der Universität Regensburg vorzuschlagen. Dort arbeitet zurzeit der Privatdozent Dr. Christian Harteis, der seit einigen Jahren Intuition in verschiedenen beruflichen Domänen untersucht. Harteis nahm die Idee auf, woraus sich die Diplomarbeit von Thomas Walter entwickelte, die meines Wissens zumindest in Deutschland erste empirische Untersuchung zu dieser Frage. Obwohl diese Studie kritisch gesehen werden muss, verweist sie das erste Mal empirisch auf den positiven Zusammenhang von Meditation und intuitiven Kompetenzen. Ich bin überzeugt, dass wir in den nächsten Jahren diese Verbindung mit weiteren Studien herausarbeiten werden.

7 Wenn Sie regelmäßig meditieren wollen, dann lohnt sich allemal der Kauf eines Meditationskissens (Zafu). Es ermöglicht ein wesentlich angenehmeres und stabileres Sitzen. Der Preis liegt zwischen 15 und 45 Euro.

8 Senge, P. et al. (1994): *Fifth Discipline Field Book*, Doubleday,

9 Interview vom 18.02.2009.
10 Interview vom 18.02.2009.
11 Gehen Sie auf meine Homepage www. a-zeuch.de. Dort finden Sie oben in der Navigation rechts »Podcast«. Einfach klicken und schon sind Sie bei meinem Podcast-Kanal.
12 Ich kenne keinen Menschen, der in der Lage gewesen war, sich selbst die angeborene Lernfähigkeit, Neugierde und Begeisterungsfähigkeit abzugewöhnen. Denn das muss, um stabil erfolgreich zu sein, in frühester Kindheit passieren. Somit sorgen in frühen Jahren die Eltern, das direkte Umfeld und indirekt das Milieu dafür, in dem jemand aufwächst. Parallel dazu lassen viele unserer Bildungseinrichtungen die natürlich vorhandenen Kompetenzen verkümmern. Die in Kapitel 2 beschriebene Problematik des Nichtwissens und die damit verbundene Notwendigkeit, auch intuitiv zu entscheiden wird bestenfalls an Universitäten theoretisch erörtert. Obendrein leben zahlreiche Professoren immer noch eine paradoxe Pseudorationalität vor und sind damit ein dysfunktionales Vorbild für ihre Studenten, die auch dort noch unbewusst weiter sozialisiert werden.

Selbstverständlich gilt: Ausnahmen bestätigen die Regel. So zum Beispiel der Lehrstuhl für Pädagogik III der Universität Regensburg, wo Professor Gruber und PD Christian Harteis Intuition als relevante Handlungskompetenz schätzen und ihren Studenten Trainings anbieten. Ein anderes Beispiel ist die Fachhochschule Ansbach. Dort gibt es eine Fortbildung zum intuitiven Controlling und ab dem Sommersemester 2010 den Masterstudiengang Kreatives Marketing, in dem Intuition als praktische Kompetenz eine zentrale Rolle spielt.

Kapitel 7: Wie Sie eine effektivere Entscheidungskultur im Unternehmen entwickeln

1 Bönisch, J. (2009): »Statisten am Schreibtisch«, *Süddeutsche Zeitung*, Ressort Karriere, 14.01.2009.
2 www.die-forschenden-pharma-unternehmen.de/forschung/forschergalerie/Forscher_marshall_warren/
3 S.C. Gwynne/Austin (1998): »Thriving on Health Food«, in: *Time*, 23. Februar 1998, S. 53 (Internet: http://www.time.com/time/magazine/article/0,9171,987856,00.html)
4 Interview vom 27. Juli 2007. Die Rückspiegelmetapher nutzte auch der Wirtschaftsjournalist Lukas Hässig in seiner präzisen Analyse des Falls der Schweizer Bank UBS in Folge der Finanzkrise 2007/2008: »Es rächt sich, dass sich die UBS in der Risikoüberwachung so stark auf ihr Value-at-Risk-Modell gestützt hatte. Weil dieses die Vergangenheit abbildete, erinnert es an einen Steuermann, der seinen Tanker durch Meerengen, Untiefen und Eismeere lenkt und dabei in den Rückspiegel blickt.« (Hässig 2009, S. 128) Die UBS beantragte in Folge der Steuerung durch den Rückspiegel beim Bund und bei der Nationalbank Hilfen in der Höhe von rund 68 Milliarden Schweizer Franken (ca. 45 Milliarden Euro).
5 Interviewt für mich durch meinen Kollegen Olivier Treinen am 24. September 2009.
6 Die Bestrafung wird heute im ersten Schritt natürlich nicht mehr wie zu Taylors Zeiten direkt vollzogen, sondern subtiler und hinterhältiger auf indirekte Weise durch den Entzug von Boni, Incentives, Provisionen etc. Wer das vorgegebene Ziel nicht erreicht, wird in einem niederträchtigen System als minderwertig im Vergleich zu den besser performenden Kollegen und Kolleginnen gebrandmarkt. Dieses System unterstützt vor allem diejenigen Mitarbeiter, die sich nicht zu schade sind, die gesetzten Ziele auf Biegen und Brechen zu erreichen, wie beispielsweise die provisionsangefixten Bankberater, auf die ich im zweiten Kapitel bereits eingegangen bin. Die haben gnadenlos selbst ihnen unverständliche Lehmann Zertifikate mit Lügengeschichten gewaltsam in den Markt gedrückt. Wer das Spiel nicht mitspielt und seine Ergebnisse nicht schönt, die Sinnfrage stellt oder ehrlich ist, bleibt häufig auf der Strecke.
7 Agor, W. (1986): *The Logic of Intuitive Decision Making. A Research Based Approach for Top Management*, Quorum Books; Agor, W. (1989) (Hrsg.): *Intuition in Organizations. Leading and Managing productively*, Sage Publications.
8 Dazu empfiehlt sich dringend die Lektüre des Buches *Die Weisheit der Vielen* von James Surowiecki. Das Buch finden Sie am Ende dieses Kapitels in den Lesetipps.
9 Sollten Sie glauben, dass dies nur ein bizarrer Einzelfall sei, der sich fern von Europa ereignet hätte, möchte ich kurz an die sonderbare Häufung von Suiziden bei der französischen Telefongesellschaft France Télécom erinnern. Dort haben sich gleich 25 Mitarbeiter bezugnehmend auf ihren Arbeitgeber das Leben genommen – in einem Zeitraum von 20 Monaten von März 2008 bis Oktober 2009. Offensichtlich wird auch in Europa in manch einem Unternehmen von Seiten des Top-Managements mit – wortwörtlich – menschenverachtenden Methoden gearbeitet.
10 Wehner, T. (1992) (Hrsg): *Sicherheit als Fehlerfreundlichkeit*, Westdeutscher Verlag.
11 Interview vom 15. August 2008. Ob das tatsächlich menschlich ist, wage ich zu bezweifeln. Ich glaube eher, dass das Teil einer tief sitzenden Sozialisation ist. Wir haben häufig schon zuhause als Kinder und später im Kindergarten und dem

folgenden Bildungssystem den bekannten Umgang mit Fehlern gelernt. Unser Umgang mit Fehlern ist Teil unserer gesellschaftlichen Kultur und kein genetisches Imprint.
12 Ich beziehe mich damit auf seinen Klassiker *Die Logik des Misslingens*.
13 Musil, R. (2009): *Der Mann ohne Eigenschaften*, S. 16.
14 Das hat ausführlich und überzeugend der ungarisch-amerikanische Kreativitätsforscher Mihalyi Csikszentmihalyi in seinem bekannten Buch *Kreativität* gezeigt.
15 Das Doping im Arbeitsleben umfasst zum Beispiel legale Substanzen wie Vigil, Ritalin und Betablocker und illegale wie Kokain, Speed und Ecstasy. Am 28.06.2008 erschien dazu der Artikel »Die gedopte Elite« von Veronika Szentpétery, im Internet zu finden unter: http://www.spiegel.de/wissenschaft/mensch/0,1518,560804-2,00.html. Kurz darauf, am 20.10.2008, widmete sich auch die *Wirtschaftswoche* dieser Problematik mit dem Artikel »High am Arbeitsplatz: Welche Aufputschmittel wie wirken« von Jens Tönnesmann (Internetquelle: http://www.wiwo.de/karriere/high-am-arbeitsplatz-welche-aufputschmittel-wie-wirken-374643/3/).
16 Zu dem Thema finden Sie einen guten Überblick unter http://www.spiegel.de/thema/schlaf/ oder bei *Welt-Online*: http://tinyurl.com/ygccdjp (gekürzte URL, damit Sie sie schneller eingeben können).
17 Vortragsprogrammheft *Zukunft Personal 2009*, S. 19. Dieser Workshop wurde erfunden und durchgeführt von Roland Wolf, Abteilungsleiter Arbeitsrecht, Bundesvereinigung der Deutschen Arbeitgeberverbände; Andreas Kossiski, Vorsitzender der DGB-Region Köln-Leverkusen-Erft-Berg; Hans-Günter Böse, Geschäftsführer alga-Unternehmensberatung.
18 Sollten Sie meine Meinung etwas übertrieben finden, lade ich Sie ein, sich zu erinnern an all die Unternehmensskandale im Zusammenhang mit dem Ausspionieren von Mitarbeitern und postmodernem Sklaventum: Aldi, Daimler, Deutsche Bahn, Deutsche Bank, Deutsche Telekom, Drogerie Müller, Edeka, Famila, France Télécom, Gerling, JR West's Railway, Lidl, Netto, Norma, Penny, Plus, REWE, Schlecker, Tegut …
Am 16.04.2008 schreibt der *Spiegel*: »Die Überwachung von Mitarbeitern ist in deutschen Unternehmen ein Massenphänomen.« (Artikel »Detektiv-Offensive. Chefs spionieren Mitarbeiter deutschlandweit aus«, abrufbar unter http://www.spiegel.de/wirtschaft/0,1518,547695,00.html). Am selben Tag titelte die *Süddeutsche Zeitung*: »Stasi-Methoden an deutschen Arbeitsplätzen« (Internet: http://www.sueddeutsche.de/wirtschaft/718/439461/text/). Die *TAZ* berichtete am 28.01.2009 von einer Rasterfahndung bei der Bahn, in der rund 173 000 Mitarbeiter mit einem Massendatenabgleich durchleuchtet wurden (http://www.taz.de/1/politik/schwerpunkt-ueberwachung/artikel/1/173000-mitarbeiter-heimlich-ueberprueft/). Am 30.11.2009 erschien im *Fokus* ein Enthüllungsbericht über die Mitarbeiterbespitzelung im Auftrag des Edeka-Aufsichtsrats Peter Simmel, gegen den die Gewerkschaft Verdi Strafanzeige gestellt hat.
In diesem ganzen Wahnsinn drängen sich zwei Fragen auf: Wieso sind die Arbeitgeber unfähig, erstens vertrauenswürdige Mitarbeiter einzustellen und zweitens ein Arbeitsumfeld zu schaffen, in dem Vertrauen möglich ist? Offensichtlich versagt das Management auf diesen Ebenen. Zudem lässt sich nicht abstreiten, dass die jeweils Verantwortlichen demokratiefeindliche, totalitäre Tendenzen zeigen.
19 Blech, J. et al. (2009): »Spuren im Blut«, *Spiegel* 45, Ressort Wirtschaft, S. 100.

20 Zak, P.J. et al. (2005): »The neuroeconomics of distrust. Sex differences in behavior and physiology«, in: *Cognitive Neuroscience Foundations of Behavior* 95, S. 360.
21 Axelrod, R. (2005): *Die Evolution der Kooperation.*
22 Das Gefangenendilemma ist einer der bekanntesten Spieltypen in der Spieltheorie. Es beschreibt ein Nicht-Nullsummen-Spiel zwischen zwei Parteien, also ein Spiel, bei dem das Ziel nicht darin besteht, dass es einen Gewinner und einen Verlierer gibt. Zwei Gefangene sind unter Verdacht, sich gemeinsam strafbar gemacht zu haben. Dabei beträgt die Höchststrafe für die Tat fünf Jahre. Sollten sich die Gefangenen zum Schweigen entscheiden, führen Indizienbeweise nur zu einer zweijährigen Haft. Wenn beide die Tat zugeben, kommen sie für vier Jahre hinter Gitter. Das Schweigen ist also wahrscheinlich und um dies auszuhebeln, wird beiden Gefangenen derselbe Handel zusätzlich zu den bisherigen Möglichkeiten angeboten: Gesteht einer und belastet damit den anderen, kommt er frei und der andere sitzt die volle Haft ab. Dann werden die Gefangenen getrennt befragt, ohne weitere Möglichkeit, sich abzusprechen.
23 Axelrod, R. (2005): *Die Evolution der Kooperation*, S. 99.
24 Das können wir eben erst seit dem Web 2.0 und den damit verbundenen technischen Möglichkeiten. Vor zehn Jahren war das noch unmöglich.

Glossar

Achtsamkeit Erstens: die Wahrnehmung auf das Hier und Jetzt lenken. Dabei unterscheide ich die Außenweltwahrnehmung und Innenweltwahrnehmung. Die Außenweltwahrnehmung meint alles, was außerhalb Ihrer Körpergrenzen liegt: alles, was wir sehen, hören, fühlen, riechen und schmecken können. Im Arbeitsleben ist das meistens die visuelle, auditive und kinästhetische Wahrnehmung. Die Innenweltwahrnehmung meint alles, was innerhalb Ihrer Körpergrenzen vorgeht: unsere Gedanken, inneren Bilder, inneren Stimmen, das »Bauchgefühl«, körperliche Empfindungen wie Verspannungen und dergleichen mehr.
Zweitens: die Wahrnehmung der Wahrnehmung. Wir können unsere Achtsamkeit auch auf unsere Wahrnehmung selbst lenken. Wie nehmen wir wahr? Sind wir gerade aufmerksam oder eher flüchtig? Nehmen wir gerade konzentriert wahr oder sind wir durch gleichzeitige Gedanken oder Handlungen abgelenkt? Wie ist unsere Wahrnehmung gerade durch mentale Modelle gefiltert? Was wollen wir sehen, was nicht?
Achtsamkeit hat als wichtige Fähigkeit Einzug gehalten in die Kultur und Steuerung von Unternehmen. Am bekanntesten ist die Arbeit von Weick und Sutcliffe über die Bedeutung der Achtsamkeit in sogenannten »High Reliability Organizations«, das heißt in Organisationen, deren Hauptaufgabe darin besteht, Unerwartetes erfolgreich zu managen. Das sind zum Beispiel Feuerwehren, Katastrophenschutzdienste, Intensivstationen von Krankenhäusern, Flugzeugträger und dergleichen mehr.

Entscheidung Jede Wahrnehmung, jedes Denken und jedes Handeln ist eine Entscheidung. Weil wir in jedem Falle eine Auswahl aus verschiedenen Optionen treffen müssen. Wir können nicht anders, als zu wählen. Wenn wir in eine bestimmte Richtung blicken, bedeutet das, andere visuelle Felder auszublenden. Wenn wir auf einer Party sind, müssen wir häufig bewusst andere Stimmen ausblenden, um unsere Gesprächspartner hören zu können. Genau so verhält es sich mit Gedanken: Wir entscheiden uns, einen bestimmten Gedanken zu denken. Das hat zur Folge, dass wir andere Gedanken zu diesem Zeitpunkt nicht denken. Bei allen Handlungen verhält es sich gleich.
Aus dieser Definition wird klar, dass wir nicht nicht entscheiden können. Es gibt in unserem Leben keinen entscheidungsfreien Raum. Eine anstehende Entscheidung nicht zu entscheiden oder die Entscheidung zu delegieren, ist auch eine Entscheidung mit Konsequenzen. So wie jede andere Entscheidung auch.
Entscheidungen können immer nur unter Einbezug rationaler und emotio-

nal-intuitiver Anteile getroffen werden. Unser Gehirn lässt keine Trennung zu, wie sie in unserer Sprache existiert (Rationalität vs. Intuition) und wie sie viele Managementberater, Wirtschaftswissenschaftler oder Top-Manager häufig fordern.

Erfahrungswissen/Expertise Intuition basiert auf Erfahrungswissen: Im Laufe der Jahre sammeln wir viele berufliche Erfahrungen, die (un-)bewusst verarbeitet werden. Wir können dann aufgrund dieser Erfahrungen aus dem Bauch heraus in vielen Fällen effektiver und schneller entscheiden (wahrnehmen, denken, handeln) als durch rationale Analyse. Außerdem können wir das, was wir dank dieses Erfahrungswissens elegant und mit Leichtigkeit vollziehen, häufig nicht erklären. Von dem ungarischen Chemiker und Sozialwissenschaftler Michael Polanyi stammt der berühmt gewordene Satz: »Wir wissen mehr, als wir sagen können.« Versuchen Sie es: Erklären Sie nur mit Worten Ihrem oder irgendeinem Kind, das noch nicht Fahrradfahren kann, wie es das Gleichgewicht halten soll.

Fehlerkultur Jedes Unternehmen hat eine Fehlerkultur. Es ist bloß die Frage, was für eine. Das heißt: Welche Fehlertoleranz wird vorgegeben und tatsächlich gelebt? Ist ein Unternehmen stolz auf seine »Nullfehlerkultur« oder werden Fehler als Lernchance gesehen und als Möglichkeit, sogar neuen Mehrwert zu schaffen? Wie wird mit Fehlern umgegangen? Wie werden sie kommuniziert? Diese Fragen machen deutlich: Ein Unternehmen kann unmöglich keine Fehlerkultur haben. Irgendeine Umgangsweise gibt es immer. Die Frage ist nur, ob sie ökonomisch sinnvoll und ethisch tragbar ist oder nicht.

Geistesgegenwart Die Fähigkeit, bei unerwarteten, ungeplanten und damit überraschenden Vorfällen sofort ohne Zögern oder Planen zu reagieren und entschlossen zu handeln. Damit ist die Geistesgegenwart eng verbunden mit der Fähigkeit zu improvisieren. Voraussetzung zur Geistesgegenwart ist die → *Achtsamkeit*, das Hier und Jetzt möglichst unverstellt durch die eigenen → *Wahrnehmungsfilter* wahrzunehmen.

Improvisation Professioneller Handlungsmodus in Unternehmen, wenn Planung nicht möglich ist oder versagt hat. Improvisation verlangt Selbststeuerung der Handelnden in Echtzeit im Gegensatz zur Planung. Bei der findet die Steuerung im Vorfeld statt, um dann anschließend ausgeführt zu werden. Diese Steuerung in Echtzeit erfordert ein besonders hohes Maß an Intuition, da Denken und rationale Analyse in der Improvisation häufig zum Scheitern führen würde. In der Improvisation ist der Handlungsdruck auf die Akteure deutlich größer als beim Planen und der Ausführung von Plänen.

Intuition Intuition ist eine unbewusste Urteilsbildung, die auch hinterher nicht erklärt werden kann. Dieses Urteil tritt als Entscheidungsimpuls oder Erkenntnis in unser Bewusstsein. Intuition tritt häufig in Verbindung mit Gefühlen und Körperwahrnehmungen auf. Intuition ist damit ein Grenzprozess zwischen Unbewusstem und Bewusstsein. Intuition setzt die Bewusstwerdung über den Impuls voraus, sonst handelt es sich um unbewusste Informationsverarbeitung oder automatisierte Prozesse.

Kooperation Kooperation ist für uns überlebenswichtig. Jeder Mensch braucht ein gewisses Maß an Kooperation, die eng mit Vertrauen verbunden ist. Kooperation ist ein natürliches Bedürfnis, das eng verbunden ist mit unseren Motivationssystemen. Wenn wir Vertrauen erleben, fühlen wir uns gut.

Wenn uns misstraut wird, ruft dies Aggression hervor. Kooperation führt zu höherer Leistungsfähigkeit, als wenn nicht kooperiert wird, weil über das Bindeglied der Motivationssysteme im Falle von erlebtem Vertrauen Botenstoffe ausgeschüttet werden, die zu Konzentration, Handlungsbereitschaft und Glücksgefühlen führen.

Komplexität ist nicht zu verwechseln mit Kompliziertheit. Komplex sind alle Systeme, bei denen der Output nicht aus dem Input vorhergesagt werden kann. Alle diese Systeme werden auch als »nicht-triviale Maschinen« bezeichnet. Es handelt sich um natürliche Systeme wie uns Menschen, Ökosysteme verschiedener Größenordnung und soziale Systeme wie Organisationen, Städte, Märkte und Gesellschaften.

Schach- oder Backgammon-Computer können mittlerweile Schach- und Backgammon-Weltklassespieler schlagen, weil beide Spiele Systeme mit vollständiger Information sind. Bei ausreichender Rechengeschwindigkeit lassen sich der optimale Zug bis hin zum Sieg im Voraus berechnen. Schon bei Spielen mit unvollständiger Information wie Poker können Computer Profispieler nicht besiegen. Noch weniger ist eine Zukunftsschau bei sozialen Systemen wie Unternehmen und den sie umgebenden, noch komplexeren Systemen der Märkte und Gesellschaften möglich.

Möglichkeitsraum Virtuelle und physisch reale Räume, in denen die Mitarbeiter eines Unternehmens über ihren → *Möglichkeitssinn* zukünftigen Möglichkeiten nachgehen können und so Produkt-, Prozess-, Geschäftsmodell- und Managementinnovationen entwickeln können. Dies geschieht durch zweierlei: erstens die Aktivierung von Leidenschaften, die mit der aktuellen beruflichen Tätigkeit nicht abgedeckt sind; zweitens die achtsame Wahrnehmung und Nutzung von Zufällen und Fehlern.

Möglichkeitsräume gibt es auf drei Ebenen: in jedem einzelnen Mitarbeiter, kulturell zwischen den Mitarbeitern und strukturell im Unternehmen. Jeder Mensch schafft diese Räume zunächst in sich selbst, in dem er/sie sich erlaubt, auch das Mögliche zu denken und nicht nur Wirklichkeiten wahrzunehmen. In der Unternehmenskultur muss es dann nicht nur akzeptiert, sondern erwünscht sein, dass sich alle Mitarbeiter für einen bestimmten Teil ihrer Arbeitszeit im Möglichkeitsraum bewegen. Strukturell muss ein Unternehmen seinen Mitarbeitern ermöglichen, in einem bestimmten zeitlichen Rahmen innerhalb der vertraglich vereinbarten Arbeitszeit ohne Reporting das zu tun, was sie interessiert. Außerdem müssen über das Unternehmen Ressourcen ohne bürokratische Hürden zur Verfügung gestellt werden. Unternehmerische Beispiele bereits realisierter Möglichkeitsräume sind die »Steckenpferdzeit« bei W. L. Gore (Gore-TEX) oder die »70-20-10«-Regel von Google.

Möglichkeitssinn Die Fähigkeit der Mitarbeiter und Führungskräfte, noch nicht verwirklichte Möglichkeiten zu erspüren. Das können Innovationen von neuen Prozessen, Produkten, Geschäfts- oder Managementmodellen sein; neue Kundengruppen, Geschäftsfelder oder -partner und Verbesserungen bei bestehenden Produkten, Dienstleistungen oder Prozessen. Je stärker ausgeprägt der Möglichkeitssinn bei den einzelnen Akteuren in einem Unternehmen ist, umso wahrscheinlicher wird ein insgesamt innovatives Klima.

Somatische Marker Dieser Begriff stammt von dem amerikanischen Neurologen Antonio Damasio. Ein somatischer Marker ist eine den Körper betreffende Empfindung im allgemeinsten Sinne. Alle Körperempfindungen können als somatische Marker fungieren (Muskelverspannungen, erhöhter Herzschlag, ein flaues Gefühl im Magen, ein Jucken ...). Somatische Marker lenken die Aufmerksamkeit auf gute oder schlechte Aspekte, die eine Handlung nach sich ziehen könnte. Auf diese Weise wirken sie als Start- oder Stoppsignal bezüglich einer bestimmten Entscheidung.

Spiegelneurone Intuition, respektive intuitive Empathie, beruht auf »Spiegelneuronen«: Der italienische Physiologie Professor Giacomo Rizzolatti fand mit seiner Arbeitsgruppe heraus, dass bei einem Menschenaffen, der einen anderen nur beobachtet, die gleichen Hirnareale aktiviert werden wie bei dem beobachteten Affen, der eine Handlung ausführt. Konkret: Ein Affe nimmt eine Nuss, steckt sie in den Mund, kaut und schluckt sie. Beim beobachtenden Affen werden nun dieselben motorischen Hirnareale aktiv wie bei dem, der die Handlungen tatsächlich durchführt. Später wurden verschiedene Hinweise gefunden, die es plausibel erscheinen lassen, auch bei Menschen von Spiegelneuronen auszugehen. Wir erkennen oft in Sekunden, wie es einem Menschen tatsächlich geht, auch wenn er oder sie versucht, das wahre Befinden zu kaschieren. Wir spiegeln durch einen jahrzehntelangen Lernprozess die wirkliche Befindlichkeit anderer Menschen in uns selbst. Wir erzeugen in unserem Gehirn gewissermaßen ein virtuelles Abbild unseres Gegenübers.

Unbewusste Wahrnehmung und Informationsverarbeitung Intuition basiert auf unbewusster Wahrnehmung und Informationsverarbeitung: Wir nehmen auch unterhalb unserer Bewusstseinsschwelle wahr, und zwar mehr als bewusst. Diese Daten spielen für intuitive Prozesse eine wichtige Rolle. Außerdem werden sowohl bewusst als auch unbewusst aufgenommene Daten unter der Bewusstseinsschwelle verarbeitet und können zu neuen Gedankenverbindungen führen. Typische Beispiele für dieses Erklärungsmodell sind wissenschaftliche Entdeckungen wie das Prinzip der Wasserverdrängung (Archimedes), die Ringstruktur des Benzols (Kekulé) oder die Lösung der Fuchsschen Gleichungen (Poincaré). Aus den ersten beiden Erklärungsmodellen folgt, dass die Aussage, Intuition sei irrational, nicht haltbar ist: Wir können qua definitionem über die Logik unserer unbewussten Informationsverarbeitung keine Aussage machen, weil sie uns nicht bekannt ist. Die unbewusst erzeugten Verknüpfungen von Informationen können durchaus einer rationalen Logik folgen – wenn wir sie bewusst machen könnten.

Wahrnehmungsfilter Wir können unmöglich alle prinzipiell wahrnehmbaren Daten tatsächlich wahrnehmen und verarbeiten. Unter dieser Reizüberflutung würden wir schnell kollabieren. Somit brauchen wir Filter. Einer besteht in unserer bewusst gelenkten Aufmerksamkeit, indem wir nur auf bestimmte Aspekte achten, während wir andere ausblenden. Ein bekanntes Beispiel ist das »Party-Phänomen«: Wenn wir uns mit jemandem unterhalten, blenden wir die anderen Stimmen um uns herum aus. Wenn uns das für einen Moment nicht gelingt, wird das entstehende Stimmengewirr schnell zu einem bedeutungslosen Chaos. Andere Wahrnehmungsfilter bestehen in unseren mentalen Modellen, Einstellungen und Erwartungen.

Danksagung

Wir sind alle Teil eines größeren Ganzen. Ohne andere Menschen gäbe es weder uns noch unsere Arbeit. Bei jedem von uns laufen ein paar Fäden zusammen, die wir dann zu etwas knüpfen, das äußerlich nur unseren Namen trägt. Tief drinnen, nicht sichtbar für jeden, steckt auch die Beteiligung der Anderen.

Ich danke zu allererst meiner Familie. Ganz vorn steht meine Frau Andrea, die meine autistische Schreibphase von September bis Dezember 2009 nicht nur ausgehalten, sondern so überhaupt erst ermöglicht hat. Meine gedankliche Fokussierung aufs Recherchieren, Denken und Schreiben war häufig alles andere als lustig. Sie war nicht nur Ärztin in ihrem Job (anstrengend genug), sondern auch noch überall da Mutter, wo ich nicht Vater war, und hat den Haushalt in der Zeit alleine geschmissen. Und weil das ja noch nicht genug war, hat sie auch noch auf mein penetrantes Nachfragen das Manuskript gelesen, was eindeutig zur Qualitätssteigerung beitrug.

Unser Sohn Gábor, der noch zu jung ist, um dies zu lesen, der aber immer wieder zu hören bekam: »Papa will jetzt arbeiten« (immerhin habe ich so selten wie möglich gesagt: »Papa *muss* jetzt arbeiten«), ihm gilt mein Dank, wenn er dies eines Tages lesen kann – und will.

Meine beiden Schwiegereltern waren unverzichtbar, um unserem Sohn liebevoll Gesellschaft zu leisten, während seine Eltern arbeiteten. Damit haben sie mir den nötigen Freiraum zum Schreiben gegeben.

Mein Kollege Gebhard Borck aus unserer »beratergruppe sinnvoll · wirtschaften« hat alles von vorn bis hinten gelesen und kritisch mitgedacht. Er war Sarumans Auge des Managements und der Betriebswirtschaft. Ohne ihn und unsere zahllosen Gespräche wäre es mir nicht möglich gewesen, meine Gedanken und Erfahrungen so klar und scharf herauszuarbeiten. Glücklicherweise hat er das Buch vor manchem Fehler und manch einer Banalität gerettet.

Mein Agent Oliver Gorus hat einfach mal eben das erste Konzept des Buches über den Haufen geschmissen – dankenswerterweise. Damit machte er den Weg frei, für das, was jetzt zwischen diesen beiden Buchdeckeln zu finden ist. Und er machte mir durch die richtigen Fragen klar, was ich überhaupt mit diesem Buch will. Rainer App schaute mit dem Blick des erfahrenen Journalisten auf meine Textbeispiele. Er warnte mich vor einigen Fallen und hat dadurch überflüssige Irritationen im Lesefluss erspart.

Niels Pfläging verdanke ich die Anregung, der Achtsamkeit die Geistesgegenwart zur Seite zu stellen. Mit seinen letzten beiden Büchern hat er außerdem zu einem kritischen Blick auf das heutige Management beigetragen.

Es gibt einige Wissenschaftler, die diesem Buch weitere Tiefe verliehen haben: Frau Prof. Dr. Astrid Kaiser von der Universität Oldenburg (*Ladies first*), die die Aufsehen erregende Studie zur Vorurteilsbildung anhand von Vornamen bei Lehrern durchführte und mich vertrauensvoll mit noch nicht veröffentlichtem Material versorgte. Dr. Ulrich Ott vom Bender Institute of Neurimaging danke ich für sein »informationelles Sperrfeuer« zu allen Fragen der Erforschung von Meditation. Ein überaus spannender Nebeneffekt: Wir trafen uns im Januar 2010 und und waren angetan von der Idee, das Themencluster Meditation/Intuition zukünftig gemeinsam zu erforschen. Prof. Dr. Wehner von der ETH Zürich unterstützte den Abschnitt über die intelligente Fehlerkultur, indem er mir prompt mehrere Artikel zu den Vorzügen eines sinnvollen Umgangs mit Fehlern zukommen ließ.

Herzlichen Dank auch an alle meine Interviewpartner: Andreas Hartleif, Klaus Kobjoll, Dr. Andreas Ludwig, Ulf Lunge, Georgios Paparas, Thomas Terhaar, Luc Theis, Thomas Ventzke und Sophia von Rundstedt. Sie haben offen und ehrlich auf meine Fragen geantwortet und mir eine Fülle von Materialien zur Auswahl geschenkt. Klaus Kobjoll hat nicht nur mit mir über Intuition gesprochen und viele Beispiele geliefert, sondern auch Partei für mich ergriffen, indem er das Geleitwort beitrug. Danke auch an meine Kollegen Thomas Klug und Olivier Treinen, die drei der Interviews für mich geführt haben.

Last but not least danke ich dem Wiley-Verlag für das Vertrauen, dass Intuition mehr ist, als ein Nischenthema, bei dem es nur um die Entwicklung persönlicher Intuition geht. Außerdem haben alle Beteiligten mit Geduld meinen Gestaltungsdrang ertragen, der natürlich nicht vor dem Titel des Buches oder der Länge von Zitaten haltmachte. Bis zum heutigen Ergebnis mussten viele E-Mails geschrieben und Telefonate geführt werden. Ich freue mich auch darüber, dass mein Vorschlag zur Farbgestaltung des Umschlags vollends durch die Vertriebsleiterin Sibylle Martiné übernommen wurde. Insbesondere gilt mein Dank meiner Lektorin Jutta Hörnlein, die mich und das Buch mit großem Engagement unterstützt und mich dem Verlag gegenüber so vertreten hat, dass ich mit Freude und Begeisterung schreiben konnte.

Februar 2010 *Andreas Zeuch*

Literatur

Agor, W. (1986): *The logic of intuitive decision making*, Quorum Books.

Alder von Ziefen, J.-E. (1999): *Der Einfluss eines Trainings zur intuitiven und rational-analytischen Informationsverarbeitung auf das Denken und Erleben von Psychotherapeuten und Psychotherapeutinnen*, Universität Bern, Zürich.

Ariely, D. (2008): *Denken hilft zwar, nützt aber nichts. Warum wir immer wieder unvernünftige Entscheidungen treffen*, Droemer.

Bauer, H. (2006): *Hightech-Gespür. Erfahrungsgeleitetes Arbeiten und Lernen in hoch technisierten Arbeitsbereichen*, Bundesinstitut für Berufsbildung.

Bauer, J. (2006): *Warum ich fühle, was du fühlst. Intuitive Kommunikation und das Geheimnis der Spiegelneurone*, Hoffmann und Campe.

Baumann, M. (1997): *Intuition im Führungsalltag*, unveröffentlichte Diplomarbeit. Institut für angewandte Psychologie, Zürich.

Beilock, S. et al. (2004): »Haste does not always make waste: Expertise, direction of attention, and speed versus accuracy in performing sensorimotor skills«, in: *Psychomotic Bulletin and Review* 11, S. 373-379.

Beilock, S. et al. (2002): »When paying attention becomes counterproductive: Impact of divided versus skill-focused attention on novice and experienced performance of sensomotor skills«,

in: *Journal of Experimental Psychology: Applied* 8, S. 6-16 .

Berry, D./Broadbent, D. (1984): On the Relationship between Task Performance and Associated Verbalizable Knowledge, *The Quarterly Journal of Experimental Psychology*, 36A, S. 209-231.

Berry, D./Broadbent, D. (1987): »The combination of explicit and implicit learning processes in task control«, in: *Psychological Research*, 49 (7), S. 7-15.

Berry, D./Broadbent, D. (1988): »Interactive tasks and the implicit-explicit-distinction«, in: *British Journal of Psychology*, 79, S. 251-272.

Betsch, T. et al. (2004): »Intuition: Wann Sie Ihren Bauch entscheiden lassen können«, in: *Wirtschaftspsychologie* Heft 2/2004, S. 81ff.

Blech, J. et al. (2009): »Spuren im Blut«, in: *Spiegel*, 45, Ressort Wirtschaft, S. 99f.

Bohm, D. (2002): *Der Dialog. Das offene Gespräch am Ende der Diskussionen*. Klett-Cotta.

Bönisch, J. (2009): Statisten am Schreibtisch. *Süddeutsche Zeitung*, Ressort Karriere, 14.01.2009.

Bolduan, G. (2008): Kultur der Fehlinformation. *Technology Review*, Ressort Industrie/Innovation, 11.01.2008.

Briggs, J. (1995): *Die Entdeckung des Chaos. Eine Reise durch die Chaos-Theorie*, dtv.

Büssing, A. et al. (2002): *Das Zusammenspiel zwischen Erfahrung, implizitem und explizitem Wissen beim Handeln in kritischen Situationen*, Berichte aus dem Lehrstuhl für Psychlogie der TU München. Bericht Nr. 66, Juli 2002.

Butler, D. (2000): *Unsinkbar. Die wahre Geschichte der Titanic*, Delius Klasing.

Collins, J./Porras, J./Schmidt, T. (2005): *Immer erfolgreich: Die Strategien der Top-Unternehmen*, dtv.

Csikszentmihalyi, M. (1997): *Kreativität. Wie Sie das Unmögliche schaffen und Ihre Grenzen überwinden*, Klett-Cotta.

Damasio, A. (1997): *Descartes' Irrtum. Fühlen, Denken und das menschliche Gehirn*, dtv.

Dörner, D. (1995): *Die Logik des Misslingens*, Rororo.

Downey, H. (1979): »Attributions of the ›Causes‹ of Performance – A Constructive, Quasi-Longitudinal Replication of the Staw (1975) Study«, in: *Organizational Behaviour and Human Performance*, 24, S. 287-299.

Dreyfus, H. und Dreyfus, S. (1988): *Künstliche Intelligenz. Von den Grenzen der Denkmaschine und dem Wert der Intuition*, Rororo.

Dueck, G. (2008): *Abschied vom Homo oeconomicus. Warum wir eine neue ökonomische Vernunft brauchen*, Eichborn.

Ellinor, L./Gerard, G. (2000): *Der Dialog im Unternehmen. Inspiration, Kreativität, Verantwortung*, Klett-Cotta.

Falk, A. (2001): *Homo oeconomicus vs. Homo reciprocans. Ansätze für ein neues wirtschaftspolitisches Leitbild?*, Institute for Empirical Research in Economics, University of Zurich, Working Paper 79.

Funke, J./Müller, H. (1988): »Eingreifen und Prognostizieren als Determinanten von Systemidentifikation und Systemsteuerung«, in: *Sprache & Kognition* 7 (3), S. 176-186.

Gantz, J./Reinsel, D. (2009): *As The Economy Contracts, The Digital Universe Expands*, IDC Multimedia White Paper (www.emc.com/digital_universe).

Gates, B. (1995): *Der Weg nach vorn. Die Zukunft der Informationsgesellschaft*, Hoffmann und Campe.

Gigerenzer, G. (2007): *Bauchentscheidungen. Die Intelligenz des Unbewussten und die Macht der Intuition*, Bertelsmann.

Glassman, B. (1996): *Anweisungen für den Koch*, Hoffmann und Campe.

Gordon, D. (1996): *Therapeutische Metaphern*, Junfermann.

Gris, R. (2007): *Die Weiterbildungslüge. Warum Seminare und Trainings Kapital vernichten und Karrieren knicken*, Campus.

Hänsel, M. (2002): *Intuition als Beratungskompetenz in Organisationen*, Inauguraldissertation an der Medizinischen Fakultät, Universität Heidelberg.

Hässig, L. (2009): *Der UBS-Crash. Wie eine Großbank Milliarden verspielte*, Hoffmann und Campe.

Harteis, C./Gruber, H. (2008): »Intuition and professional competence: Intuitive versus rational forecasting of stock market«, in: *Vocations and Learning: Studies in Vocational and Professional Education*, 1, 71-85.

Harteis, C./Gruber, H. (2008): »How important is intuition as component of professional expertise in the field of adult education?«, in: *Studies in the Education of Adults*, 40(1), 96-109.

Hauser, T. (1990): *Intuition und Innovation. Bedeutung für das Innovationsmanagement*, Deutscher Universitätsverlag.

Henkel, H.-O. (2007): »DaimlerChrysler und andere Katastrophen«, in: *Süddeutsche.de*, Ressort Finanzen (http://www.sueddeutsche.de/finanzen/156/409929/text/ (17.10.2009)).

Jäger, W./Kohtes, P. (Hrsg.) (2009): *zen@work. Manager und Meditation*, Kamphausen.

Johnson, J.G./Raab, M. (2003): »Take the first: Option generation and resulting choices«, in: *Organizational Behavior and Human Decision Processes* 91, S. 215-229.

Karner, T. (2002): »The volunteer effect of answering personality questionnaires«, in: *Psychologische Beiträge*, Band 44, S. 42-49.

Kleebaur, C. (2007): *Personalauswahl zwischen Anspruch und Wirklichkeit. Wissenschaftliche Personaldiagnostik vs. erfahrungsbasiert-intuitive Urteilsfindung*, Rainer Hampp.

Kubinger, K. (2002): »On faking personalities«, in: *Psychologische Beiträge*, Band 44, S. 10-16.

List, K.-H. (2008): *Personalentscheidungen – Warum das Bauchgefühl ein guter Ratgeber sein kann*, GRIN Verlag.

Malik, F. (2001): »Aus dem Bauch – gegen die Wand«, in: *Handelsblatt* 26./27.10.2001, S. K3.

Malik, F. (2007): *Gefährliche Managementwörter*, Campus.

Morgan, G. (2002): *Bilder der Organisation*, Klett-Cotta.

Müller, J./Sauter, U. (2009): *Intuitives Controlling. Ein neuer Ansatz zur Unternehmenssteuerung*, Eul Verlag.

Musil, R. (2009): *Der Mann ohne Eigenschaften*, Rowohlt.

Omodei, M. (2005): »»More is better?«: A Bias Toward Overuse of Resources in Naturalistic Decision-Making Settings«, in: Montgomery, H. et al.: *How Professionals Make Decisions*, Lawrence Erlbaum Associates, S. 29-41.

Ott, U. (2009): »Meditation«, in: F. Petermann/D. Vaitl (Hrsg.): *Entspannungsverfahren. Das Praxishandbuch*, Beltz, S. 132–142.

Ott, U./Hölzel, B./Vaitl, D. (2010): »Brain Structure and Meditation. How Spiritual Practice Shapes the Brain«, Proceedings of the expert meeting »Neuroscience, Consciousness and Spirituality« held at Freiburg, Germany, July 2008, Springer.

Otte, M. (2009): *Der Informationscrash. Wie wir systematisch für dumm verkauft werden*, Econ.

Parikh, J. (1994): *Intuition. The new Frontier of Management*, Blackwell.

Pauly, C.; Tietz, J. (2008): »Riesige neue Möglichkeiten«, *Der Spiegel* 22, S. 92 ff.

Pesch, R. (2009): *Intuitives und kreatives Problemlösen in Unternehmen*, unveröffentlichte Diplomarbeit, Universität Bayreuth.

Peters, T./Waterman, R. (2003): *Auf der Suche nach Spitzenleistungen: Was man von den bestgeführten US-Unternehmen lernen kann*, Redline Wirtschaft bei verlag moderne industrie.

Pfläging, N. (2009): *Die 12 neuen Gesetze der Führung*, Campus.

Piatelli-Palmarini, M. (1997): *Die Illusion zu wissen. Was hinter unseren Irrtümern steckt*, Rororo.

Ramo, J. (2009): *Das Zeitalter des Undenkbaren. Warum unsere Weltordnung aus den Fugen gerät und wie wir damit umgehen können*, Riemann.

Rifkin, J. (2010): *Die empathische Zivilisation*, Campus.

Rost, N. (2008): »Der Homo oeconomicus – eine Fiktion der Standardökonomie«, in: *Zeitschrift für Sozialökonomie*, 158-159: 49–58.

School of Information Management and Systems (2003): *How much information?*

Senge, P. et al. (1994): *Fifth Discipline Field Book*, Currency Doubleday.

Singer, W./Ricard, M. (2008): *Hirnforschung und Meditation. Ein Dialog*, Suhrkamp.

Speich, R. (1997): »Der diagnostische Prozess in der Inneren Medizin: Entscheidungsanalyse oder Intuition«, in: *Schweizer Medizinische Wochenschrift*, 127, 1263-1279.

Staw, B. (1975): »Attributions of ›Causes‹ of Performance – A General Alternative Interpretation of Cross-Sectional Research in Organizations«, in: *Orga-*

nizational Behaviour and Human Performance 13, S. 414-432.
Strulik, T. (2004): Nichtwissen und Vertrauen in der Wissensökonomie, Campus.
Surowiecki, J. (2007): Die Weisheit der Vielen. Warum Gruppen klüger sind als Einzelne, Goldmann.
T., Anne (2009): Die Gier war grenzenlos. Eine deutsche Börsenhändlerin packt aus, Econ.
Taleb, N. (2008): Der schwarze Schwan. Die Macht höchst unwahrscheinlicher Ereignisse, Hanser.
Taylor, F.W. (2004): Die Grundsätze wissenschaftlicher Betriebsführung, Verlag Dr. Müller.
Walter, T. (2009): Der Einfluss meditativer Übungsformen auf die Entwicklung intuitiver Kompetenzen in beruflichen Entscheidungssituationen, unveröffentlichte Diplomarbeit, Universität Regensburg.
Weick, K. E./Sutcliffe, K. M. (2003): Das Unerwartete Managen. Wie Unternehmen aus Extremsituationen lernen können, Klett-Cotta.
Wöhe, G./Döring, U. (2008): Einführung in die allgemeine Betriebswirtschaftslehre, Vahlen.
Zak, P. J. et al. (2005): »The neuroeconomics of distrust. Sex differences in behavior and physiology«, in: Cognitive Neuroscience Foundations of Behavior 95, S. 360.
Zeuch, A. (2004): Training professioneller intuitiver Selbstregulation. Theorie, Empirie und Praxis, Verlag Dr. Kovac.

Zeuch, A. (Hrsg.) (2007): Management von Nichtwissen in Unternehmen, Carl-Auer Systeme Verlag.
Zeuch, A. (2007): »Im Dickicht der Vernünfte. Sind wir auf dem Weg in eine intuitive Gesellschaft?«, in: changeX – das unabhängige Onlinemagazin für Wandel in Wirtschaft und Gesellschaft.
Zeuch, A. (2007): »Der Bauch des Unternehmers. Intuition als professionelle Kernkompetenz in der Wissensgesellschaft«, in: changeX – das unabhängige Onlinemagazin für Wandel in Wirtschaft und Gesellschaft.
Zeuch, A. (2008): »Die Insel und der Ozean: Borg 3.0.«, in: Detecon Management Report, Heft 1, 2008: 4-8.
Zeuch, A. (2008): »Gefühltes Wissen«, in: Späth, L. (Hrsg.): Top 100 – die 100 innovativsten Unternehmen im Mittelstand. Redline Wirtschaft, S. 224-228.
Zeuch, A. (2008): »Improvisation, Intuition und Datensurfen«, in: Erleben und Lernen, Tagungsband des gleichnamigen Internationalen Kongresses vom 26.-27. September 2008, S. 56-63.
Zeuch, A. (2009): »Improvisation will gelernt sein. Planungspleiten und die Kunst der Improvisation«, in: ChangeX – das unabhängige Onlinemagazin für Wandel in Wirtschaft und Gesellschaft.
Zeuch, A. (2009): »Die Dialog-Methode. Eine Zusammenfassung, unveröffentlichtes Manuskript (zum Download auf www.a-zeuch.de – Angebot → Methoden → Dialog)

Stichwortverzeichnis

a
Achtsamkeit 161–175
Affektlogik 37
Allen, Paul 109, 222
Amagasaki 213–216
Anfänger 198–205
  Berufs- 108, 121, 123, 127
Anfängergeist 198–205
Ankereffekt 87, 97, 157
Ariely, Dan 80, 86f, 95, 177
Arroganz 12, 160, 206

b
Bauer, Joachim 241
beratergruppe sinnvoll · wirtschaften 30, 64, 251
Bescheidenheit 27, 61, 115, 138, 147, 160
Betriebsführung, wissenschaftliche 17–21
Bewusstsein 35, 91, 121, 154, 164f, 184, 208
Brin, Sergey 109, 222
Buffett, Warren 65, 68, 70
Bürokratie 18, 50, 73, 207

c
CHANEL GmbH 122
Ciompi, Luc 37
Continental AG 20
Controlling 16, 24, 105, 119, 155

d
Daimler 228
Damasio, Antonio 35–39
Daten 50–66
Datenanbieter 206f
Datenflut 51f, 54f, 72, 112
Datenkonsument 206
Datenlage 61–63
Datenmangel 50
Datenwachstum 53
Derivate 65, 67f
de Sede AG 30, 104f
Deutsche Bank Bauspar AG 203
Dialog 170–174
Dodge, Wag 128–131
Dreyfus, Hubert und Stuart 43, 241, 256
Dynamik 37, 61, 68, 134, 190
Dynaxity 61f

e
Eigennutzen 34, 71, 160
E-Mail 45, 51ff, 72, 233
Empowerment 12, 102
Entscheidung 15ff
  Personal- 107
Entscheidungsbefugnis 102, 113, 211f, 219
Entscheidungsdesign 235
Entscheidungskompetenz 158, 183, 197
Entscheidungskultur 197–235
Entscheidungsmärkte 28, 114, 211, 235
Entscheidungsqualität 16, 29, 31, 33, 42, 71, 150
Erfahrungswissen 26, 108, 113, 122, 154, 156, 158, 208
Erfolg 11f, 20, 25, 41f, 76, 84ff, 92, 98, 102, 104, 108, 115, 123, 127, 145, 148, 151, 154, 156, 158, 179, 188, 192, 201ff, 225f, 230f
  Unternehmens- 17, 98, 212
Erfolgsfaktor 92

Erfolgsfalle 83, 85, 108, 145, 176f, 205
Erkenntnis 19, 75, 90, 101, 155, 199
Ermächtigung 102
Erwartung 94–98, 178–180
Erwartungshaltung 94–96
Evolution 224
Experimente 18, 28, 32, 36ff, 107f, 122, 154f, 177, 198, 223
Experte 35–39, 108–110, 127–132, 198–204
Expertise 198–205
offene 198–205
Expertokratie 28, 115, 200

f
Fehler 12, 18, 79ff, 116, 135, 138f, 150f, 156ff, 175f, 180, 191, 197, 209ff, 234f
Fehlerkultur 213–219
Fehlerquelle 80, 87, 94, 138, 157, 175
Finanzprodukte 67
Führung 119, 210f
Betriebs- 16ff, 146, 198
Geschäfts- 27, 57, 72, 102, 105f, 147, 183, 212
Unternehmens- 12, 16, 77, 112, 146, 159, 211, 234
Führungskraft 56, 94, 102, 113, 211

g
Gates, Bill 86, 109, 127, 222, 239, 256
Geistesgegenwart 120, 136, 220, 248, 252
Gewinn 39, 47, 113, 158, 160, 201
Gewinnmaximierung 34, 111, 159, 227, 240
Gigerenzer, Gerd 239, 256
Glauben 17, 35, 41f, 64, 66, 79, 86, 95, 98, 111, 144, 152f, 158, 163f, 174, 183, 194, 201, 203, 243
Guardian Industries 42, 204f

h
Halo-Effekt 91–93
Hartleif, Andreas 24, 104, 141, 252
Herald of Free Enterprise 141–148
Heuristik 84
Repräsentativitäts- 84
Verfügbarkeits- 84, 157

Hierarchie 12, 18, 37, 63, 114, 159, 188, 197f, 206, 211f, 237
High-Reliability-Organizations 120
Homo oeconomicus 18, 34, 36, 42f, 71, 87, 153, 256f

i
Ignoranz 83, 237
Improvisation 136–140, 189–193
Information 52–54
Fehl- 72–75
unvollständige 25
vollständige 25, 29
Informationsverarbeitung 25ff, 33, 35ff, 40, 79, 112, 122, 134, 154, 156ff, 164, 176, 184, 208, 211, 248, 250, 255
selbstorganisierte 27
unbewusste 27, 38, 134, 184, 211, 248
Informationswirtschaft 73, 77
Irrtum 29, 36, 204, 218, 238, 256

j
JR West's Railway 213–217

k
Kahnemann, Daniel 84, 87, 177
Katastrophe 214–217
Kobjoll, Klaus 7, 219f
Kommunikation 52, 72f, 93, 96, 112, 143, 151, 163, 170, 172, 194f, 219, 241, 255
Komplex 132–141
Komplexität 132–141
Kompliziert 65, 132f
Kontrolle 12, 27, 56, 90, 112, 114, 128, 138, 159, 197, 206, 227f
Kooperation 226–233
Kultur 12, 65, 72, 75, 78, 108, 135, 138, 197, 203, 217, 238, 244, 247, 255
des Misstrauens 72, 197
Null-Fehler- 12, 135, 138, 197
Unternehmens- 21, 57f, 72, 96, 105f, 221, 223, 249

l
Lebenserwartung 233f
Leistung 33, 42, 94f, 114, 145, 152, 162, 182

Höchst- 41f
Leistungsfähigkeit 93, 95, 98, 180, 197f, 224, 249
Ludwig, Andreas 68, 103, 104, 252
Lunge Laufschuhmanufaktur 42, 125, 134, 183, 212
Lunge, Ulf 124f, 134, 182f, 212

m
Macht 12, 22, 46, 58, 69f, 72, 76ff, 83, 89, 105, 112, 114ff, 125, 131, 140, 147, 160, 177, 179, 183, 189, 195, 203, 206f, 212, 215, 229, 235, 256, 258
Machtspiele 72, 180
Mackey, John 202f
Management 19–21, 145–147
  Top- 104
Marketing 52, 122, 155, 242
Maschine 133, 136, 138, 216
  nicht-triviale 133, 249
  triviale 133, 249
Meditation 166–170
Mikropolitik 56, 72f
Misstrauen 70–75, 227–233
Mitarbeiter 17–20, **207, 222f, 227f, 244**
Möglichkeitsraum/-räume 221–226
Möglichkeitssinn **221f**
Motivation 37, 93, 188, 198, 232f
Multitasking 161, 163

n
Nichtwissen 46–50, 67–69, 76–78

p
Page, Larry 109, 222
Paparas, Georgios 122, 252
Performance 16, 67, 92f, 237f, 255ff
Personal 19, 205, 214, 227, 244
Persönlichkeitsentwicklung 78
Plan 134–141
  Master- 202
Planung 134–141
Planungspleite 74
Prognose 53, 134
Pseudorationalismus, paradoxer 20, 27, 46, 63, 175, 201
Pseudorationalist, paradoxer 222, 227

r
Rationalität 34–40
Ressource 46, 78f, 83, 105
Reversibilität 215f
Rosenthal-Effekt 94, 180

s
Schach 25, 249
Schaeffler, Maria-Elisabeth 20, 231
Schaeffler Technologies GmbH & Co. KG 20, 231
Schindlerhof GmbH 11, 42
Schwan, schwarzer 26, 78, 179, 195, 208, 213, 258
Selbstkritik 22
Selbstorganisation 206–213
Selbstüberschätzung 147, 220
Semco 77, 207f, 213
Semler, Ricardo 77f, 207
Semmelweis, Ignaz 60, 62ff, 225
Siemens VDO 20
Sinn 32, 40, 66f, 106, 115, 119, 127, 147, 159f, 186ff, 191, 206, 215, 221
sinnvoll 54, 71, 85, 106, 109, 143, 167, 172, 208, 224, 231, 248, 251
Smith, Edward J. 83f, 102, 226
Spiegelneuronen 208, 250
Stabilität 111, 168, 237
Steuerung 19, 23, 27, 36, 38, 146f, 154, 188, 198, 204, 208, 220, 243, 247f
  Selbst- 18
  Unternehmens- 18, 21, 27, 102, 105, 135, 202, 240, 257
Strategie 230
Stress 40, 54, 199, 238

t
Taleb, Nassim N. 26, 78, 179, 195, 258
Taylor, Frederick W. 17–19
Terhaar, Thomas 203f, 252
Teufels-Effekt 91–93
Theis, Luc 204f, 252
Titanic 83
Training 33, 48, 56, 113, 116, 163, 258

u
unbewusst 35, 38ff, 57f, 82, 91, 94f, 98, 133, 152, 154, 179f, 231, 239, 242, 250
Unbewusstes 26, 68, 77, 133

Unplanbarkeit 132
Unsicherheit 12, 29, 46, 54, 60, 68, 77f, 112, 132, 134f, 140, 211
Unvorhersehbarkeit 132, 134f

V

VEKA AG 24, 42, 104, 141
Ventzke, Thomas 30f, 104f, 252
Vernunft 34–40
Vertrauen 226–234
Vertrieb 105, 119, 147
von Rundstedt, Sophia 146, 252
v. Rundstedt & Partner GmbH 146
Vorgesetzte 72, 145
Vorstand 21, 27, 30, 59, 65, 102, 105, 141

W

Wachstum 21, 41, 52, 74, 241
Wahrnehmung 26f, 35f, 38, 40, 69, 79ff, 91f, 95, 122, 131, 139, 151, 154, 156ff, 161f, 165ff, 169, 172, 174ff, 179ff, 208, 228, 247, 249f
 unbewusste 26f, 36, 79, 122, 154, 250
Wahrnehmungstäuschung 80
War for Talents 114, 202, 242
Wennemer, Manfred 20
Wettbewerb 24, 51, 229
Whole Foods Market 202f
Wirtschaft 16, 18, 42f, 110, 136, 227, 230, 244, 255, 257f
Wissen 12, 19, 23, 28f, 31, 35, 45ff, 50, 54, 60, 75ff, 83, 90, 98, 108, 112f, 115, 117, 121f, 125, 132, 134f, 144, 146, 152f, 159f, 165ff, 173, 181, 184, 192, 194, 199f, 202f, 206, 210f, 219, 231, 248, 256ff
Wissensgesellschaft 46, 159, 258
Wissenschaft 17–20

Z

Zahlen, Daten, Fakten 106, 123, 139, 213
Zertifikat 67–70
Zufall 106–109
Zukunft 16, 27, 47, 58, 60ff, 86, 106ff, 123, 134ff, 138, 140, 182, 210f, 227, 229, 239, 241, 244, 256
Zumtobel AG 103ff

Lächelnd zum Erfolg!

ADRIAN GOSTICK
und SCOTT CHRISTOPHER

Das Smiley-Prinzip
Warum sich Lächeln auszahlt

2009. Ca. 218 Seiten. Broschur.
ISBN: 978-3-527-50433-6
€ 19,90

„Lächle und du fühlst dich besser!" – Wer kennt ihn nicht, diesen Ratschlag. Und es stimmt: Lächeln hebt die Laune und zwar ganz unabhängig davon, ob wir aus echt empfundener Freude oder grundlos lächeln. Dann geht es uns besser, wir sind motivierter und haben mehr Energie für die täglichen Herausforderungen.

Adrian Gostick und Scott Christopher haben diese Einsicht auf das Berufsleben und die Mitarbeiterführung übertragen. Basierend auf den Ergebnissen einer Studie unter mehr als 1 Millionen Arbeitgebern beweisen die Autoren, dass Heiterkeit und gute Laune im Büro im wahrsten Sinne des Wortes mehr wert sind, als man vermuten würde. Humor und Lächeln schaffen Umsatz. Denn gut gelaunte Mitarbeiter sind loyaler und setzen sich mehr für ihren Job und das Unternehmen ein. Führungskräfte, die das verstanden haben, können auf mehr Leistung und Produktivität bei ihren Mitarbeitern blicken.

„Das Smiley-Prinzip" ist eines der ersten Business-Bücher, das zeigt, wie wichtig Heiterkeit ist und wie jeder Manager eine fröhliche Team-Kultur schaffen und heitere Mitarbeiter bekommen kann.

Wiley-VCH
Postfach 10 11 61 • D-69451 Weinheim
Fax: +49 (0)6201 606 184
e-Mail: service@wiley-vch.de • www.wiley-vch.de

Mit emotionaler Intelligenz zum Erfolg!

STEVEN J. STEIN
und HOWARD E. BOOK

Das EQ-Potenzial
Emotionale Intelligenz als Schlüssel zum Erfolg

2009. 399 Seiten, 10 Abbildungen.
Gebunden.
ISBN: 978-3-527-50428-2
€ 29,90

Was braucht man um ein guter Pilot zu sein? Ein Feuerwehrmann? Ein leitender Angestellter? Ein guter Berater? Eine geschätzte Führungspersönlichkeit?

„Das EQ-Potenzial" erklärt interessant und verständlich was mit dem Konzept der Emotionalen Intelligenz gemeint ist, wie man sie messen und vergrößern kann. Auf der anderen Seite bietet es Beratern, Managern und Personal-verantwortlichen ein wichtiges Instrument um Personalentscheidungen im Unternehmen erfolgreicher zu treffen.

Ob beim Militär oder im sportlichen Bereich, ob Bankangestellter, Arzt, Lehrer oder Journalist, das Konzept, unterstützt Menschen in vielen Bereichen bei der Entwicklung ihrer Emotionalen Intelligenz und stellt die Erfolgsfaktoren in den verschiedensten Bereichen dar.

Emotionale Intelligenz hilft wichtige Beziehungen zu knüpfen, Vertrauen in sich selbst aufzubauen und Herausforderungen mit dem nötigen Enthusiasmus zu begegnen – alles Dinge, die über beruflichen und persönlichen Erfolg entscheiden.

Wiley-VCH
Postfach 10 11 61 • D-69451 Weinheim
Fax: +49 (0)6201 606 184
e-Mail: service@wiley-vch.de • www.wiley-vch.de